雷电监测与防护技术丛书

雷电灾害风险评估

郭在华　胡如江　著

電子工業出版社
Publishing House of Electronics Industry
北京 • BEIJING

内 容 简 介

本书首先介绍了自然灾害及与之相关的影响因素，以及自然灾害与这些因素之间的影响关系，在此基础上引申到雷电灾害及其致灾机制。全书系统介绍了雷电灾害风险评估的体系与方法，其中重点介绍了区域雷电灾害风险评估理论与方法体系。在区域雷电灾害风险评估相关章节中，介绍了区域雷电灾害风险评估的基本概念、影响因子与层次关系，以及区域雷电灾害风险评估的理论、计算方法、数据获取及处理方法等。针对建（构）筑物与服务设施的雷电灾害风险评估，以 IEC 62305-2 为基础，介绍了风险评估方法、参数选取与采集、计算及分析等。另外，通过多个不同行业的风险评估的雷电灾害实例，实现了区域雷电灾害风险评估方法和基于 IEC 62305-2 风险评估方法的应用，并基于上述评估方法开发了应用软件，详细介绍了软件的应用方法。

本书可作为高等院校雷电防护本、专科专业和气象安全类专业的课程教材，也可作为从事气象灾害防御、防雷工程等技术人员的培训教材，还可作为气象灾害风险评估的研究与参考书。

未经许可，不得以任何方式复制或抄袭本书之部分或全部内容。
版权所有，侵权必究。

图书在版编目（CIP）数据

雷电灾害风险评估 / 郭在华等著．—北京：电子工业出版社，2019.4
（雷电监测与防护技术丛书）

ISBN 978-7-121-32592-2

Ⅰ.①雷…　Ⅱ.①郭…　Ⅲ.①雷－灾害防治－研究②闪电－灾害防治－研究　Ⅳ.①P427.32

中国版本图书馆 CIP 数据核字（2017）第 212780 号

策划编辑：李　敏
责任编辑：李　敏　　特约编辑：刘广钦　刘红涛
印　　刷：天津嘉恒印务有限公司
装　　订：天津嘉恒印务有限公司
出版发行：电子工业出版社
　　　　　北京市海淀区万寿路 173 信箱　　邮编：100036
开　　本：787×1 092　1/16　印张：13.5　　字数：326 千字
版　　次：2019 年 4 月第 1 版
印　　次：2019 年 4 月第 1 次印刷
定　　价：69.00 元

凡所购买电子工业出版社图书有缺损问题，请向购买书店调换。若书店售缺，请与本社发行部联系，联系及邮购电话：（010）88254888，88258888。

质量投诉请发邮件至 zlts@phei.com.cn，盗版侵权举报请发邮件至 dbqq@phei.com.cn。

本书咨询联系方式：010-88254753 或 limin@phei.com.cn。

前言

人类自古以来就在经受不同的自然灾害，人类发展史也是一部与自然灾害奋斗抗争的历史。自然灾害不仅破坏了人类的家园，也破坏了人类赖以生存的自然环境。

雷电灾害是人类进入信息社会之后的一大公害，近年来，雷电灾害总体呈增加趋势。究其原因，主要来自以下三个方面：一是全球气候变化，使极端灾害性天气出现频率增加，客观上增加了雷电出现的概率；二是随着人类社会的发展，大量电子与电气系统，特别是微电子设备的应用，大大降低了雷电致灾的能量水平，增加了承灾体的数量；三是大量高耸建（构）筑物的出现，如高楼、铁塔、桥梁、输电线路等，增加了地面设备接闪的概率。在雷电灾害增加的同时，雷电致灾已由人类社会早期阶段的人身伤亡、物理损坏发展到服务中断、设备损毁与经济损失。损害途径也由最初的直接雷击发展到从三维空间全方位侵入影响设备及造成人身安全。因此，对雷电灾害进行全面、科学的风险评估，是现代社会发展的需要。

雷电灾害风险评估主要研究雷电、雷电致灾环境、雷击承灾体与雷电灾害损失风险之间的关系。雷电灾害风险评估有两个目标：一是通过计算雷电灾害损失率、雷电致灾概率、预计雷击次数来确定不同雷电灾害损失的风险，这是目前雷电灾害风险评估的通用评估方法；二是通过建立雷电灾害的致灾模型，进行层次分析，得到评估对象的雷电灾害等级，该方法适用于较大范围的雷电灾害风险。

本书主要内容来自已有标准与编者近年的科研实践，主要介绍了雷电灾害风险评估的方法与应用实例。引言部分介绍了我国雷电灾害的发生情况和我国雷电灾害的分布与统计数据。第 1 章主要介绍气象灾害风险，涵盖风险的基本概念、气象灾害影响评估、雷电灾害风险评估的概要内容。第 2 章、第 3 章是建筑物的雷击风险评估方法和评估应用，该部分基于 IEC 62305-2 评估体系，介绍了目前应用广泛的基于建筑物与服务设施的雷电灾害风险评估方法和应用。第 4 章介绍了区域雷电灾害风险评估的数学方法。第 5 章介绍了区域雷电灾害风险评估体系，包括评估模型的建立、雷电灾害风险评估体系及危险等级划分等。第 6 章介绍了雷电灾害风险评估软件设计及应用。第 7 章、第 8 章介绍了区域雷电灾害风险评估的具体应用案例。

作　者

2019 年 3 月

目录

引言……1
第1章 气象灾害风险……8
1.1 风险基本概念……8
1.1.1 风险的定义……8
1.1.2 风险的构成……9
1.2 气象灾害影响评估……10
1.2.1 气象灾害影响评估概述……10
1.2.2 气象灾害风险评估……11
1.2.3 气象灾害损失评估……16
1.3 雷电灾害风险评估……22
1.3.1 雷电灾害风险评估的发展……22
1.3.2 常用的评估方法……22
1.3.3 区域评估方法……26
第2章 建筑物的雷击风险评估方法……29
2.1 基本概念……30
2.1.1 损害成因……30
2.1.2 损害类型……31
2.1.3 损失类型……31
2.1.4 风险和风险分量……32
2.2 风险组成……33
2.3 风险管理……34

第 3 章　建筑物的雷击风险评估应用 ……39
3.1　风险评估的体系结构……39
3.2　高层建筑的雷击风险评估……40
3.2.1　项目概况……40
3.2.2　数据采集与分析……40
3.2.3　评估因子参数采集……41
3.2.4　评估因子计算……42
3.2.5　建筑物各雷击风险计算……44
3.2.6　建筑物防雷类别确定……44
3.2.7　接地电阻值估算……45
3.2.8　结论报告……46
3.2.9　综合防雷措施建议……47
3.3　居民区风险评估……47
3.3.1　项目概况……47
3.3.2　数据采集及分析……47
3.3.3　雷击损害风险评估计算……49
3.3.4　评估结论及建议……59
第 4 章　区域雷电灾害风险评估的数学方法 ……61
4.1　模糊数学理论的基础知识……61
4.1.1　模糊集合与隶属函数的基本概念……62
4.1.2　隶属函数的确定……62
4.2　层次分析法……65
4.3　模糊综合评价……68
4.3.1　模糊综合评价的术语及定义……68
4.3.2　模糊综合评价的步骤……68
第 5 章　区域雷电灾害风险评估体系 ……72
5.1　雷电风险……73
5.2　地域风险……74
5.3　承灾体风险……76
5.4　防御风险……78
5.5　区域雷电灾害风险评估体系危险等级划分……79
5.5.1　目标危险等级划分……80
5.5.2　雷电风险的危险等级划分……80
5.5.3　地域风险的分级标准……82

5.5.4 承灾体风险的分级标准 …… 85
5.5.5 防御风险的分级标准 …… 91
5.6 区域雷电灾害风险评估模型的参数分析 …… 92
5.6.1 评估指标参数的分析 …… 92
5.6.2 评估指标参数的预处理 …… 97
5.7 区域雷电灾害风险评估模型的计算 …… 100
5.7.1 评估指标权重的计算 …… 100
5.7.2 模糊综合评价 …… 101
5.7.3 评估等级划分 …… 104

第 6 章 雷电灾害风险评估软件设计及应用 …… 105

6.1 评估系统的总体规划 …… 105
6.1.1 评估系统建设的总体任务 …… 105
6.1.2 评估系统运行环境 …… 106
6.2 评估系统的功能体系 …… 106
6.2.1 评估系统的功能需求分析 …… 106
6.2.2 评估系统安装登录 …… 109
6.2.3 评估平台应用 …… 110
6.2.4 项目生成 …… 111

第 7 章 案例与应用——大型民用建筑工程 …… 118

7.1 项目概况 …… 118
7.2 项目所在地雷电活动规律分析 …… 119
7.2.1 雷暴活动特征分析 …… 119
7.2.2 闪电活动特征分析 …… 120
7.3 数据采集与计算分析 …… 123
7.3.1 地形地貌 …… 123
7.3.2 土壤电阻率勘测与分析 …… 124
7.3.3 地下水水质分析 …… 125
7.3.4 周边环境 …… 125
7.4 确定评估指标的隶属度 …… 125
7.4.1 雷电风险各指标隶属度的确定 …… 125
7.4.2 地域风险各指标隶属度的确定 …… 126
7.4.3 承灾体风险各指标隶属度的确定 …… 128
7.5 三层综合评价 …… 131
7.5.1 第三级指标的综合评价 …… 131
7.5.2 第二级指标的综合评价 …… 135

7.5.3 第一级指标的综合评价 …… 137
7.6 区域雷电灾害风险评估结论 …… 138
7.6.1 风险等级 …… 138
7.6.2 影响因子（第二级）雷电灾害风险评估结论 …… 138
7.6.3 影响因子（第三级）雷电灾害风险评估结论 …… 140
7.6.4 雷电灾害主要风险分析 …… 142
7.6.5 雷电灾害次要风险分析 …… 142
7.6.6 项目防雷设计总体建议 …… 142

第 8 章 案例与应用——石油化工项目工程 …… 144

8.1 项目概况 …… 144
8.2 区域雷电灾害风险评估对象分析 …… 145
8.3 确定评估指标的隶属度 …… 146
8.3.1 雷电风险各指标隶属度的确定 …… 146
8.3.2 地域风险各指标隶属度的确定 …… 146
8.3.3 承灾体风险各指标隶属度的确定 …… 149
8.4 三层综合评价 …… 152
8.4.1 第三级指标的综合评价 …… 152
8.4.2 第二级指标的综合评价 …… 174
8.4.3 第一级指标的综合评价 …… 187
8.4.4 区域雷电灾害风险小结 …… 191
8.5 区域雷电灾害风险分析 …… 193
8.5.1 罐区区域雷电灾害风险分析 …… 193
8.5.2 办公区域雷电灾害风险分析 …… 196
8.5.3 消防及工艺装置区域雷电灾害风险分析 …… 198
8.5.4 铁路及辅助设备区域雷电灾害风险分析 …… 201
8.5.5 辅助用房区域雷电灾害风险分析 …… 203
8.5.6 码头区域雷电灾害风险分析 …… 205

引　言

雷电是云和云之间或云和地之间发生的剧烈放电过程。在此放电过程中，由于闪电通道温度骤增，使空气体积急剧膨胀，导致放电通道的气压增大，形成等离子通道，产生冲击波，同时出现强烈的闪光和轰鸣声，这就是人们见到和听到的闪电、雷鸣。雷电因强大的电流、炙热的高温、猛烈的冲击波及强烈的电磁辐射等物理效应，能够在瞬间产生巨大的破坏力，导致人员伤亡，损坏建（构）筑物、供配电系统、信息网络设备，引发森林火灾，以及仓储、油库等易燃易爆场所的燃烧甚至爆炸，直接威胁人民的生命和财产安全。

雷电灾害已经被联合国十年减灾委员会列为“最严重的十种自然灾害之一”，其造成的损害仅次于洪涝灾害和干旱灾害，在北半球，每年夏季为雷电高发期。最新统计资料表明，雷电造成的损失已经上升到自然灾害的第三位。全球每年因雷击造成的人员伤亡和财产损失不计其数。

在诸多自然灾害之中，雷电灾害与人类的活动、社会发展程度联系最为密切。随着科学技术的发展和社会的进步，电子与电气设备应用渗透到人类生产和生活的各个领域，导致受到雷电破坏的概率增加，雷电产生的灾害明显上升。总结起来，可以归结为以下几个因素。一是全球气候变化，导致极端天气现象发生频率增加，局地强对流天气就是其中之一。在局地强对流天气发生过程中，常常伴有闪电、大风、冰雹或强降水。因此，全球气候变化为雷电的产生提供了良好的孕育温床，雷电灾害的致灾环境得到加强。二是随着社会的发展与进步，人类的生活方式发生了巨大变化。摩天大楼、电视塔、通信铁塔、电力高压杆塔等高耸建（构）筑物大面积出现，承灾体数量增加，提高了自然接闪概率，致使直接雷击灾害频繁出现。三是电子与电气系统的广泛应用，使得雷电电磁脉冲致灾成为现实。这些系统自身对高电压与强电流的抗扰能力弱，易受到雷电产生的电磁脉冲的破坏与干扰，因此，雷电导致这些系统的损坏也是现代雷电灾害的突出表现。

我国地处东亚季风区，幅员辽阔，自然条件复杂，是世界上自然灾害最严重的国家之一，其中气象灾害占自然灾害的 70%以上。从《气象灾害年鉴》的统计情况来看，2004年气象灾害及其衍生灾害导致 2457 人死亡，其中雷电灾害造成 770 人死亡，占气象灾害导致人员死亡总数的 31%，仅次于暴雨洪涝灾害（滑坡、泥石流）造成的 1370 人死亡。据不完全统计，我国平均每年因雷电灾害造成的人员伤亡近千人，财产损失达上百亿元。

根据多年来闪电定位网的闪电监测资料数据统计，我国平均每年发生的云地闪的次数为1000万次以上，说明我国的雷电活动是很频繁的。

但我国的雷电活动具有时段性，可大致分为三个时段：每年1—3月雷电活动一般，但会有几次较强的雷电活动，并伴随较恶劣的天气；每年4—9月为雷电活跃期，由于此时段正值春、夏季，强对流天气活跃，雷暴天气出现频率增加，因此，雷电活动频繁，其中6—9月为雷电活动高发期，各地都应加强防范；每年10月之后，各地雷电活动相对较弱。

我国国土面积辽阔，由于各地区地势条件和地理位置的差异，导致雷电活动分布情况也不均匀。

我国雷电发生频率最高的地区是海南及云南南部，每年雷暴日在100天以上。广东珠江三角洲、四川盆地东部、上海、浙江、江苏南部、安徽南部、江西北部、福建东部沿海地区为云地闪高密度区域。北方地区（如山东、河南、河北、辽宁等）部分区域为雷电高密度区域。此外，在高原地区（如青藏高原、川西高原）雷电活动也极为频繁。目前的闪电定位系统由于受到高原地区高山与深谷等地形因素的影响，部分云地闪不易探测，但统计显示局地某年雷暴出现天气可超过100天。在我国西北地区（如新疆、内蒙古、甘肃等），因气候原因，雷电日较少，但经常会出现较多的冰雹天气，其带来的闪电天气也不可轻视。

从全世界范围雷电发生的频率来看，据1995年9月至1996年8月的观测资料统计，每年全球约有12亿次云地闪，平均每个小时发生2000次，而且约75%的云地闪出现在30° N～30° S，对我国影响较为明显。就整个地球表面而言，每秒云地闪电就有30～100次。而在世界各地，有时候顷刻之间就有2000次左右的闪电，每次闪电释放出约1.98×10^8J的能量，强大的雷电流通过泄流通道引发的电压降容易导致各种破坏性损害。

雷电的危害分为直接雷害和间接雷害。直接雷害主要是指雷电泄流通道因其强电流造成的人畜伤亡，以及因雷击引起的爆炸、着火等，此类灾害易导致人员伤亡。间接雷害是指雷电在向大地放电过程中，强电流脉冲引发的电磁效应、静电感应等形式引起的电磁辐射的危害。根据目前我国31个省（直辖市、自治区）上报的1997—2006年雷电灾情数据（见表1），可得出我国雷电灾害的时空分布及灾情特点（未包括中国港澳台地区雷电灾情数据）。图1～图3给出了1997—2006年统计的雷电灾害概况。

表1　1997—2006年我国雷电灾情概况

年　份	雷电灾害事故数（例）	财产损失雷灾数（例）	人员伤亡雷灾数（例）	人员死亡数（人）	人员受伤数（人）	人员死伤总数（人）	雷灾直接损失（万元）	雷灾间接损失（万元）	雷灾损失总额（百万元）
1997年	556	439	117	114	169	313	6133.84	1955.13	20
1998年	1102	932	170	217	266	483	15669.75	3138	26
1999年	1467	1268	199	239	212	451	8126.62	737.1	20
2000年	2099	1733	366	430	345	775	14120.3	701	25
2001年	1995	1602	393	458	467	925	11314.92	1361.6	19
2002年	3498	3066	492	549	506	1055	31316.49	1679.34	36
2003年	4041	3572	442	450	355	805	30023.58	3742.3	54
2004年	5753	5003	750	770	817	1587	25057.84	3839.5	46
2005年	5622	4724	598	579	573	1152	24541.21	2788	45
2006年	6256	5505	730	712	610	1322	38398.23	9598.38	59
总计	32071	27784	4287	4488	4320	8808	204730	29540	350

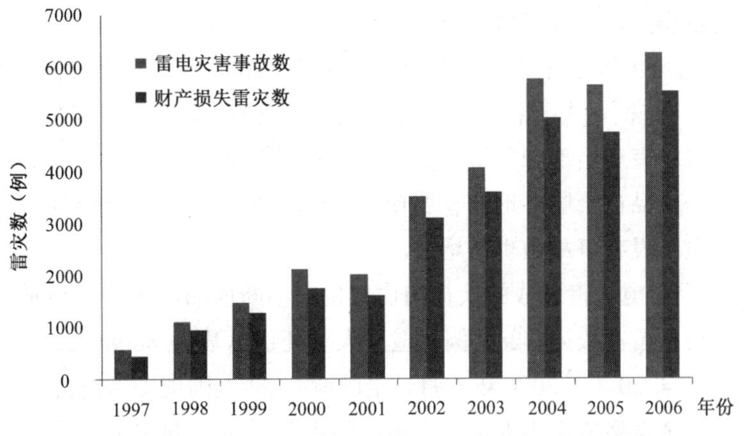

图 1　1997—2006 年雷电灾害事故数和财产损失雷灾数统计

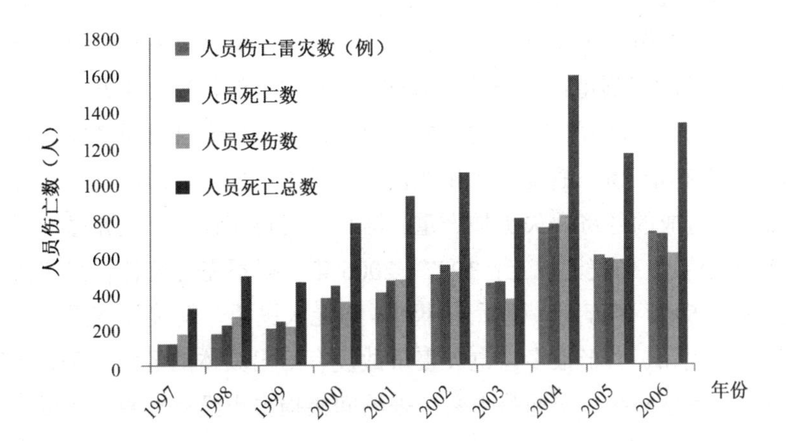

图 2　1997—2006 年人员伤亡雷灾数和因雷灾导致人员伤亡数统计

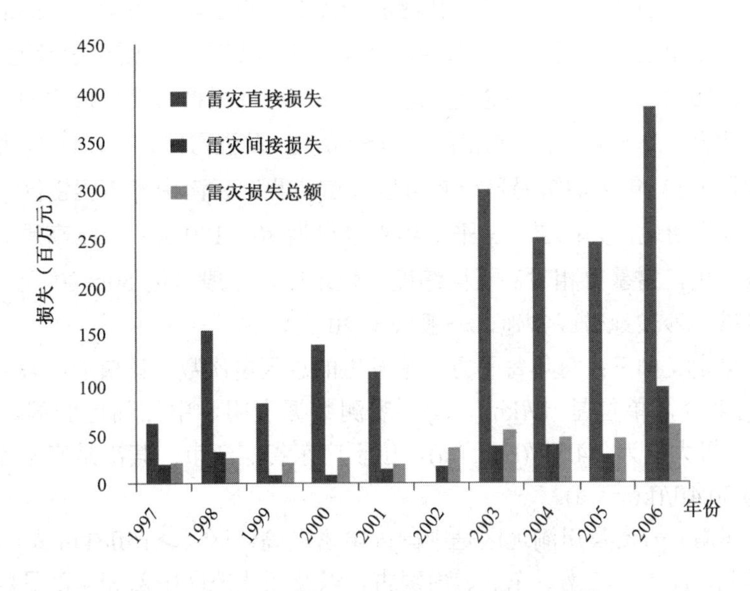

图 3　1997—2006 年因雷灾造成的损失统计

从表 1 中可以得到以下几点特征。

（1）10 年来雷电灾害统计数呈上升趋势。1997—2006 年，雷电灾害上报数从 556 例增加到 6265 例。一方面，由于各地雷电灾害上报渠道的不同，以及早期雷电灾害调查统计工作才起步，可能有相当部分的雷电灾害没有及时上报；另一方面，随着办公自动化、信息网络相关电子产品在全国各地的普遍使用，电子产品及仪器的精密程度不断提高，间接雷电灾害损坏电子设备事故数也在增加。

（2）10 年来因雷电灾害造成的人员伤亡数也在不断增加。1997—2006 年，据不完全统计，全国人员伤亡雷灾数为 4287 例，造成人员死伤总数为 8808 人，其中，死亡人数 4488 人，受伤人数 4320 人。2006 年 6 月，全国就有 82 人因遭受雷击身亡。防雷意识差、农村防雷设施不健全是造成雷击人员伤亡事故的主要原因。2004 年 6 月 26 日，浙江省临海市杜桥镇村前多人在一块约 100m^2 的闲宅基地上的 5 棵大树下避雨，不幸惨遭雷击，造成 17 人死亡、13 人受伤。2006 年 6 月 24 日，江西省萍乡市芦溪县银河镇天柱岗村，13 名村民在凉亭下避雨时遭到雷击，导致 2 人死亡、6 人重伤、3 人轻伤。

（3）10 年来雷灾带来的严重经济损失不断增加。表 1 给出的经济损失超过百万元的雷灾事故数每年都有几十例。随着经济和现代科学技术的发展，精密仪器和设备的经济价值更高，雷电灾害造成的经济损失更加严重。据有关资料统计，全世界每年因雷电灾害造成的直接经济损失达 50 亿美元以上；1997—2006 年，据不完全统计，我国雷电灾害造成的直接经济损失从 6000 多万元人民币上升到 4 亿元人民币，间接经济损失从千万元人民币上升到近亿元人民币。由于很多雷电灾害事故没有给出具体的经济损失，同时因雷击造成的通信、电力、信息网络、交通等中断带来的间接损失也没有计算，所以，雷电灾害的实际经济损失要远大于表 1 统计的数值。

雷暴是一种中、小尺度天气过程，伴随着强烈的雷电活动，雷暴天气的活动规律在一定程度上反映了雷电的活动规律，气象观测站某一天听到雷声，则记录当地一个雷暴日。根据 GB 50343-2012 中 3.1.2 节的定义，地区雷暴日可以根据雷暴日依次递增分为少雷区（＜25 天）、多雷区（25～40 天）、高雷区（40～90 天）及强雷区（＞90 天）。根据全国（不含中国台湾地区）53 年平均雷暴日分布可以知道，我国云南南部为强雷区，平均年雷暴日超过 100 天；华南地区为高雷区，平均年雷暴日为 80～120 天；青藏高原北缘和东缘由于地形的抬升作用，雷暴日相对高于同纬度其他地区，一般可达 50～80 天，为多雷区；而少雷区在戈壁、沙漠地带或盆地，一般低于 20 天。

总闪电密度定义如下：每年每平方千米发生的总闪电次数。该值能够较精确地反映全年雷电活动的多少，单位是 fl/(km^2 · a)。观测数据表明，中国陆地的闪电密度平均为 4.2fl/(km^2 · a)，极大值为 34.8fl/(km^2 · a)，位于广东省湛江市；其次是广东省广州市，闪电密度平均为 30.4fl/(km^2 · a)。

据统计，华南、云贵及川渝地区是中国闪电密度高值区（＞15fl/(km^2 · a)），尤其是广东和海南；华北、江淮、江南、东北、内蒙古，以及西北地区中部和东部是闪电密度次高值区（6～15fl/(km^2 · a))；西北地区西部是闪电密度最低值区（<1fl/(km^2 · a))；西藏地区则为闪电密度的次低值区（1～6fl/(km^2 · a))。雷暴日分布图和卫星观测闪电密度分布图（图略）反映的我国雷暴活动的地理分布基本一致，除了西藏地区。西藏地区总闪电密度不高但平均年雷暴日较高，这可能是因为高原地区的雷暴活动大多是时间较短的局地对流过程，被卫星观测到的概率较低。根据中国气象局国家雷电监测网统计，2007 年我国雷电密度分布图也清楚地显示了雷电发生的密度分布情况，华南、华东部分地区闪电密度超过 25fl/(km^2 · a)，西部大部分地区基本未监测到雷电发生，区域闪电密度为 0.5～5fl/(km^2 · a)。

自然界中由雷电造成的损害可分为两类：直接雷击灾害和雷电感应灾害。

直接雷击灾害是指雷电直接击中人体、建（构）筑物、设备、树木或空旷地方等，并造成直接损害，是雷雨云对地强烈放电的现象。直接雷击的破坏作用在于其强大的电流和高电压，雷电击中人体、建（构）筑物、设备或树木时，强大的雷电流转变成热能，雷电流高温热能灼伤人体，引起建（构）筑物燃烧、设备部件损坏、树木燃烧等。直接雷击也会引起地电位上升而波及附近的电子设备，对设备产生反击而造成损害。例如，当 10kA 的雷电流通过导体入地时，假设接地电阻为 1Ω，考虑到接地导体的感性负载，根据欧姆定律，当入地点处电压为 10kV 以上时，将足以使设备损坏。

雷电感应灾害与直接雷击灾害破坏的对象不同。直接雷击主要击坏放电通路上的建（构）筑物、输电线及人体等；雷电感应主要破坏电子设备，如电视、信息计算中心、监测系统等，轻则造成电子设备的损害，重则造成整个通信中断、系统瘫痪。例如，2005 年 7 月 2 日 15 时左右，玉林市博白县亚山镇一位农家妇女在瓦房内使用固定电话，突然被雷击中而身亡。据当地气象部门分析，当时该县大部分地区出现了强对流天气，局部地区出现了强雷暴降水天气，而亚山镇正是强雷暴区。击中这位农家妇女的，正是固定电话线路引来的雷电侵入波造成的过电压。

以下是几个雷击灾害的实例。

1989 年 8 月 12 日 9 时 55 分，中国石油总公司管道局山东省胜利输油公司黄岛油库 2.3×10^4m^3 原油储量的 5 号混凝土油罐突然爆炸起火，失控的外溢原油像火山喷发出的岩浆，在地面上四处流淌。火海席卷着整个生产区，沿着新港公路向位于低处的黄岛油库烧去，大火共燃烧了 104 小时，如图 4 所示。部分外溢原油沿着地面管沟、低洼路面流入胶州湾，大约 600 吨原油在胶州湾海面形成了几条几十千米长、几百米宽的污染带，造成了胶州湾有史以来最严重的海洋污染。

这次特大火灾爆炸事故造成 19 人死亡、100 多人受伤，直接经济损失达 3540 万元人民币。经调查，起火原因是非金属油罐的固有缺陷，如油面暴露面积大、油气易泄漏、钢筋混凝土罐体对雷电效应屏蔽能力差、存在多处引发雷电火花隐患等，而造成黄岛油库此次特大火灾爆炸事故的直接原因极有可能是非金属油罐遭受对地雷击，产生的感应火花引爆油气。

雷电也是造成航空、航天事故的重要因素。自从人类开展航天活动以来，已发生过多起雷击航天器的事故。据韩国媒体报道，2006 年 6 月 9 日 17 时 45 分左右，韩国“亚洲航空公司”一架载有 200 多名乘客的空中客车 321 航班在韩国金浦机场准备降落时，在距离地面 300m 的地方突然遭到雷电。闪电击坏了飞机的天线罩，雷达系统随即失效，装有雷达的机头被打落，如图 5 所示。更糟糕的是冰雹击碎了驾驶舱的前窗，严重影响了机长的视线。事故发生后，飞机开始大幅度摇摆，机长向机场管制塔发出紧急着陆请求，因为挡风玻璃被击碎，机长及副驾驶的视线几乎完全模糊，但在机场管制塔的紧密配合下，两人开始尝试人工降落，第一次尝试着陆失败，两人再次拉升飞机，最终在 18 时 14 分安全降落，仅比预定着陆时间晚了 15 分钟。飞机上除一些乘客出现呕吐外，无人受伤。据机长事后介绍，冰雹击落了机鼻，击碎了驾驶舱前的挡风玻璃，他们不得不在几乎看不到前方的情况下人工着陆。

图 4　黄岛油库遭受雷击发生爆炸

图 5　韩国客机被雷电击坏的机头

2007 年 5 月 23 日下午，一场大范围的雷暴天气袭击了开县。当日 16 时 30 分左右，重庆市开县义和镇兴业村小学突然遭受雷击，正在上课的两个班级的 51 名学生被雷电击中，7 人当场身亡，44 人不同程度受伤。此次雷击事故中，死亡学生全部靠近窗户，身上都有大面积的灼烧伤痕。有的胸口、腿部有雷电灼伤痕迹，有的头发被烧焦。受伤学生有腿软、脚麻、胸闷、心跳过速等现象。

雷击事件发生后的第二天，中国气象局召开紧急会议，派出工作队赶赴开县指导防雷减灾工作。重庆市委、市政府也在事故发生后第一时间启动应急预案，开县成立了“5·23 雷击事故应急处置指挥部”，重庆市气象局专家也赶赴现场勘测。事故主要原因已基本查明：兴业村小学是远离城镇的一个山区小学，校舍是由三座平房构成的“四合院”，房屋属于砖瓦结构，教室楼顶没有安装避雷设施，如图 6 所示。2007 年 5 月 23 日 16:00—16:30，义和镇兴业村小学教室多次遭受雷电闪击，并伴有球形雷的发生，当雷电直接击中教室金属窗时，由于该金属窗未做接地处理，雷电流无处泄放，靠近窗户的学生就成了雷电流泄放入地的通道，雷电流的热效应和机械效应导致学生出现伤亡。专家还发现，兴业村本来就处于雷电多发区，而兴业村小学位于一个山包上，位置突出，周围又有水田和水塘，教室前面还种了大树，种种因素都增加了雷击事故发生的概率。

图 6　兴业村小学遭受雷击

2011 年 11 月 5 日 11 时 20 分左右，贵州省铜仁梵净山风景名胜区金顶发生雷击事件，造成正在景区的 34 名游客和工作人员受伤，其中 19 人重伤。据相关部门专家介绍，梵净山金顶一带海拔达 2400 多米，加上梵净山金顶山体孤立、高大，非常接近云层，如图 7 所示，一旦遇到强对流天气，梵净山金顶一带极易产生雷暴。根据贵州省防雷中心雷电监测网监测到的数据，2011 年 11 月 5 日当天，梵净山共发生雷电闪击 10 次，最大闪电强度为 259kA，受冷空气和暖湿气流的共同影响，铜仁市冷暖气流交汇，导致梵净山局部产生强对流天气，发生罕见球状闪电，导致雷击事件发生。

图 7　梵净山风景名胜区遭受雷击

雷电灾害给社会和人民造成了严重的损失。如何面对气象灾害特别是雷电灾害风险，是一个现实的问题。本书将从气象灾害的风险防控开始引述，重点对雷电灾害的风险管理与评估方法进行阐述，并通过应用软件平台和个例分析来体现雷电灾害风险评估理论与方法。

第 1 章

气象灾害风险

1.1 风险基本概念

1.1.1 风险的定义

“风险”一词由来已久。一种说法是，在远古时期，以捕捞为生的渔民们，每次出海前都要祈祷，祈求神灵保佑自己能够平安归来，其中主要的祈祷内容就是让神灵保佑自己在出海时能够风平浪静、满载而归。渔民们在长期的捕捞实践中，深深地体会到“风”给他们带来的无法预测、无法确定的危险，在出海捕捞的生活中，“风”即意味着“险”，因此有了“风险”一词。

随着社会的发展，“风险”这一概念已经超越了其初始含义，演变成“遇到破坏或损失的机会或危险”，并被赋予了哲学、经济学、社会学、统计学甚至文化艺术领域的更广泛、更深层次的意义，与人类的决策和行为后果联系越来越紧密，“风险”一词已成为人们生活中出现频率很高的词汇。

风险可被定义为：在某一特定环境下，在某一特定时间段内，某种损失发生的可能性。风险是潜在损失的变化范围与幅度，其核心含义是“未来结果的不确定性或损失”，可分为两个层次理解，一是强调风险的不确定性，二是强调风险带来的损害。

一般情况下，用概率来衡量风险的不确定性，用风险程度来衡量风险带来的损害。

风险是客观存在的，用 R 代表风险，风险 R 是不利事件的发生概率 P 和不利事件的损害程度 C 的函数：

$$R=f(P,C) \tag{1.1}$$

风险的存在与客观环境、某一特定的时空条件、人们期望达到的目标有关。当这些条件发生变化时，风险可能也会发生变化。

通常来说，风险是伴随着人类的生存、生产和生活而出现的，如果没有人类的活动，也就不存在所谓的风险。

1.1.2　风险的构成

风险由三部分构成，即风险因素、风险事故和事故损失。

风险因素是指引起或增加风险事故发生的机会或扩大损失幅度的条件，是风险事故发生的潜在原因。

风险事故是造成生命、财产损失的偶发事件，是造成损失的直接或外在原因，是损失的媒介。

事故损失是指非故意的、非预期的、非计划的经济价值的减少或人员伤亡。

三者形成一个不可分割的统一体，风险因素的存在引起或加大了风险事故发生的可能性，而风险事故一旦发生，就可能造成事件损失，产生实际结果与预期结果的差异，这就是风险。三者之间的关系具体如图 1-1 所示。

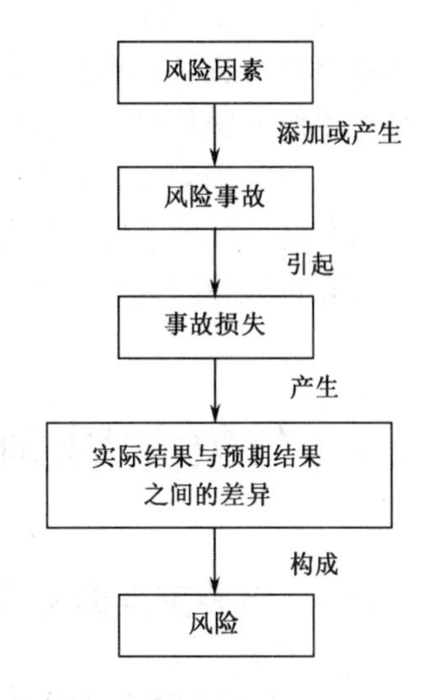

图 1-1　风险的构成及相互关系

1. 风险因素

风险因素是指促使某一风险事故发生或增加其发生的可能性或使其损失程度扩大的因素或条件，是产生风险事故的潜在原因，是造成事故损失的内在和间接原因。例如，对于建筑物而言，风险因素就是建筑物所用的建材质量、建筑结构自身具备的稳定性、建筑物所在区域的自然条件等。

风险因素可以分为有形风险因素和无形风险因素两种。

有形风险因素是指实质风险因素，是某一事件或事物本身所具有的引起风险事故发生或损失程度加重的因素，如建筑物所处的地理位置。人们对有形风险因素，有的可以控制，有的却无能为力。

无形风险因素是与人的心理或行为有关的风险因素，包括道德风险因素和心理风险因素。但是，对于有些风险，这种定义是不存在的。道德风险因素是指与人的品德修养有关的无形因素，如人的不轨企图。心理风险因素是与人的心理状态有关的无形因素，如人的疏忽大意。这两类风险因素合并称为人为风险因素。

2. 风险事故

风险事故是导致人员伤亡、财产损失等的偶发事件，是直接或间接造成损失的事故原因。例如，雷击事故的发生造成的人员和经济损失。因此，可以说风险事故是损失的媒介，即风险只有通过风险事故的发生才能导致损失。

3. 事故损失

事故损失是指非故意的、非计划的、非预期的经济价值的减少或人员伤亡。事故损失通常以货币单位来衡量，但是人的生命除外，并且损失必须满足以上所有条件才能称其为事故损失。例如，固定资产的折旧，它满足经济价值减少这个条件，但由于它是有计划的、预期可知的经济价值的减少，因此不满足事故损失的所有条件，故不能称其为事故损失。

事故损失分为直接损失和间接损失两种。直接损失是指实质性的经济价值的减少和人身伤害，是可以观察、计量和鉴定的，这类损失又称实质损失。间接损失是指由直接损失引起的其他损失，包括额外的经济损失、服务中断和文化遗产损失等。例如，某工厂由于机器损害而导致生产线的中断，其引起的直接损失是损坏机器的价值和生产产品的减少，而因未能按时交货而引起客户索赔，就是间接损失；或由于某次的设备故障导致电力、通信与信息系统的服务中断，影响了社会的生活与生产秩序，也属于间接损失。

从风险因素和风险事故之间的关系来看，风险因素只是风险事故产生并造成损失可能性或使之增加的条件，并不直接导致损失，而只有通过风险事故这个媒介才产生事故损失，也可以说风险因素是产生事故损失的内在条件，而风险事故是外在条件。

1.2 气象灾害影响评估

1.2.1 气象灾害影响评估概述

1. 气象灾害影响评估分类

气象灾害影响评估是指在气象灾害影响评估指标基础上，通过建立适当的评估模型，对灾害性天气过程可能造成的、正在造成或已经造成的人员伤害、服务中断及经济损失进行定量的评价与估算。气象灾害影响评估可以分为灾前预评估、灾期跟踪评估和灾后损失评估。

气象灾害灾前预评估是指通过合理的、科学的方法，定性或定量地预测某地区未来气象灾害可能造成的人员伤亡、经济损失、社会影响及减灾的社会、经济效益。

气象灾害灾期跟踪评估是指气象灾害发生时对灾害损失的快速评估。其内容包括三个方面：一是通过实时监测数据，快速给出准确的成灾地点、灾害强度或灾害特征等信息；二是对已造成的灾害损失进行快速评估；三是对正在发生的灾害未来将要扩大损失进行预评估。

气象灾害灾后损失评估是指在气象灾害发生之后，对灾害造成的人员伤亡、经济损失、社会影响及社会服务中断等方面的评估。灾后损失评估的主要内容包括：灾后现场评估，直接重大气象灾害损失估算；间接重大气象灾害损失估算；次生重大气象灾害与衍生重大气象灾害影响评估；重大气象灾害对社会、心理的影响程度评估。

根据气象灾害影响评估时间，把气象灾害影响评估分为气象灾害风险评估和气象灾害损失评估两类。

气象灾害风险评估是指对气象灾害程度进行系统预测分析，如气象灾害对人员、社会服务和财产的影响程度，以及气象灾害事件发生的可能性及可能造成的经济、社会影响。气象灾害风险评估包括定性分析和更加复杂的定量计算，是基于对单一事件或一系列可能事件的可能性评价来完成的。气象灾害损失评估是指对气象灾害已经造成的人员、经济和社会损失进行回顾性评价。

气象灾害灾前预评估就是气象灾害风险评估，气象灾害灾后损失评估就是气象灾害损失评估，气象灾害灾期跟踪评估则可以看成由气象灾害风险评估和气象灾害损失评估两部分组成。

2．气象灾害影响评估的意义

在全球自然灾害中，气象灾害占比达 70%以上，气象灾害影响评估在国家经济和社会发展中，具有现实的经济与社会意义。根据气象灾害风险评估，可以为国家短期经济发展规划提供参考，为预防和减轻气象灾害制订合理的减灾计划；可以评价在气象灾害易发区、脆弱区实施减灾政策的经济有效性；政府部门可以根据气象灾害灾前预评估和气象灾害灾期跟踪评估，为救灾政策和应急抗灾措施的制定提供科学的依据；气象灾害损失评估是决定救灾程度、编制灾后恢复建设总规划的重要依据，也是保险、企业等提供社会或个人风险分担机制的重要依据，同时也是评估气象灾害的非经济后果，特别是环境后果的重要依据。

3．气象灾害影响评估在气象灾害管理中的应用

气象灾害管理包括灾前防范、灾中应急和灾后恢复重建。首先，气象灾害管理可行性论证和气象灾害风险区划，为国家经济、社会发展规划提供参考；其次，在灾害性天气、气候事件发生之前，根据天气气候预报预测意见，提供气象灾害风险评估，为政府制定气象灾害应对防范措施提供科学的依据；最后，在气象灾害发生过程中，极端天气、气候事件会导致人员伤亡及对国民经济各行业造成直接经济损失，对人员伤亡和直接经济损失的初步评估可以为极端天气、气候事件应急响应措施提供最初的决策依据。在应急管理中必须关注间接经济损失。极端天气、气候事件导致国民经济各部门的直接经济损失正好是故障投入产出分析模型的输入变量。基于故障投入产出分析模型的结果，可以知道哪个部门的不正常运行对经济系统其他部门的正常运行产生的影响最大，以及受间接影响程度的排序情况。通过故障投入产出分析模型为在应急响应决策中应该把抗灾资源重点放在哪个经济部门提供决策依据。

社会风险是气象灾害的间接风险，其产生是一个动态累计过程，人员伤亡、政府应急响应水平、灾后社会秩序状况及经济系统连锁反应导致的居民生命线系统的破坏，都可能是社会风险产生的根源。另外，把极端天气、气候事件造成的人员伤亡、直接经济损失、间接经济损失、社会风险都考虑在内的后果综合分析，可为政府抗灾救灾决策及合理调配抗灾资源等做进一步修正。

1.2.2　气象灾害风险评估

1．气象灾害风险的概念

风险的概念应用于自然灾害研究中，指的是灾害活动及其对人类生命财产破坏的可能。以往研究对灾害风险的理解也各有不同。杜鹏等在对农业气象灾害风险的研究中，认

为农业气象灾害风险是由气象原因导致的农业的预期收获与实际收获之间的差异，可以使用方差及概率密度的方法加以描述。也有人把灾害风险理解为事件发生状态超过（或小于）某一临界状态而形成灾害事件的可能性，常用超越概率来表示。从灾害发生的机理来定义灾害风险，灾害的发生是致灾因子与承灾体相互作用的结果，因此，把灾害风险定义为

灾害风险＝危险性+脆弱性

其中，危险性是指灾害发生的可能性，实际上是其发生的概率；而脆弱性是承灾体的易损度。

气象灾害风险是指气象因素作为致灾因子可能造成的损失。由于灾害的连锁反应机制，气象灾害常常诱发次生灾害，形成灾害链和灾害网。因此，气象灾害风险也具有连锁效应，形成气象灾害综合风险链。

2. 自然灾害风险评估发展

风险评估始于18世纪40年代，是在概率和数理统计等应用数学发展的基础上逐渐形成的理论体系。1933年，美国为了推进田纳西河流域的综合开发治理，开展了一项非常重要的工作——风险分析，研究了洪水灾害风险分析和评价的理论与方法，开创了自然灾害风险评价先例。风险评估作为一门正式的学科是在20世纪40—50年代伴随着核工业的发展而兴起的。最初的自然灾害风险评价比较重视自然灾害发生的可能性，后来逐步与社会、经济特性结合起来，不断推动自然灾害风险评估研究的深入。

K. Aplan和Carrick（1981）认为，风险是一个三联体的完备集，风险管理中有三个经典问题需要回答。这三个问题奠定了定量风险分析的基础，分别是：

（1）有什么危机？

（2）危机发生的概率是多少？

（3）危机造成的后果是什么？

Haimes（1991）为了完成风险分析的基本任务，提出了另外三个经典问题，分别是：

（1）风险管理能够做什么，选择哪个策略更有效？

（2）根据成本、效益和风险的权衡，应该选择什么策略？

（3）当前这种策略对未来的影响是什么？

自然灾害风险评估是指对风险区遭受自然灾害的可能性，以及可能造成的后果进行定量分析和评估。

国内自然灾害风险评估研究较多。史培军提出了灾害系统论，认为孕灾环境（E）、致灾因子（H）、承灾体（S）复合组成了自然灾害系统（D）的结构体系（D_S），灾情是它们相互作用的结果：

$$D_S = f\left(E, H, S\right)$$

广义灾害风险评估模型为

$$R = \left\{ < S_i, P_0(P_r(S_i)), P_0(X_i) > \right\} \tag{1.2}$$

式中，S_i——第i种灾害的可能性分布；

$P_r\left(S_i\right)$——第i种致灾因子发生概率；

$P_0\left(P_r\left(S_i\right)\right)$——$P_r\left(S_i\right)$的可能性分布；

X_i——第i种灾害造成的损失；

$P_0(X_i)$——第 i 种灾害的可能性分布。

狭义灾害风险评估模型为

$$R = PC$$

也就是，一定发生概率的自然致灾因子与其所造成的后果的乘积。

大样本条件下的灾害风险评估模型为

$$E(D)=\int_0^\infty p(d)\mathrm{d}d = \int_0^\infty P\left(D \geqslant d\right)\mathrm{d}d \tag{1.3}$$

式中，$E(D)$——灾害损失期望值；

$P(d)$——灾害损失（d）的概率分布；

$P(D \geqslant d)$——灾害损失超越概率分布。

周寅康初步探讨了灾害风险评估的主要内容和步骤。①自然灾害研究，某区域一定时段内特定强度自然灾害发生的概率或重现期。②风险区确定，某区域内可能遭受自然灾害的连片范围，即最大强度自然灾害可能发生的受灾范围。③风险区特性评价，包括风险区内主要建筑物、建筑物以外的其他固定设备和建筑物内部财产风险区的人口数量、分布、经济发展水平等。④风险区承受能力评估，包括：风险区内风险财产的抗灾性能，风险区灾前的预防措施，灾期的抗灾救灾能力，灾后的恢复能力，保险等。⑤可能损失评估，风险区一定时段内可能发生的一系列不同强度自然灾害给风险区造成的可能后果，即可能遭受的实际损失，包括直接损失、人员伤亡损失、间接损失。⑥风险等级划分，根据上述研究，计算风险区在一定强度自然灾害发生时可能遭受的实际损失，初步划分风险等级，而后根据风险区的经济发展水平、防灾抗灾措施、应急响应能力等修正并确定风险等级，绘制风险区自然灾害划分图。

黄崇福等利用模糊方法提出了城市灾害风险评估的两级模型，并对城市地震灾害的风险评估进行了研究；随后提出自然灾害风险评估的基本原理：由各灾种的专家提供给定区域内自然致灾因子发生时、空、强的可能性数值，由防灾减灾工程师依据致灾因子强度，提供人类社会系统各种破坏的可能性数值，由经济学家和社会学家依据破坏程度，推测各种损失的可能性数值，最后由自然灾害风险分析人员将三个环节的可能性数值组合起来，给出损失风险。

孙绍骋提出了自然灾害风险评估应该将致灾因子危险性评估与预期灾害损失评估相结合，自然灾害风险评估在致灾因子强度和频率估算、承灾体抗灾性能评价、价值估算基础上，划分风险等级，绘制风险分布图等。

3．气象灾害风险评估内容与过程

1）气象灾害风险评估考虑的因素

（1）气象灾害是天、地、人综合作用的产物。马宗晋等于 1991 年提出的自然灾害系统包括气象、海洋、生物、地质、人类、地球系统组成的综合系统。Mileti 认为灾害系统是由地球物理系统 E（大气圈、岩石圈、水圈、生物圈）、人类系统 H（人口、文化、技术、社会阶层、经济、政治）与结构系统 C（建筑物、道路、桥梁、公共基础设施、房屋）共同组成的，灾情是灾害系统各要素相互作用的结果。王劲峰则将灾害系统划分为两部分：实体与过程。实体就是致灾因子和承灾体，过程是指自然过程、社会行为过程和成灾过程。史培军认为，灾害（D）是地球表层孕灾环境（E）、致灾因子（H）、承灾体（S）综合作用的产物。H 是灾害产生的充分条件，S 是放大或缩小灾害的必要条件，E 是影响 H 和 S 的背景条件。任何一个特定地区的灾害，都是 H、E 综合作用的结果。

进行气象灾害风险评估之前，首先要明确气象灾害是天、地、人综合作用的产物，气象灾害风险评估不仅要考虑致灾因子，也就是灾害性天气、气候事件的风险分析，而且要考虑孕灾环境，以及承灾体的易损性和价值分析。

（2）气象灾害呈现多灾并发的特点。一次灾害性天气、气候事件通常包括多个致灾因子。例如，台风过程可能出现大风和暴雨两种致灾因子，低温引发寒潮、冰冻、雪灾等多种致灾因子。

（3）常诱发次生灾害。气象灾害与次生灾害呈链式作用，如台风—暴雨灾害链、干旱灾害链、寒潮—大风灾害链、地震灾害链等。

由于气象灾害的连锁反应机制，形成灾害链和灾害网。同样，气象灾害风险也具有连锁效应，气象灾害导致的一系列灾害风险事件之间可以构成气象灾害风险链。因此，进行气象灾害风险评估必须考虑综合风险。我国 2008 年的南方严重冰灾，就是由于低温雨雪冰冻灾害形成的灾害链导致了灾情的加剧。

2）气象灾害风险评估内容和步骤

基于气象灾害成灾的一般过程（见图 1-2），气象灾害风险评估的内容和步骤主要包括以下几个方面。

（1）致灾因子风险分析。这个阶段包括两方面内容：①致灾因子分析（风险识别），确定气象灾害的致灾因子，建立因果关系；②致灾因子危险度分析，确定致灾因子的发生概率，即确定相关区域一定时段内特定强度的某种气象灾害事件的发生概率。

在给定的区域，对特定的承灾体来说，当气象要素也就是致灾因子（如温、水、风等）超过或低于一定阈值时才能造成伤亡或者损坏。气象灾害的致灾因子主要包括暴雨、雷电、冰雹、大风、台风、高温、干旱、低温冷害、冰冻、暴雪等。每类气象灾害的致灾因子造成的风险后果不尽一致。例如，暴雨可能引发洪水、山洪、地质灾害，造成房屋损坏、人员伤亡、农田淹没等灾害后果；雷电引发电子设备损坏、森林火灾、人员伤亡等；冰雹砸坏农作物、车辆、房屋，砸伤人畜等；大风吹毁房屋、户外广告牌、高速行驶的汽车、火车等。

致灾因子风险分析有两种方法：一种方法是根据历史气象灾害资料进行统计分析，确定相关区域一定时段内特定强度的某种气象灾害事件的发生概率或重现期；另一种方法是依据天气、气候预报预测结果确定相关区域一定时段内特定强度的某种气象灾害事件的发生概率。

气象灾害致灾因子风险分析，也是狭义的灾害风险评估。此时是对致灾因子造成的风险进行评估，即假定承载体的脆弱性与恢复力在一定时间内是相对不变的，仅评估不同水平致灾因子发生的可能性及其造成的损失。通过气象灾害致灾因子风险分析，编制气象灾害分布图，绘制灾害“频率—强度分布曲线”“频率—强度累积曲线”“灾情分布曲线”与“致灾强度—灾情曲线”等。

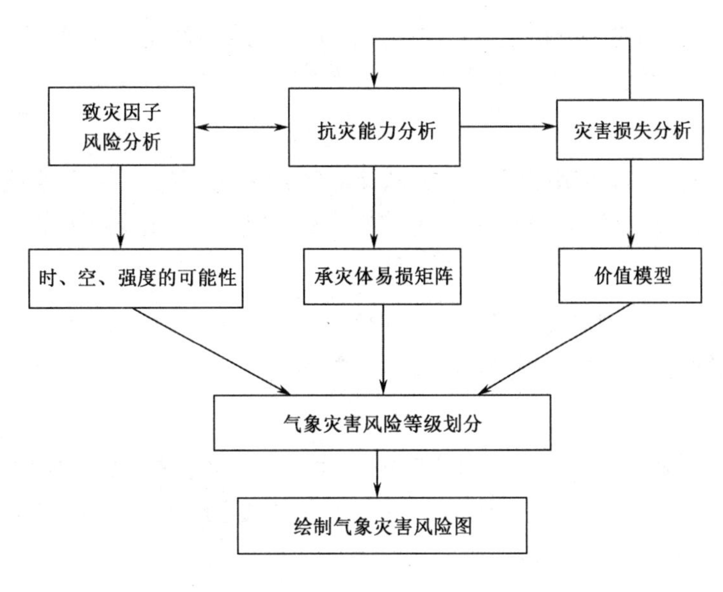

图 1-2　气象灾害风险评估基本流程

（2）抗灾能力分析，也称风险暴露分析，分析人类社会、经济系统对致灾因子的敏感程度。基于气象灾害影响的区域，以及该区域内的主要建筑、设施、财产、人口、经济发展水平等不同对象的抗灾性能和易损程度，结合灾前预防预报措施、灾期抗灾救灾能力等因素建立承灾体易损矩阵。

（3）灾害损失分析。灾害损失分析是以价值模型为分析基础的。价值模型是指确定风险区内不同承灾体的价值，以及价值的计算方法。通过建立灾区的价值模型，结合灾害模型及不同承灾体抗灾性能，可以估算灾害风险区可能遭受的经济损失及人员伤亡情况。

（4）风险评估。根据气象灾害致灾因子风险分析、抗灾能力分析、灾害损失分析等确定风险大小。

（5）风险评价。风险评价与风险评估存在一定的区别。风险评估从科学的角度分析风险发生的概率，以及造成损失的可能性和严重程度。风险评估主要由自然和技术方面的专家运用评估技术对风险引起物质方面的损害进行科学评估。风险评价则是在风险评估结果的基础上，考虑社会因素、风险感知因素等，评估灾害对不同利益相关者的影响。风险评价是由社会科学家和经济学家识别和分析个人或作为一个整体的社会与某种风险相联系的问题的评价过程。例如，在英国财政部发布的一个有关风险管理的文件中，风险评价程序包括风险评估、直接输入公众感知数据和社会利害关系评估。

（6）气象灾害风险等级划分。根据气象灾害风险区风险损失的大小划分风险等级，并在此基础上确定不同风险等级的空间分布状况，绘制气象灾害风险图。

4．气象灾害风险评估方法

气象灾害风险评估最基本的方法是概率风险分析。随着灾害研究的不断深入，以及各种新技术（如深度学习、大数据、云计算、遥感、GIS 等）的发展与应用，灾害风险评估的方法不断改进，并由定性分析逐步走向定量评价。气象灾害风险评估可以借鉴这些方法。下面汇总了可以用于气象灾害风险评估的主要方法。

1）概率分析法

主要根据历史资料，应用数理统计方法计算气象灾害发生的频率和强度。例如，在工程设计中，一般都需要考虑一些气象灾害的极值重现概率，并作为工程设计的依据。

2）数学模型法

利用适当的数学模型对灾害风险进行评价，如层次分析模型、灰色系统模型、概率模型、模糊数学模型、神经网络模型、动力学模型等。

3）实验模拟法

在对气象灾害研究的基础上通过实验或者数值模拟方法来模拟气象灾害的发生和演变规律，深刻揭示气象灾害的形成机制，为气象灾害风险预测、评估提供依据。

4）基于遥感和地理信息系统法

遥感技术可以为气象灾害风险评估提供致灾因子、灾情等数据，利用各种载有不同类型传感器的星载或机载平台对地球表面实时监测，结合遥感模型定量获得气象灾害风险评估所需的参数。

地理信息系统是20世纪60年代中期兴起的一门交叉学科。地理信息系统是一种同时管理地理空间信息和数据库属性数据的信息系统，它以地理空间数据库为基础，采用地理模型分析方法，适时提供多种空间的、动态的地理信息。地理信息系统是为地理研究和地理决策服务的计算机技术系统，具有以下三个方面的特征。

（1）具有采集、管理、分析和输出多种地理空间信息的能力，具有空间性和动态性。

（2）以地理研究和地理决策为目的，以地理模型方法为手段，具有区域空间分析、多要素综合分析和动态预测能力，产生高层次的地理信息。

（3）由计算机系统支持空间地理数据管理，并由计算机程序模拟常规的或专门的地理分析方法，作用于空间数据，产生有用信息，完成人类难以完成的任务。因此，地理信息系统为气象灾害风险评估中致灾因子、孕灾环境、灾情等空间分析提供了强有力的工具。

遥感技术和地理信息系统的集成应用则为气象灾害风险评估提供了重要的手段。

1.2.3 气象灾害损失评估

1. 气象灾害损失内涵

气象灾害损失评估对气象灾害造成人员伤亡、服务中断、财产损失和社会影响等方面进行评估。气象灾害损失评估是气象灾害防御工作中的一项重要内容，它是有效进行灾害救助、灾害补偿及灾后恢复重建的主要依据。气象灾害损失评估指标系统的建立是全面反映灾情、确定减灾目标、优化防御措施、评价减灾效益及进行减灾辅助决策的基础。

通常分析的自然灾害损失包括经济损失和非经济损失。非经济损失主要包括人员伤亡损失；经济损失则分直接经济损失和间接经济损失（统称为经济财产损失），以及灾害事件发生后的救灾投入和灾区生产力恢复期的减产损失，如图 1-3 所示。

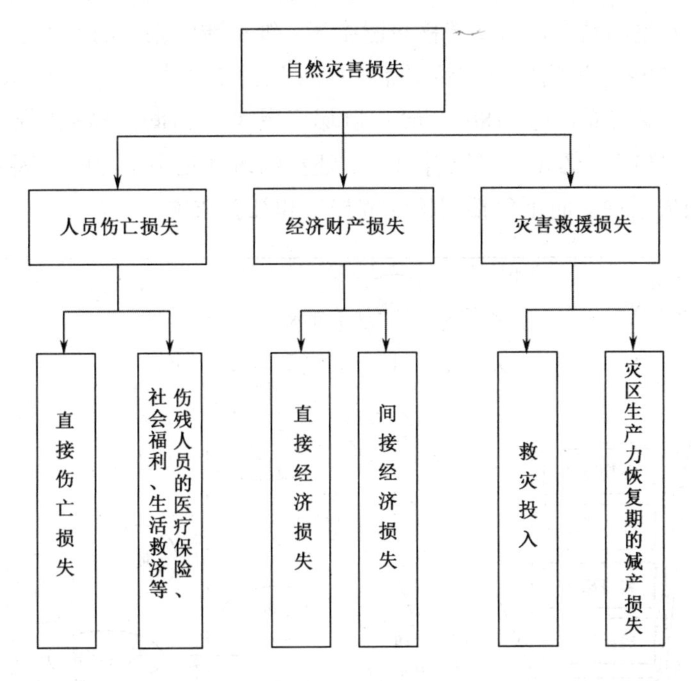

图 1-3　自然灾害损失分类

一般情况下气象灾害损失至少包括如下四个方面。

（1）人员伤亡，主要指极端天气、气候事件直接导致的人员伤亡数量，这也是气象灾害评估的重要指标。

（2）直接经济损失，主要包括：农作物、林木、渔业等直接损失，居民住宅、商业建筑、学校等损毁，企业或单位的关键设备毁坏，道路、桥梁等基础设施损毁等。

（3）间接经济损失，主要指生产经营活动中断所造成的损失、就业收入损失、恢复生产所需的修复和重建成本等。

（4）社会成本，主要指为保证灾民基本的生存需求（如吃、穿、住等）投入的成本，维持灾民社会秩序和人员转移投入的成本，仍然暴露在极端天气、气候灾害的人口数量等。

图 1-4 所示是 2008 年中国南方低温雨雪冰冻灾害损失分析。

现代国民经济体系的各部门高度相互依赖，表现为信息流、商品流和资金流等，比如生产任何一种产品都要消耗原材料、燃料、动力，投入劳动力。所以，任何一个基础部门（如能源、交通、通信、金融等）出现不正常状态，都将通过这种相互依赖关系迅速传播到其他经济部门，造成巨大的间接经济损失。2008 年低温雨雪冰冻灾害造成的间接经济损失巨大：输电线路倒塌，导致电力供应中断；由于经济系统各部门的采用电气或电子设备，电力是生产的基本动力，电力供应中断后，直接导致各产业部门生产经营活动中断，产生经济损失。电力供应中断直接引起了商场停止经营、铁路交通瘫痪、城市供水困难、工厂停业、通信中断、污水处理设备无法运行等；同样，道路积雪结冰导致交通中断，进而导致现代物流中断，使得商品供应、工业原料供应、燃料供应等困难。另外，冰雪灾害造成了巨大的社会风险成本：交通中断导致大量春运旅客滞留，为了保障滞留旅客的吃、穿、住、行等基本生活需求，以及转移滞留旅客、维持滞留旅客的基本社会秩序，投入了大量社会成本。2008 年冰雪灾害灾情如下：因灾死亡 129 人、失踪 4 人，紧急转移安置 166 万人；农作物受灾面积达 118670km^2；倒塌房屋 48.5 万间，损失房屋 168.6 万间；因灾直接经济损失 1516.5 亿元。可以看出，上述灾情统计是不全面的，因为仅包括人员伤亡和直接经济损失两项，而不包括间接经济损失和社会成本。

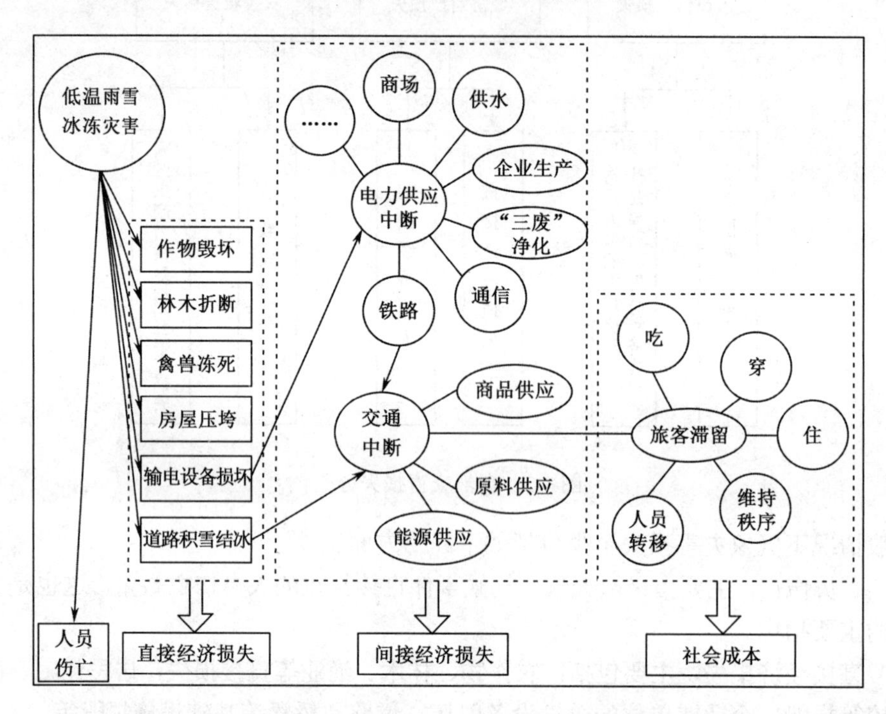

图 1-4　2008 年中国南方低温雨雪冰冻灾害损失分析

2．气象灾害损失评估指标体系

气象灾害损失包括人员伤亡、直接经济损失、间接经济损失、社会成本四部分。

1）人员伤亡

在人员伤亡损失中，人员死亡仅仅是气象灾害损失统计指标中的一项。伤员的损失还涉及受伤者的医疗费、失去工作或生活自理能力或造成终生残疾人员的社会福利事业所支出的费用，以及有劳动能力的人员因气象灾害造成伤残后实际歇工而减少的收入等。

2）直接经济损失

直接经济损失主要包括如下方面。

（1）农、林、牧、渔业方面的损失。

（2）工商企业固定资产、流动资产损失，以及工、商企业停工、停业而少创造的社会财富及减少的净产值。

（3）基础设施损坏的损失，包括：交通运输线路损坏损失和中断运输造成的损失；供电、通信、输油（气）、输水设施、管线破坏损失和中断供电、供油（气）、供水、通信造成的损失；水利水电工程和城市各类市政设施破坏造成的损失。

（4）城乡居民房屋、财产损失，以及文教、卫生、行政、事业单位因气象灾害造成的损失。

（5）其他直接经济损失等。

3）间接经济损失

间接经济损失主要包括如下两个方面。

（1）由于气象灾害导致工商企业停产、农业减产、交通运输受阻或中断，致使其他地区有关工矿企业因原材料供应不足或中断而停工、停产，以及产品积压造成的经济损失；淹没区外工矿企业为解决原材料不足和产品外运采用其他途径而绕道运输所增加的费用等。

（2）重建恢复期间农业、工商企业净产值减少和增加的运行费用，以及重建恢复期间用于减灾与恢复生产的各种费用支出等。

4）社会成本

社会成本主要包括：在抗灾救灾中抢运物资，灾民救助、转移、安置，救济灾区，开辟临时交通、通信、供电等的费用。

3. 气象灾害损失评估方法

1）气象灾害直接经济损失评估

气象灾害直接经济损失主要表现为实物形态的财产、资产、资源等的损失，相对比较容易确定气象灾害评估的损失对象。因此，目前对不同气象灾害类型直接经济损失的评估程序和方法基本一致，大致可划分为确定评估对象的类型、估计评估对象的实物损失数量、估计各类评估对象的单位价值或价格、计算各类评估对象的直接经济损失、计算总体经济损失等步骤。

国内研究洪涝灾害直接经济损失评估比较多。洪涝灾害直接经济损失评估的一般过程包括如下两部分：

（1）承灾体的灾前价值评估；

（2）承灾体的洪涝灾害直接经济损失率的确定。

洪涝灾害直接经济损失率是描述洪涝灾害直接经济损失的一个相对指标，通常指各类承灾体遭受洪涝灾害损失的价值量与灾前或正常年份各类承灾体原有价值量之比，简称洪灾损失率。目前国内外比较通用的参数统计模型，即以淹没水深、淹没历时等洪涝灾害特征为自变量，以洪灾损失率为因变量，利用回归分析等统计方法，建立淹没水深（历时）与各类承灾体洪灾损失率的关系表、关系曲线或回归方程。按地区、财产类别，通过典型调查分析，建立不同水深条件下各承灾体的洪灾损失率，并定义直接经济损失为承灾体的价值乘以洪灾损失率。

2）气象灾害间接经济损失评估

气象灾害间接经济损失评估没有直接经济损失评估那样明确，争议也比较多。气象灾害间接经济损失评估主要采用的方法有经验系数法、经济增长模型、投入—产出法等。

（1）经验系数法。假定间接经济损失与直接经济损失之间存在一定的比例关系。例如，海因里希法是美国学者海因里希于 1926 年提出的，是适用于企业估算灾害事故损失的方法。它是一种通过灾害直接经济损失来估算灾害间接经济损失及总损失数额的理论方法。其基本内容是，把一起事故造成的经济损失划分为直接经济损失和间接经济损失，并对一些事故的经济损失情况进行调查研究，得出直接经济损失与间接经济损失的比例为 1 : 4，由此计算灾害事故总的经济损失。

（2）经济增长模型。利用哈罗德—多马的经济增长模型中的经济增长率、储存率、投资产出率之间的关系，将灾害的直接经济损失与投资能力下降联系起来，从而计算投资能力下降造成的国民收入损失。这一损失实际上属于灾害的产业关联型间接经济损失。张显东、沈荣芳以 1991 年为例（1991 年经济增长率为 9.28%，灾害损失为 1180 亿元），计算出灾害产生的产业关联型间接经济损失为 334 亿元，即间接经济损失为直接经济损失的 28%。

（3）投入—产出法。该方法认为，自然灾害对一个经济系统的影响可以通过投入—产出的外生变量——最终产出或初始投入的变化所产生的冲击来模拟。如果这些冲击产生的直接影响等于自然灾害的直接经济损失，那么投入—产出模拟系统可以视为与自然灾害影响下的经济系统等效。那么，由这一模拟系统产生的间接影响也应视为自然灾害的间接经济损失。当利用投入—产出关系来分析灾害造成的损失时，最关键的问题是在投入—产出表中如何理解直接经济损失和间接经济损失的概念。

徐嵩龄等人认为，灾害的直接经济损失广义上包括三类：第一类是社会经济关联型损失，指由灾害对社会经济系统造成的直接破坏通过社会经济系统的网络而引发的社会经济系统的其他破坏；第二类是产业关联型损失，指由一种灾害引起的次生灾害造成的经济损失，如水灾引发的地质灾害、旱灾引起的森林火灾或病虫害等；第三类是资源关联型损失，既包括传统意义上的人力资源和资本资源的损失对未来经济增长的影响，又包括灾害中的自然资源破坏在可持续意义上对未来发展能力的影响。

黄渝祥等人也将灾害的间接经济损失分为三类：第一类是间接停减产损失，由于经济活动的关联性，生产单位、行业和部门有着紧密的投入—产出连锁关系，一个企业的停减产会间接影响有投入—产出关系的其他企业的产出；第二类是中间投入积压增加的经济损失，生产的停滞在整个国民经济中势必造成材料和半成品的积压增加，这种积压的增加造成资金占用增加的机会损失；第三类是投资溢价损失，对多数发展中经济体而言，投资的资金相对不足，可用于生产性投资的单位资金比用于消费的资金更有价值，其超出的部分称为溢价。

3）气象灾害社会成本损失评估

气象灾害损失评估中的社会成本，是指为保障灾民的基本生活需求、维护灾区社会稳定、转移灾民等投入的成本，其计算比较复杂。但从估算的角度看，可以简化为两个部分：一是灾民的基本需求投入；二是维护灾区社会稳定及灾民转移投入的成本。灾民的基本需求投入可以直接根据灾民的数量乘以维持灾民基本生存需求的价值量计算。维护灾区社会稳定和灾民转移的社会成本，则可以根据政府为了维持灾区社会秩序，以及转移灾民所投入警力、部队、政府工作人员等工资收入及其他物质资源估算。

4）气象灾害损失评估分级

为了进一步刻画灾害损失的严重程度，很多学者认为在灾害损失评估之后，还要开展灾害损失等级划分。张淑媛等建议，在不同的自然灾害之间，就其强度和破坏程度，应当建立客观、共同、可以进行相互比较和定量的等级划分标准。赵阿兴和马宗晋认为，不同灾害的损失评估应具有可比性和实用性，因此，灾害损失评估在计算具体灾害损失的同时，还需要根据灾害的损失情况将其划分为若干等级，以便于不同灾害之间的比较。马宗晋等提出了“灾度”的概念，并在国内灾害损失评估的研究中得到了较为广泛的应用。刘燕华等以受灾人口、死亡人口、受灾面积、承灾面积和直接经济损失5个指标为灾害损失定量评估的绝对指标，以受灾人口占总人口的比值、受灾面积占总面积的比值、直接经济损失占工农业生产总值的比值3个指标为灾害损失的相对指标，给出了灾害损失等级划分的定量标准，将灾害损失划分为较轻灾害、较重灾害、重灾害、重大灾害、特大灾害。民政部利用类似指标将灾害再划分为特大灾、大灾、中灾和小灾等。

由于“灾度”等级划分方案只能判别部分灾害损失，一些学者提出了改进方案。张力等探讨了将灾害中人员死亡换算为货币损失的估算方法。于庆东提出了“灾度”划分的“圆弧”方法，将直接死亡人数乘以生命价值系数，得到灾害造成的生命价值损失值，再进一步得到生命价值损失值与社会财产损失值的平方和，以此作为灾害损失的等级划分标准。

有些学者则把灾害损失等级划分等效成模式识别问题，应用模式识别的有关理论和方法对灾害损失进行评估。任鲁川在“灾度”概念的基础上，应用模糊模式识别的理论，提出模糊灾度的概念，通过建立模糊灾度等级的隶属函数来判别灾害的级别，同时给出用于灾害损失定量评估的模糊综合评判方法。李祚泳等提出了基于物元分析的灾情评估模型。魏一鸣、金菊良等引入遗传算法和神经网络模型用于灾情的评估。杨仕升采用自然灾害不同灾情的灰色关联度方法给出了自然灾害不同灾情的比较方法。

但是，上述学者在提出灾度划分或者灾害损失划分等级标准的时候，仅仅考虑了人员伤亡和直接经济损失，而没有把间接经济损失和社会成本损失考虑进来，应该说是不全面的。在建立灾害损失划分等级标准时，只有把人员伤亡、直接经济损失、间接经济损失和社会成本损失都考虑进来，才能真正反映灾害造成的后果。

1.3 雷电灾害风险评估

1.3.1 雷电灾害风险评估的发展

1995 年，国际电工委员会颁布与实施 IEC 61662 标准，这标志着雷电灾害风险评估工作的起步，该标准经历了 15 年左右的时间，于 2008 年重新修订颁布，更名为 IEC 62305-2（风险管理）。在 IEC 62305-2（风险管理）中，首先采用风险分析的方法来说明雷电防护的必要性，然后确定了降低雷电灾害风险的概率及具有经济效率的防护措施，最后确定了留存的剩余风险。从建筑物未受保护的状态出发，不断降低留存的剩余风险，直至达到可接受的风险值。使用这种方法，既可以依据 IEC 62305-2 简单地确定一个防雷保护系统的保护等级，又可以依据 IEC 62305-4 制定一个防止电磁干扰（LEMP）的复杂的保护系统。

在国内，雷电灾害风险评估工作起步于 20 世纪 90 年代末。2000 年 11 月 20 日，中国气象局发布了《气象信息系统雷击电磁脉冲防护规范》（QX3-2000），附录 A 中明确给出了雷击风险评估方法。该方法相对比较简单，适用范围是由雷击电磁脉冲对气象信息系统造成损失的风险评估，评估的内容主要是确定年平均直击雷次数 N 和年平均允许雷击次数 N_C；在 2004 年 6 月 1 日起实施的《建筑物电子信息系统防雷技术规范》（GB 50343）中，雷电灾害风险评估的主要内容是考虑建筑物年预计雷击次数、建筑物入户设施年预计雷击次数，以及建筑物电子信息系统因直接雷击和电磁脉冲损坏可接受的年平均最大雷击次数，以此确定雷电防护等级。

2011 年 7 月 11 日，中国气象局第 20 号令公布了《防雷减灾管理办法》，并于 2011 年 9 月 1 日起施行，其中第二十七条规定大型建设工程、重点工程、爆炸和火灾危险环境、人员密集场所等项目应当进行雷电灾害风险评估，以确保公共安全，降低经济损失。

1.3.2 常用的评估方法

1. ITU-TK.39

ITU-TK.39 是由国际电信联盟发布的，其名称为通信局站雷电损害危险的评估。该标准的主要内容包括标准适用范围、危险程度的决定因素、损失、评估原则、有效面积计算、概率因子、损失因子和可承受风险（允许风险）等。

ITU-TK.39 适用于通信局站雷电过电压（过电流）造成的设备损害和人员安全危害的风险评估。

该评估方法中的危害程度的决定因素包括：输入线路的类型（电源线和通信线），设备所在建筑物的形状、大小及其屏蔽效果，建筑物内部布局及相关防护措施。

损失分为硬件损害、软件资源破坏和服务中断三大类。

评估方法以计算损害次数及风险值为主，其中损害次数为：

$F=F_d+F_n+F_s+F_a$

$F_d=N_gA_dP_d$

$F_n=N_gA_nP_n$

$F_s=N_gA_sP_s$

$F_a=N_gA_aP_a$

其中，对于面积 A_d、A_n、A_s 和 A_a，在评估时要注意各类有效面积可能重叠；而对于损害次数 F，各项分开评估是为了分清损害的来源，便于实施雷电防护。这里，N_g 是年预计雷击次数，计算公式为

$$N_g = 0.04T_d^{1.25}$$

式中，T_d 为当地的雷暴日。

风险 R 的计算如下：

$$R = \left(1 - e^{-Ft}\right)\delta \approx F\delta = \sum F_i\delta_i \tag{1.4}$$

式中，δ 是损失。

各类有效面积的计算如下。

$$A_d=ab+6h(a+b)+\pi(3h)^2$$

其中，A_d 是通信局站建筑物的雷击面积，a、b 和 h 分别是通信局站的长度、宽度和高度；在计算时，水平方向向外扩展为建筑物高度的 3 倍。

A_n 是雷击通信局站周边 500m 以内的圆形风险区域面积，主要与土壤电阻率有关，与 A_s 会有部分面积的叠加。

$A_s=2dL$，是线路入口处的雷击面积，其值由线路长度与高度共同决定。L 是线路长度；当为埋地电缆时，d=250m；当为架空线缆时，d=1000m。

A_a 是附近关联目标的直接雷击面积，与 A_d 的计算方法相同。

概率因子 P：概率因子的确定方法基本上来自经验，查表得到。其大小与建筑物和材料、设备自身性质、特定的保护措施及是否遵循相关规范安装有关。整个风险评估的可信度和准确性主要取决于概率因子 P 的确定方法和具体数值。

损失因子 δ：δ 为损失值与总价值的比值，是一个相对值。对于人身损失，人可能遭受严重伤害时，δ=1；对于服务损失，$\delta = \dfrac{tn}{8760n_t}$。式中，$t$ 是服务中断时间，n 是服务中断用户数目，n_t 是服务用户总数。对于物理损失，一般网络接口的 δ=0.2，而无任何防护措施局站的 δ=0.8。

可承受风险（允许风险）R_a：除人身损失外，R_a 一般由业主（用户）来决定，但提供了一定的参考值，如 $R_a=10^{-3}$ 和 $R_a=10^{-4}$。

2．QX3-2000

QX3-2000 是气象信息系统雷击电磁脉冲防护规范，包含雷击电磁脉冲对气象信息系统造成损失的风险评估，主要考虑气象信息系统所处的环境因素、设备的重要性和发生雷

击事故后果的严重程度等因素进行雷电灾害风险评估。

雷电灾害风险评估方法也是先评估建筑物年预计雷击次数 N，再评估因直接雷击和雷击电磁脉冲引起气象信息系统设备损坏的可接受的最大年雷击次数 N_c，最后依据公式

$$E = 1 - \frac{N_c}{N}$$

将气象信息系统雷击电磁脉冲的防护分为 A、B、C、D 四个等级，根据不同等级分别采用相应的防护措施。

在计算气象信息系统所处建筑物年预计雷击次数 N 时，采用以下公式：

$$N = kN_g A_e \tag{1.5}$$

k 为校正系统，在一般情况下取 1，位于旷野的孤立建筑物取 2，金属屋面的砖木结构建筑物取 1.7，位于河边、湖边、山坡下、山地中、土壤电阻率较小处、地下水露头处、土山顶部、山谷风口等的建筑物，以及特别潮湿的建筑物取 1.5；

N_g 为建筑物所处地区雷击大地的年平均密度，可以利用经验公式估算，即

$$N_g = 0.1T_d$$

随着雷电探测技术的进步，N_g 更适合通过闪电定位系统的监测数据代入计算，这样更能够体现当地雷电特征，具有更高准确性，其单位是次/(km^2·a)。

A_e 的物理含义是等效截收面积，指的是对于不同高度与形状的建筑物，当其总面积一定时，折算到地面的面积。它的计算方法与《建筑物防雷设计规范》（GB 50057-2010）相同，它的单位是平方千米。

此外，N_c 的计算公式为 $N_c=5.8\times10^{-1.5}/C$。式中，C 为各类影响因子，即

$$C = C_1 + C_2 + C_3 + C_4 + C_5 \tag{1.6}$$

C_1 为气象信息系统所在建筑物的材料结构因子。当建筑物屋顶和主体结构均为金属材料时，C_1 取 0.5；当建筑物屋顶和主体结构均为钢筋混凝土材料时，C_1 取 1.0；当建筑物为砖混结构时，C_1 取 1.5；当建筑物为砖木结构时，C_1 取 2.0；当建筑物为木结构或其他易燃材料时，C_1 取 2.5。

C_2 为气象信息系统重要程度因子。一般计算机、通信设备，C_2 取 0.5；《计算机场站安全要求》中划为 C 类的机房，C_2 取 1.0；《计算机场站安全要求》中划为 B 类的机房，C_2 取 2.0；《计算机场站安全要求》中划为 A 类的机房，C_2 取 3.0。

C_3 为气象信息系统设备耐冲击类型和抗冲击能力因子。该因子与设备的耐冲击的能力有关，也与采用的等电位连接及接地措施有关，还与供电线缆、信号线屏蔽接地状况有关。一般情况下，C_3 取 0.5；当抗冲击能力较弱时，C_3 取 1.0；当抗冲击能力相当弱时，C_3 取 3.0。

C_4 为气象信息系统设备所在雷电防护区的因子。当设备在 LPZ2 或更高层雷电防护区内时，C_4 取 0.5；当设备在 LPZ1 区内时，C_4 取 1.0；当设备在 LPZB 区内时，C_4 取 1.5；当设备在 LPZA 区内时，C_4 取 2.0。

C_5 为气象信息系统发生雷击事故的后果因子。当气象信息系统业务中断不会产生不

良后果时，C_5 取 0.5；当气象信息系统业务原则上不允许中断，但中断后无严重后果时，C_5 取 1.0；当气象信息系统不允许中断，中断后会产生严重后果时，C_5 取 1.5。

在确定了 N 和 N_c 之后，气象信息系统雷击电磁脉冲防护等级依据以下公式进行划分发，即

$$E = 1 - \frac{N_c}{N} \tag{1.7}$$

当 $E > 0.98$ 时定为 A 级。

当 $0.90 < E \leqslant 0.98$ 时定为 B 级。

当 $0.80 < E \leqslant 0.90$ 时定为 C 级。

当 $E \leqslant 0.80$ 时定为 D 级。

按照评估所得气象信息系统的雷击电磁脉冲防护等级，所采取的电涌保护措施如下：

A 级宜在低压系统中采用 3～4 级 SPD 进行保护；

B 级宜在低压系统中采用 2～3 级 SPD 进行保护；

C 级宜在低压系统中采用 2 级 SPD 进行保护；

D 级宜在低压系统中采用 1 级或者以上的 SPD 进行保护。

3.《建筑物电子信息系统防雷设计规范》（GB 50343）的方法

《建筑物电子信息系统防雷设计规范》（GB 50343），涉及一部分建筑物电子信息系统的雷电灾害风险评估。

《建筑物电子信息系统防雷技术规范》中雷电灾害风险评估的适用范围是由雷击电磁脉冲（LEMP）对建筑物内电子信息系统造成损害风险的评估。雷电灾害风险评估的中心内容是确定年平均直击雷次数 N 和年平均允许雷击次数 N_c。

该雷电灾害风险评估方法结构简单，适用于被评估对象为建筑物内的电子信息系统，且评估任务和区域比较单一的场合。

该技术规范中有关雷电防护等级划分的规定如下。

（1）建筑物电子信息系统的雷电防护等级应按防雷装置的拦截效率划分为 A、B、C、D 四级。

（2）雷电防护等级应按下列方法之一划分：

- 按建筑物电子信息系统所处环境进行雷电灾害风险评估，确定雷电防护等级。
- 按建筑物电子信息系统的重要性和使用性质确定雷电防护等级。

（3）对于特别重要的建筑物宜综合考虑其所处的环境和其重要性，以及使用性质两种方法进行雷电防护等级划分，并按其中较高防护等级确定防护措施。

按雷电灾害风险评估确定雷电防护等级的方法如下：建筑物及入户设施年预计雷击次数 N，主要取决于建筑物所处地区雷击大地的年平均密度、建筑物和建筑物入户设施截收相同雷击次数的等效面积及建筑物所处地理环境。通常，按建筑物年预计雷击次数 N_1 和

建筑物入户设施年预计雷击次数 N_2 确定 N，即 $N=N_1+N_2$。

建筑物电子信息系统设备，因直击雷和雷电电磁脉冲损坏，可接受的年平均最大雷击次数 N_c 可按下式计算：$N_c=5.8\times10^{-1.5}/C$。C 表征各类因子的作用，主要有以下六类因子：信息系统所在建筑物材料结构因子；信息系统重要程度因子；电子信息系统设备耐冲击类型和抗冲击过电压能力因子；电子信息系统所在雷电防护区因子；电子信息系统发生雷击事故的后果因子；区域雷暴等级因子。

将 N 和 N_c 进行比较，确定电子信息系统设备是否需要安装雷电防护装置：当 $N<N_c$ 时，可以不安装雷电防护装置；当 $N>N_c$ 时，应安装雷电防护装置。

按防护装置拦截效率 E 的计算公式，可以确定其雷电防护等级：

$$E=1-\frac{N_c}{N} \tag{1.8}$$

当 $E>0.98$ 时定为 A 级；当 $0.90<E\leqslant0.98$ 时定为 B 级；当 $0.80<E\leqslant0.90$ 时定为 C 级；当 $E\leqslant0.80$ 时定为 D 级。

为了从多方面因素综合分析确定建筑物电子信息系统的雷电电磁脉冲防护等级，应考虑下列几个因素：

（1）信息系统设备对 LEMP 的敏感度和抗干扰强度的要求。

（2）建筑物防雷（外部）分类条件。

（3）建筑物用户负荷分级条件。

（4）建筑物的功能性质、建筑高度。

（5）当地气象条件。

（6）用户对电子信息系统设备的要求。

（7）安全度的要求（二次设计确定）。

（8）电子信息系统风险评估计算结果。

根据以上条件，综合分析各种因素，从定性、定量两个方面来确定电子信息系统雷电防护等级，并采用相适配的技术措施，做到安全可靠、技术先进、经济适用、维护方便。

1.3.3 区域评估方法

雷电灾害风险评估工作是我国目前开展的一项新兴业务，现行雷电灾害风险评估方法主要是 IEC 62305-2、GB/T 21714 等标准中的评估方法，其评估对象基本上是单体建筑物。但是，随着计算机、电子产品及网络设备等的广泛使用，当建（构）筑物遭受雷击之后，其对周围建（构）筑物的影响越来越明显。因此，评估项目区域内的雷电灾害风险不能简单地将各建（构）筑物的风险叠加到一起，并当成整个项目区域内的雷电灾害风险。综上所述，现有的评估方法的评估对象和评估必要条件严重制约了风险评估工作的开展。

IEC 62305-2、GB/T 21714 等标准的共同之处是针对单体建筑物或建筑物的一部分，评估对象和评估范围有一定的针对性。对于一个区域范围（大面积的评估对象）的雷电灾害风险，这些标准都不太适合。因此，开展区域雷电灾害风险评估方法的研究很有必要。

因此，针对上述雷电灾害风险评估方法的不足之处，并结合当前雷电灾害风险评估工作的实际需求，在对全国雷电灾害风险评估业务考察和调研的基础上，明确提出了区域雷电灾害风险评估方法。对某些特定的区域进行雷电灾害风险评估，了解区域雷电灾害风险情况，科学地、合理地、有针对性地统筹区域雷电灾害的防御，对保护人们的生命、财产安全具有重大的意义。目前，区域雷电灾害风险评估虽然尚处于探索阶段，但已经越来越引起人们的关注，它将会是今后开展雷电灾害风险评估工作的一个趋势，同时也是我们现阶段亟须解决的问题。

依照雷电灾害风险评估工作流程，区域雷电灾害风险评估的概念模型主要由 5 个基本要素组成，如图 1-5 所示。

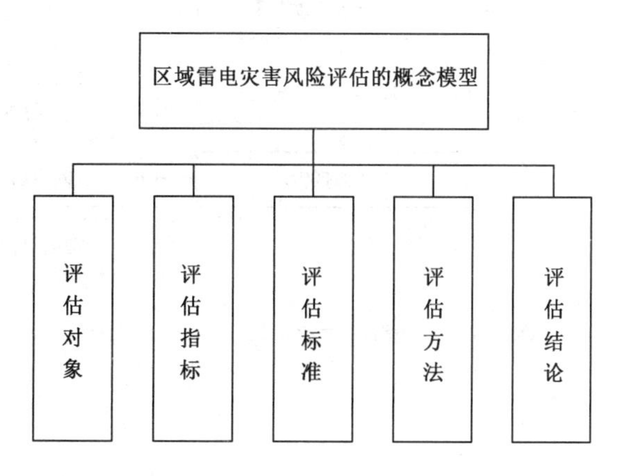

图 1-5　区域雷电灾害风险评估的概念模型

（1）评估对象：被评估项目批准的规划区域。

（2）评估指标：影响雷电灾害风险的因子，如雷暴活动参量、地闪密度、土壤结构特点、地形地貌、周边环境、被评估项目自身属性、区域内的建（构）筑物结构特征、内部电子电气系统等系列相关因子。

（3）评估标准：判断评估指标的风险等级或风险程度的基准，即本书中的评估集。

（4）评估方法：结合层次分析法和模糊综合评判。

（5）评估结论：综合风险等级、风险源分析确定有效的雷电防护措施。

目前，国内外对区域雷电灾害易损性划分的研究比较成熟。在区域雷电灾害风险评估初级阶段，区域雷电灾害易损性划分可以作为区域雷电灾害风险评估的理论参考。

根据区域雷电灾害易损性的理论分析，雷电灾害的发生是由致灾环境的危险性（雷电）和承灾体的易损性（地面上的人、物体）共同决定的。区域雷电灾害风险评估应用方法以工程项目区域为评估对象，其中大型工程项目区域可根据项目可行性研究报告中的使用功能分区和位置分布情况进行区域划分。首先，从区域雷电灾害风险致灾的主要影响因素入手，研究、探讨得出区域雷电灾害风险评估指标体系；其次，需要对每个低层指标制定危险等级标准，该标准的制定主要参考现行相关标准、规范；再次，引入适合该体系的数学方法进行计算；最后，得出评估区域雷电灾害风险综合评估结果，如风险等级、风险源分析及雷电防护措施等。具体评估步骤如图 1-6 所示。

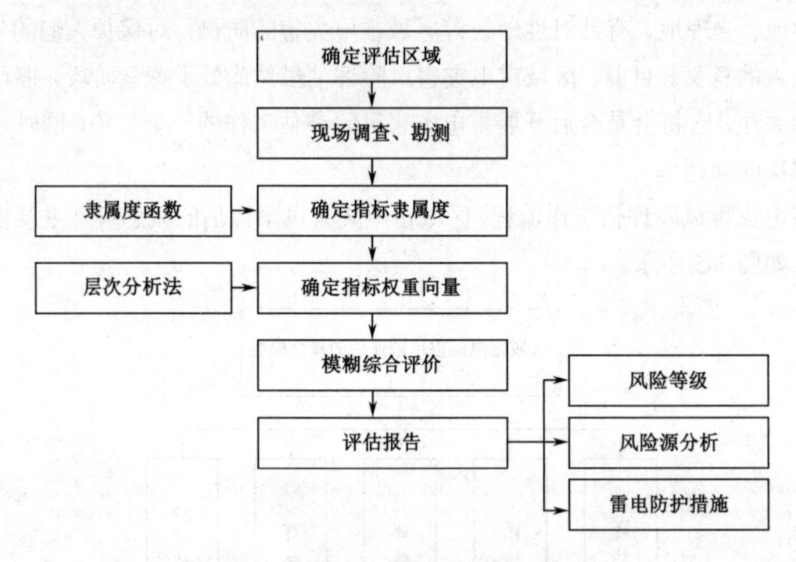

图 1-6　区域雷电灾害风险评估具体步骤

第 2 章

建筑物的雷击风险评估方法

国外普遍重视雷电灾害风险评估研究，从《雷击损害风险的评估》(IEC 61662) 的颁布到《通信局站雷电损坏危险的评估》(ITU-TK.39) 的执行，再到《雷电防护第 2 部分：风险管理》(IEC 62305-2，2006 年) 等标准在全世界范围内的应用，两大国际专业化组织颁布了相应的雷电灾害风险评估技术标准，形成了较完整的技术体系，为雷击风险评估提供了有力的技术依据，具有重要的指导意义。

国内雷击风险评估虽然起步较落后于发达国家，但伴随着经济的发展和人们防雷意识的增强，中国相应发布了一系列防雷技术规范。2002 年，全国人民代表大会常务委员会第三十次会议通过了《中华人民共和国环境影响评价法》，规定必须对建设项目进行环境影响评价。国家各级环境保护行政主管部门是具有审批权的执法监管部门。建设单位应依法对建设项目进行环境影响评价，编制环境影响评价文件，并报请环境保护行政主管部门审批。另外，还要对规划和建设项目实施后可能造成的环境影响进行分析、预测和评估，以提出预防或者减轻不良环境影响的对策和措施，并对跟踪监测的方法与制度进行了要求。

我国于 2006 年首次将《雷电防护第 2 部分：风险管理》(IEC 62305-2，2006 年) 等同引用到中国，形成了中国的国家推荐标准 GB/T 21714-2：《雷电防护第 2 部分：风险管理》(2008 年)，为中国防雷减灾事业的发展起到了推动作用。

在 GB/T 21714-2 中，风险值 $R_X = N_X P_X L_X$。其中，R_X 代表各类风险值，N_X 代表每年危险事件次数，P_X 代表建筑物的损害概率，L_X 代表每类损害产生的损失率。

雷击风险评估的任务如下。

(1) 评估是否需要防雷措施。首先识别构成风险的各分量 R 并计算其值，然后与相对应的风险容许值 R_T 比较，决定是否对建筑物或服务设施采取防雷措施。如果所有的风险值均小于容许值，即 $R_X < R_T$，那么不需要防雷；如果所有的风险值中任何一项风险值大于容许值，即 $R > R_T$，那么应采取相应的有效防雷措施，以减小风险。

（2）防雷措施的选择。找出关键的若干参数，以决定减少风险的最有效的防雷措施。对于每类损失，有许多有效的防雷措施，可以单独采用或组合采用；应选取技术上和造价上均可行的防雷方案，从而使 $R<R_T$。

2.1 基本概念

2.1.1 损害成因

雷电流是造成损害的主要原因。按雷击点的位置（见表 2-1），可分为以下几种成因。

S_1：雷击建筑物。

S_2：雷击建筑物附近。

S_3：雷击服务设施。

S_4：雷击服务设施附近。

表 2-1 雷击点、损害成因、各种可能的损害类型及损失对照一览

雷击点	损害成因	建筑物		公共设施	
		损害类型	损失类型	损害类型	损失类型
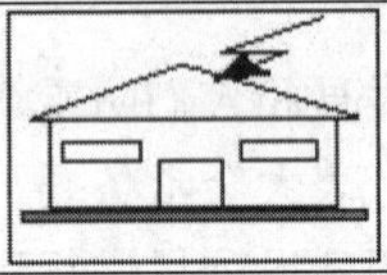	S_1	D_1 D_2 D_3	L_1，$L_4^{(2)}$ L_1，L_2，L_3，L_4 $L_1^{(1)}$，L_2，L_4	D_2，D_3 D_2，D_3	L_2 L_4
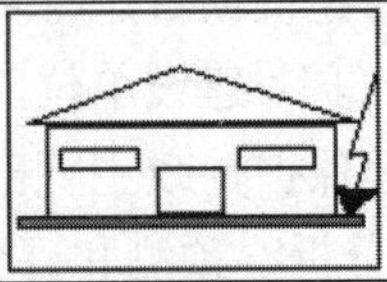	S_2	D_3	$L_1^{(1)}$，L_2，L_4	—	—
	S_3	D_1 D_2 D_3	L_1，$L_4^{(2)}$ L_1，L_2，L_3，L_4 $L_1^{(1)}$，L_2，L_4	D_2，D_3 D_2，D_3	L_2 L_4
	S_4	D_3	$L_1^{(1)}$，L_2，L_4	D_2，D_3	L_2 L_4

（1）仅对具有爆炸危险的建筑物或因内部系统故障马上会危及人命的医院或其他建筑物。

（2）仅对可能出现牲畜损失的建筑物。

建筑物中各类损失对应的各类损害风险，如表 2-2 所示。

表 2-2　建筑物中各类损失对应的各类损害风险

损失类型	人畜伤害风险	物理损害风险	内部系统故障风险
人身伤亡损失 L_1	R_S	R_F	R_O[(2)]
公众服务损失 L_2	—	R_F	R_O
文化遗产损失 L_3	—	R_F	—
经济损失 L_4	R_S[(1)]	R_F	R_O
（1）可能出现牲畜损失的建筑物。			
（2）具有爆炸危险的建筑物或因内部系统故障会危及人命的医院或其他建筑物。			

2.1.2　损害类型

雷击可能造成损害，这取决于需保护对象的特征。其中，最重要的特征有建筑物的结构类型、内部物品、用途、服务设施类型及所采取的保护措施。

在实际的雷击风险评估中，将雷击引起的基本损害类型划分为以下三种（见表 2-1 和表 2-2）。

D_1：建筑物内外人畜伤害。

D_2：物理损害。

D_3：电气和电子系统故障。

雷电对建筑物的损害可能局限于建筑物的某一部分，也可能扩展到整个建筑物，还可能殃及四周的建筑物或环境（如化学物质泄漏、放射性辐射）。

影响服务设施的雷电不但会造成设施上相关电气和电子系统故障，而且会对提供服务的线路或管道本身造成损坏，损坏还可能扩展到与服务设施相连的内部系统。

2.1.3　损失类型

每类损害，无论是单独出现，还是与其他损害共同作用，都会在被保护对象中产生不同的损失。可能出现的损失类型取决于需要保护对象本身的特征及其内存物。通常，应考虑以下几种类型的损失。

L_1：人身伤亡损失。

L_2：公众服务损失。

L_3：文化遗产损失。

L_4：经济损失，包含建筑物及内存物、服务设施及业务活动中断的损失。

通常，建筑物中的损失类型有如下几种。

L_1：人身伤亡损失。

L_2：公众服务损失。

L_3：文化遗产损失。

L_4：经济损失，包含建筑物及其内存物的损失。

通常，服务设施中的损失类型有如下几种。

L_2：公众服务损失。

L_4：经济损失，包含服务设施及业务中断的损失。

2.1.4 风险和风险分量

这里的雷电灾害风险是指因雷电造成的年平均可能的人和物的损失与需要保护的人和物的总价值之比。对建筑物或服务设施中可能出现的各类损失，应计算其对应的风险。

1. 直接雷击建筑物（损害成因 S_1）引起的建筑物风险分量

R_A：在建筑物外距离建筑物 3m 范围内，因接触和跨步打压造成人畜伤害的风险分量，可能产生 L_1 类损失，对饲养牲畜的建筑物还可能产生 L_4 类损失。

特别值得注意的是，该风险分量也指以下情形：在不考虑雷击建筑物时，建筑物内部因接触和跨步电压造成人畜伤害的风险分量。在某些特殊场合，如停车场的顶层或运动场，可能存在人遭受直接雷击的危险。

R_B：建筑物内因危险火花放电触发火灾或爆炸引起物理损害的风险分量，此类损害还可能危害环境，可产生所有类型的损失（L_1、L_2、L_3、L_4）。

R_C：因 LEMP 造成内部系统故障的风险分量。此类损害总会产生 L_2 和 L_4 类损失，在具有爆炸危险的建筑物，以及在内部系统的故障马上会危及人命的医院或其他建筑物中，还可能出现 L_1 类损失。

2. 雷击建筑物附近（损害成因 S_2）引起的建筑物风险分量

R_M：因 LEMP 引起内部系统故障的风险分量。此类损害总会产生 L_2 和 L_4 类损失，在具有爆炸危险的建筑物，以及在内部系统的故障马上会危及人命的医院或其他建筑物中，还可能出现 L_1 类损失。

3. 雷击相连服务设施（损害成因 S_3）引起的建筑物风险分量

R_U：雷电流沿入户线路侵入建筑物内因接触电压造成人畜伤害的风险分量。此类损害可能会产生 L_1 类损失；当有牲畜时，还可能产生 L_4 类损失。

R_V：因雷电流沿入户设施侵入建筑物，在入口处入户设施与其他金属部件产生危险火花放电而引起火灾或爆炸，造成物理损害的风险分量。此类损害可能产生所有类型的损失。

R_W：因入户线路上产生并传入建筑物内的过电压引起内部系统故障的风险分量。此类损害总会产生 L_2 和 L_4 类损失；在具有爆炸危险的建筑物，以及在因内部系统的故障马上会危及人命的医院或者其他建筑物中，还可能产生 L_1 类损失。

在此类损害风险评估中只考虑了入户线路。因为管道已连接到等电位连接排，所以不把雷击管道作为损害成因。但是，如果没有进行等电位连接，应考虑这种威胁。

4. 雷击相连服务设施附近（损害成因 S_4）引起的建筑物风险分量

R_Z：因入户线路上感应的并传入建筑物内的过电压引起内部系统故障的风险分量。此

类损害总会产生 L_2 和 L_4 类损失，在具有爆炸危险的建筑物，以及在因内部系统的故障马上会危及人命的医院或其他建筑物中，还可能出现 L_1 类损失。在此类损害风险评估中只考虑入户线路。因为管道已连接到等电位连接排，所以不把雷击管道作为损害成因。但是，如果没有进行等电位连接，应考虑这种威胁。

5．雷击服务设施（损害成因 S_3）引起的服务设施风险分量

R_V'：雷电流的机械效应、热效应造成的服务设施物理损害的风险分量。此类损害可能出现 L_2 和 L_4 类损失。

R_W'：经阻性耦合产生的过电压造成相连设备故障的风险分量。此类损害可能出现 L_2 和 L_4 类损失。

6．雷击服务设施附近（损害成因 S_4）引起的服务设施风险分量

R_Z'：线路上的感应过电压造成线路或相连设备故障的风险分量。此类损害可能出现 L_2 和 L_4 类损失。

7．雷击相邻建筑物（损害成因 S_1）引起的服务设施风险分量

R_B'：因流经线路的雷电流的机械效应、热效应造成线路物理损害的风险分量。此类损害可能出现 L_2 和 L_4 类损失。

R_C'：因阻性耦合产生的过电压造成相连设备故障的风险分量。此类损害可能出现 L_2 和 L_4 类损失。

2.2　风险组成

针对不同的损失类型，建筑物（或服务设施）的各种风险的组成如下。

在下面的公式中，1）指具有爆炸危险的建筑物，以及因内部系统的故障马上会危及人命的医院或其他建筑物；2）仅指可能出现牲畜损失的建筑物。

$$R_1 = R_A + R_B + R_C^{1)} + R_M^{1)} + R_U + R_V + R_W^{1)} + R_Z^{1)} \tag{2.1}$$

$$R_2 = R_B + R_C + R_M + R_V + R_V + R_W + R_Z \tag{2.2}$$

$$R_3 = R_B + R_V \tag{2.3}$$

$$R_4 = R_A^{2)} + R_B + R_C + R_M + R_U^{2)} + R_V + R_W + R_Z \tag{2.4}$$

$$R_2' = R_V' + R_W' + R_Z' + R_B' + R_C' \tag{2.5}$$

$$R_4' = R_V' + R_W' + R_Z' + R_B' + R_C' \tag{2.6}$$

按不同的损害成因组合如下：

$$R = R_D + R_I \tag{2.7}$$

其中，R_D 为损害成因 S_1 产生的风险；R_I 为损害成因 S_2、S_3 和 S_4 产生的风险:

$$R_D = R_A + R_B + R_C \tag{2.8}$$

$$R_I = R_M + R_U + R_V + R_W + R_Z \tag{2.9}$$

$$R_D' = R_V' + R_W' \tag{2.10}$$

$$R_I' = R_B' + R_C' + R_Z' \tag{2.11}$$

另外，按损害类型组合为

$$R = R_S + R_F + R_0 \tag{2.12}$$

其中，R_S是人畜伤害的风险；R_F是物理损害的风险；R_0是内部系统故障的风险：

$$R_S = R_A + R_U \tag{2.13}$$

$$R_F = R_B + R_V \tag{2.14}$$

$$R_0 = R_M + R_C + R_W + R_Z \tag{2.15}$$

$$R_F' = R_B' + R_V' \tag{2.16}$$

$$R_0' = R_C' + R_W' + R_Z' \tag{2.17}$$

2.3 风险管理

1．基本步骤

建筑物或公共设施是否采取防雷措施及相应措施的选择，都应依照IEC 62305-1执行。基本步骤如下：

- 确认受保护的物体及其特征；
- 确认物体的各种类型的损失及其对应风险R（R_1～R_4）；
- 对各种类型的损失导致的风险R进行评估；
- 通过风险R_1、R_2、R_3与可承受风险R_T的比较，对防护需求进行评估；
- 通过采用防护措施前后损失的比较，对防护的经济性进行评估（注：在此情况下，为了估计防护费用，必须对风险R_4的组成进行评估）。

2．风险评估时需要考虑的建筑物方面的问题

在进行风险评估时，需要考虑的受保护建筑物的特征包括：

- 建筑物本身；
- 建筑物内的装置；
- 建筑物的构成；
- 建筑物内的人员或在建筑物外围3m区域内站立的人员；
- 建筑物损害可能影响的环境；

3．风险评估需要考虑的服务设施方面的问题

受保护的服务设施是指以下两者之间的物理连接。

- 电信交换站与用户大楼之间、两个电信交换站之间或两个用户大楼之间的通信线路（TLC）。
- 电信交换站或用户大楼与分配节点之间，或者两个分配节点之间的通信线路。
- 高压变电站与用户大楼之间的电力线路。
- 配给站与用户大楼之间的管道。

另外，风险评估还需要考虑线路设备和线路终端设备，包括：

- 多用复用器、功率放大器、光纤网络单元、仪表、线路终端设备等；
- 断路器、过电流保护器、仪表等；
- 控制系统、安全系统、仪表等。

4．风险容许值 R_T

可承受风险表现为雷电引起人员死亡或社会、文化价值的损失，其典型值如表 2-3 所示。

表 2-3　可承受风险的典型值

损失类型	R_T
人员死亡	10^{-5}
公共设施损失	10^{-3}
文化遗产损失	10^{-3}

5．评估防护需求的步骤

依照 GB/T 21714-1，在评估物体的雷电防护措施需求时，应考虑如下风险。

- 对于建筑物，考虑风险 R_1、R_2 和 R_3。
- 对于公共设施，考虑风险 R_2。

另外，每种风险的考虑应按照下列步骤进行：

（1）确认风险的组成部分 R_X；

（2）计算被确认的风险组成部分 R_X 的值；

（3）计算总风险值 R；

（4）确认可承受风险的最大值 R_T；

（5）将总风险值 R 与可承受风险的最大值 R_T 进行比较，如果 $R \leqslant R_T$，那么不需进行雷电防护；如果 $R > R_T$，那么针对其所有的风险，被评估物体应采取相应的防护措施，以使 $R \leqslant R_T$。

确定是否需要雷电防护的流程如图 2-1 所示。

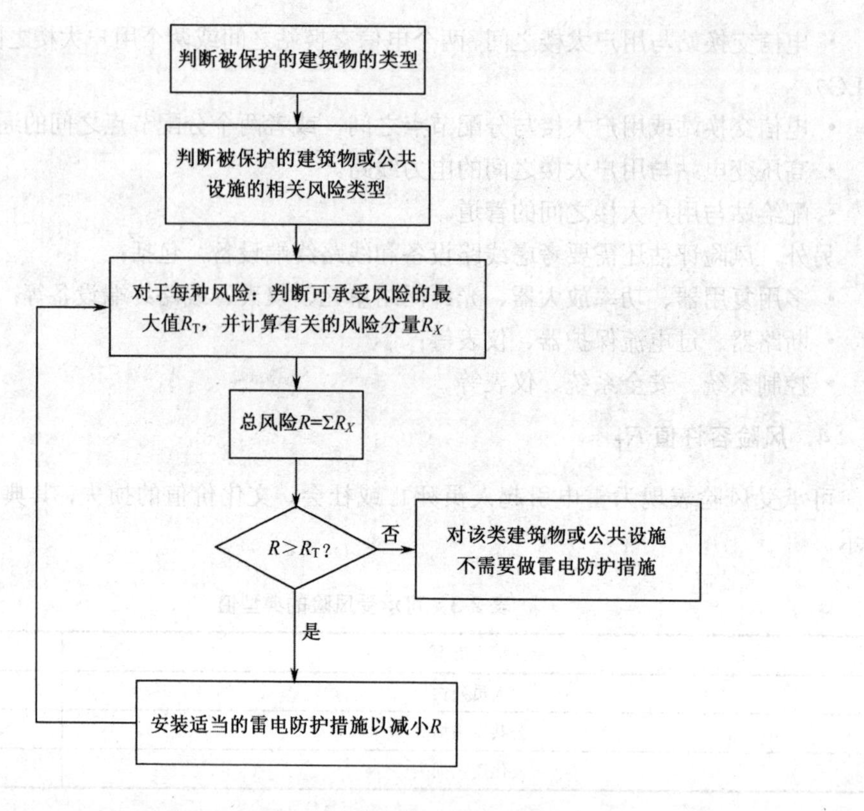

图 2-1　确定是否需要雷电防护的流程

6．评估防护措施经济性的程序

对于建筑物或公共设施，除确定其是否需要雷电防护外，为减少经济损失 L_4，确认采取防护措施的经济收益是很有用的。风险 R_4 组成的评估使用户可以衡量在采取雷电防护措施前后不同的经济损失。

确定雷电防护措施经济性的程序如下：

（1）确认风险 R_4 的组成部分 R_X;

（2）计算无雷电防护措施下被确认的风险组成部分 R_X;

（3）计算每种风险组成 R_X 导致的损失；

（4）计算无雷电防护措施下总损失 C_L;

（5）采用选定的雷电防护措施；

（6）在选定雷电防护措施后，计算风险组成部分 R_X;

（7）计算在受雷电防护的建筑物或公共设施内由风险组成 R_X 导致的损失；

（8）在采取雷电防护措施的情况下，计算总损失 C_{RL};

（9）计算选定雷电防护措施的年度成本 C_{PM};

（10）成本比较，如果 $C_L<C_{RL}+C_{PM}$，则雷电防护措施不能节约成本；如果 $C_L\geq C_{RL}+C_{PM}$，则雷电防护措施可以节约成本。

评估采取雷电防护措施的成本效益的流程如图 2-2 所示。

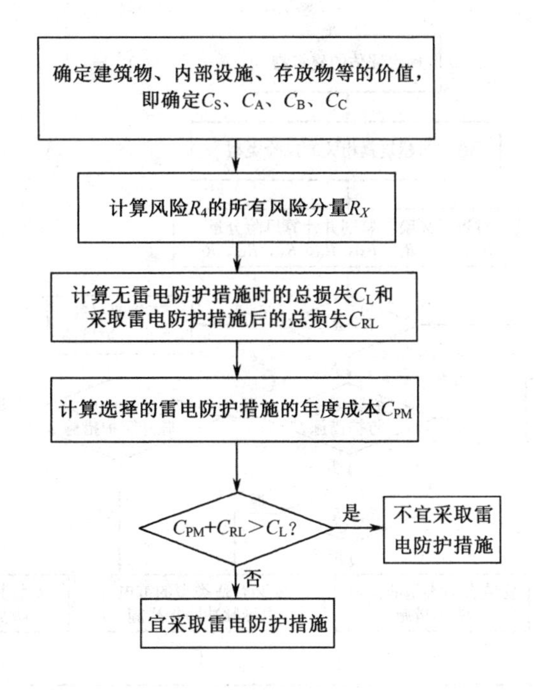

图 2-2　评估采取雷电防护措施的成本效益的流程

7. 雷电防护措施

按照损害的类型，雷电防护措施被直接用于减小风险。

雷电防护措施如果符合相关标准的要求，则认为其是有效的。具体如下：

- IEC 62305-3 建筑物内减小活体伤害和实体损害的雷电防护措施；
- IEC 62305-4 减少内部系统失效的雷电防护措施；
- IEC 62305-5 公共设施的雷电防护措施。

8. 雷电防护措施的选择

根据每种风险组成（R_A、R_B、…）在总风险（R_1、R_2、R_3 和 R_4）中所占的份额，以及不同雷电防护措施的技术和经济因素的要求，设计者应选择最合适的雷电防护措施。

为选择高效的雷电防护措施来降低风险 R，一些重要的参数需要确定。

对于每种类型的风险，总有众多的雷电防护措施可供选用。这些雷电防护措施或单独，或联合，可使条件 $R \leq R_T$ 成立。雷电防护措施的具体方案应根据技术和经济因素来确定。建筑物雷电防护措施选择的简化程序如图 2-3 所示，服务设施雷电防护措施选择的简化程序如图 2-4 所示。无论哪种情况，安装者或设计者都应确认并减小最重要的风险组成部分，同时也要考虑经济因素。

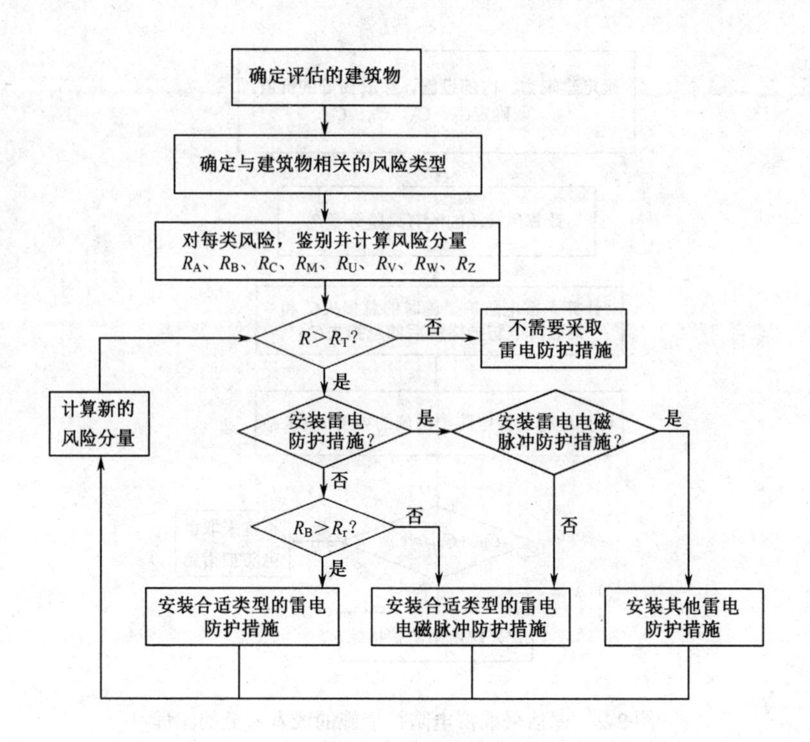

图 2-3　建筑物雷电防护措施的选择流程

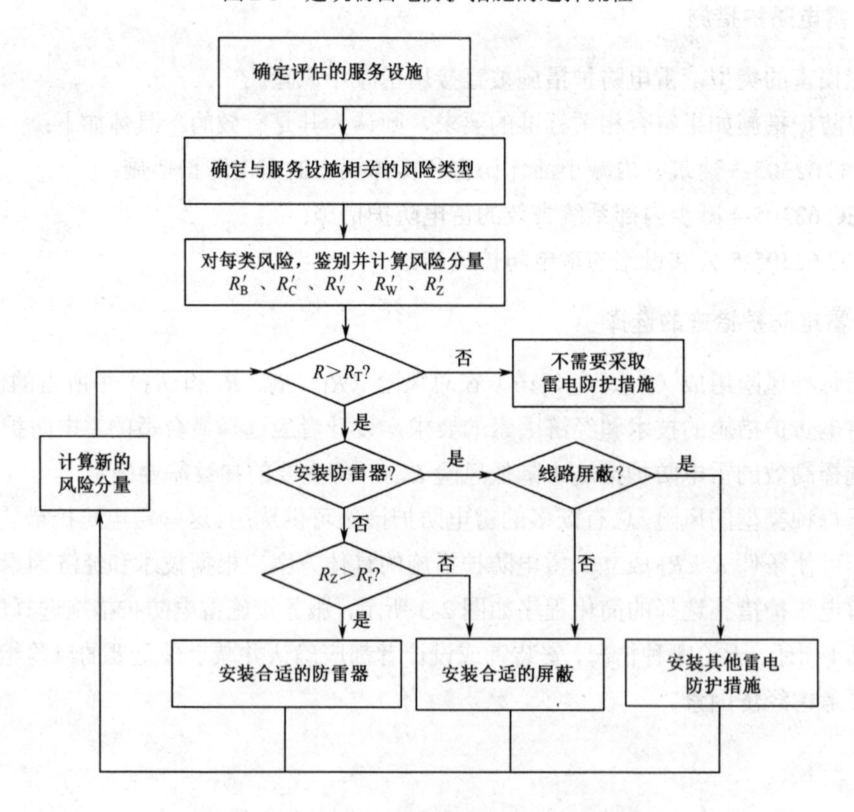

图 2-4　服务设施雷电防护措施的选择流程

第 3 章

建筑物的雷击风险评估应用

什么样的建筑物需要进行雷电灾害风险评估？目前还没有明确的定论。但有一个原则，对于雷电致灾后可能产生较大财产损失、人身伤亡或重要服务中止的场所，应当进行适当的雷电灾害风险评估。这里说的适当的雷电灾害风险评估包含建筑物设计前的预评估和建筑物建成后的性能评估。

雷电灾害风险评估，不仅要遵循灾害风险评估的一般方法，给出评估结论（也就是评估对象的雷电致灾风险，以及可能导致的损失），而且要根据评估对象的特征等情况给出雷电灾害的防护措施与规避方法。

对建筑物与服务设施进行雷电灾害风险评估的主要依据有两个方面。一个方面是国际电工委员会（IEC）的标准 IEC 62305-2，另一个方面是引用上述标准之后在我国形成的 GB/T 21714-2。这两个标准内容体系基本一致。

3.1 风险评估的体系结构

2006 年，我国开始引进国际电工委员会的雷电防护系列标准 IEC 62305-2。其中的风险管理相关内容随后成为我国雷电业务管理部门进行雷电灾害风险评估的主要依据。

在应用 IEC 62305-2 的过程中，我国技术人员根据实际情况进行了相关内容的补充与调整，具体包括：增加了对评估对象的孕灾环境的补充，具体表现为对评估对象当地的雷电气候特征的统计与分析；根据评估对象特征和风险评估结论提出了必须采取的雷电防护措施及防护管理注意事项。

3.2 高层建筑的雷击风险评估

3.2.1 项目概况

本项目为一个高层建筑，总占地面积约 15000m²，总建筑面积约 180000m²，长 146.9m，宽 53.9m，最高 282.0m。

项目集商业中心、酒店式公寓、办公大楼于一体。

项目东楼作为行政办公用房，长 41.4m，宽 41.4m，高 240.0m；西楼用作酒店式公寓，长 36.0m，宽 30.0m，高 282.0m；中楼用作商场，长 72.0m，宽 54.0m，高 22.5m。

本项目建筑结构形式为框架结构，地表类型为混凝土层，有预防伤害的防护措施，火灾风险低，常在人数大于 100 人。

建筑物附近土壤类型为混合不均匀土层，地表至地基深度土层分布如下：人工填土层、粉质黏土层、粉土层和粉质黏土层。

建筑物周围土壤电阻率现场测量值如下：ρ_{S1}=23.3 Ω·m，ρ_{S2}=35.9 Ω·m，ρ_{N1}=34.4Ω·m，ρ_{N2}=33.8Ω·m，ρ=31.85Ω·m。

3.2.2 数据采集与分析

1．雷电活动规律

根据项目所在地 2002—2006 年闪电监测资料，项目所在地闪击次数月变化曲线基本呈单峰分布，峰值出现在 8 月。4 月有一个小的折点，8 月的闪击次数是 4 月的 6 倍多，主单峰特征更突出，闪电月变化更剧烈。1 月、12 月是闪电最少的时段，没有闪电发生。该地区年平均雷暴日基本呈正态分布，从 1 月开始逐渐上升，在夏季达到峰值，然后开始回落。6 月、8 月雷暴日基本相同，7 月有小幅下降，但下降较小。

2．雷电流强度

根据项目所在地省级闪电定位系统的监测数据分析，2002 年，该地区的雷电流强度分布为：1kA≤I<10kA 的雷击占 67%，绝大多数雷击的雷电流强度小于 10kA；而雷电流强度 I≥10kA 的雷击只占 2.3%。

经分析，该地区每年的雷击都集中发生在 7—8 月的盛夏季节。2002 年 7 月和 8 月雷电流强度 I≥10kA 的雷击占全年的 74.6%。此外，基本上 3—9 月每个月都有雷电流强度 I≥10kA 的雷击发生。由此可见，雷电流强度较大的雷击的时间跨度非常长，其中每年的 7—9 月为强雷暴多发期。

3. 雷暴分布特征

根据项目所在地气象台站的雷电观测记录，该地区是我国雷暴较多的地区之一，雷暴分布的时间跨度非常长（一般为 2—10 月），其中又以每年的 7 月、8 月为强雷暴多发期。

由项目所在地气象台站绘制并提供的数据得出，该项目位于区域雷暴活动中心边缘，项目所在地附近几年来闪击发生统计次数属于正常范围，平均闪击密度 N_g=8～16 次/(km^2 · a)。

3.2.3 评估因子参数采集

根据评估计算要求，需要对评估对象的基础数据进行采集，表 3-1 是建筑物本身及其周围环境的数据采集结果。

表 3-1 建筑物本身及其周围环境的数据采集结果

参 数	说 明	符 号	数 值
尺寸	从设计蓝图上取建筑物长、宽、高的最大值	L_b、W_b、H_b	146.9m、53.9m、282.0m
位置因子	项目南、北侧有多层住宅楼，东侧为银行大楼，西侧为国检大厦，本项目高于上述建筑	C_d	0.5
雷电防护措施	本工程应按二类防雷措施设防，利用建筑物自然构件作为引下线和接地装置	P_B	0.01
建筑物边界屏蔽	屏蔽网格最大间距为 8.4m	K_{S1}	1（K_{S1} 值最大取 1）
建筑物内部屏蔽	无	K_{S2}	1
平均闪击密度	单位：次/(km^2 · a)	N_g	4
地板类型	室内地面采用地砖、地板等	r_u	10^{-3}
火灾风险	一般	r_f	10^{-2}
特殊损害	一般程度恐慌	h_z	5
防火	火灾应急广播装置	r_p	0.2
人员	户内和户外	n_t	—

建筑物入口区域的数据与特性如表 3-2 所示。

表 3-2 建筑物入口区域的数据与特性

参 数	说 明	符 号	数 值
地表类型	大厦周边均有绿化	r_a	10^{-2}
触电保护	无	P_A	1
接触电压和跨步电压造成的损失	有	L_t	10^{-2}

建筑物高压电缆及其内部系统的数据与特性如表 3-3 所示。

表 3-3　建筑物高压电缆及其内部系统的数据与特性

参　数	说　明	符　号	数　值
土壤电阻率	单位：Ω·m	ρ	31.85
长度	—	L_C	1000m
高度	埋地	H_C	—
高、低变压器	培训综合楼内设有变配电室	C_t	0.2
线路位置因子	埋地高压线路周围有较高的建筑	C_d	0.25
线路环境因子	中等城市	C_e	0.5
线路屏蔽	无	P_{LD}	1
内部合理布线	无屏蔽电缆，线路室内沿电缆桥架和线槽铺设	K_{S3}	0.2
室内设备耐压	U_W =1.5kV	K_{S4}	1
配合的防雷器	消防控制室照明电源和插座电源、消防稳压泵、泵房电源、电梯机房电源暂定按 C 级防护	P_{SPD}	0.03

3.2.4　评估因子计算

1. 建筑物与入户线路的截收面积

A_d=A_{d1}+A_{d2}+A_{d3}

$$A_{d1} = LW + 6H(L+W) + \pi(3H)^2$$
$$= 41.4\times41.4+6\times240\times(41.4+41.4)+3.14\times(3\times240)^2$$
$$= 1749547.56\ (\mathrm{m}^2)$$

$$A_{d2} = LW + 6H(L+W) + \pi(3H)^2$$
$$= 36.0\times30.0+6\times282\times(36.0+30.0)+3.14\times(3\times282)^2$$
$$= 2260100.24\ (\mathrm{m}^2)$$

$$A_{d3} = LW + 6H(L+W) + \pi(3H)^2$$
$$= 72.0\times54.0+6\times22.5\times(72.0+54.0)+3.14\times(3\times22.5)^2$$
$$= 35204.63\ (\mathrm{m}^2)$$

$$A_d = A_{d1}+A_{d2}+A_{d3}$$
$$= 1749547.56+2260100.24+35204.63$$
$$= 4044852.43\ (\mathrm{m}^2)$$

2. 高压电缆截收闪击面积

$$A_{L(P)} = (L_C - 3(H_a + H_b))\sqrt{p}$$
$$= 5.64\times(1000-3\times146.9)$$
$$= 3154.45\ (\mathrm{m}^2)$$

3. 双向有线电视系统截收闪击面积

$$A_{L(P)}=(L_C-3(H_a+H_b))\sqrt{p}$$
$$=5.64\times(1000-3\times146.9)$$
$$=3154.45（m^2）$$

4. 建筑物周围的截收闪击面积

$$A_m=L_bW_b+2\times250\times(L_b+W_b)+\pi\cdot250^2$$
$$=146.9\times53.9+2\times250\times(146.9+53.9)+3.14\times250^2$$
$$=298567.91（m^2）$$

5. 高压电缆邻近地面的闪击截收面积

$$A_i=25L_C\sqrt{p}$$
$$=25\times1000\times5.64$$
$$=141000（m^2）$$

6. 雷击建筑物危险性年度平均次数

$$N_D=N_gA_dC_d\times10^{-6}$$
$$=4.083\times4044852.43\times0.25\times10^{-6}$$
$$=4.129（次/a）$$

7. 高压电缆雷击次数

$$N_{L(P)}=N_gA_{L(p)}C_{d(P)}C_{t(P)}\times10^{-6}$$
$$=4.129\times3154.45\times0.25\times0.2\times10^{-6}$$
$$=0.000651（次/a）$$

8. 双向有线电视系统雷击次数

$$N_{L(P)}=N_gA_{L(p)}C_{d(P)}C_{t(P)}\times10^{-6}$$
$$=4.083\times3154.45\times0.25\times0.2\times10^{-6}$$
$$=0.000651（次/a）$$

9. 高压电缆附近地面的闪击次数

$$N_I=N_gA_iC_eC_t\times10^{-6}$$
$$=4.083\times141000\times0.5\times0.2\times10^{-6}$$
$$=0.0576（次/a）$$

由此可得，雷击建筑物危险性年度平均次数较高，高压电缆雷击次数和双向有线电视系统雷击次数都相对很小。

3.2.5 建筑物各雷击风险计算

1. 雷击建筑物

$R_1 = R_A+R_B+R_C$

$= N_D P_A r_a L_t + N_D P_B h r_p r_f L_f + N_D P_C L_o$

$= 0.8258\times1\times10^{-2}\times10^{-2}+0.8258\times0.01\times5\times0.2\times10^{-2}\times5\times10^{-2}+0.8258\times0.03\times10^{-3}$

$= 0.8258\times10^{-4}+0.8258\times10^{-5}+0.248\times10^{-4}$

$= 1.15638\times10^{-4}$

2. 雷击建筑物邻近区域

$R_2 = R_M$

$= N_M P_M L_o$

$= 0$

3. 雷击进入建筑物线路

$R_3 = 2\times(N_L P_U r_u L_t + N_L P_V h r_p r_f L_f + N_L P_W L_o)$

$= 2\times(0.001953\times1\times10^{-3}\times10^{-4}+0.001953\times0.03\times5\times0.2\times10^{-2}\times5\times10^{-2}+0.001953\times0.03\times10^{-3})$

$= 1.7616\times10^{-7}$

4. 雷击进入建筑物线路邻近区域

$R_4 = 2\times(N_I - N_L) P_Z L_o$

$= 2\times(0.1152-0.001953)\times0.03\times10^{-3}$

$= 0.6795\times10^{-5}$

由此得出，雷电直接击中建筑物的风险最高且高于可承受风险的最大值，故需要对此建筑物进行雷电防护。

3.2.6 建筑物防雷类别确定

1. 本项目东楼（行政办公）等效截收面积

$$A_e = \left[LW + 2(L+W)H + \pi H^2\right]\times10^{-6}$$

$= [41.4\times41.4+2\times(41.4+41.4)\times240+3.1416\times240^2]\times10^{-6}$

$= 0.22241$（m^2）

2. 本项目西楼（酒店式公寓）等效截收面积

$$A_e = \left[LW + 2(L+W)H + \pi H^2\right]\times10^{-6}$$

$= [36.0\times30.0+2\times(36.0+30.0)\times282+3.1416\times282^2]\times10^{-6}$

$= 0.28814$（m^2）

3. 本项目中楼（商场）等效截收面积

$$A_e = \left[LW + 2(L+W)\sqrt{H(200-H)} + \pi H\sqrt{H(200-H)}\right]\times 10^{-6}$$
$$= [72.0\times 54.0+2\times(72.0+54.0)\sqrt{22.5\times(200-22.5)}+3.14\times 22.5\times(200-22.5)]\times 10^{-6}$$
$$= 0.03236\text{（m}^2\text{）}$$

4. 本项目所处地区雷击大地的年平均密度

$$N_g = 0.024\times T_d^{1.3}$$
$$= 0.024\times 52.4^{1.3}$$
$$= 4.124\text{（次/(km}^2\cdot\text{a)）}$$

5. 年预计雷击次数

$$N = kN_gA_e$$

则本项目东楼（行政办公）年预计雷击次数为

$$N_1 = kN_gA_e$$
$$= 1.5\times 0.222413\times 4.124$$
$$= 1.376\text{（次/a）}$$

因此，本项目东楼（行政办公）应划分为二类防雷建筑物。

另外，本项目西楼（酒店式公寓）年预计雷击次数为

$$N_2 = kN_gA_e$$
$$= 1.5\times 0.28814\times 4.124$$
$$= 1.782\text{（次/a）}$$

因此，本项目西楼（酒店式公寓）应划分为二类防雷建筑物。

此外，本项目中楼（商场）年预计雷击次数为

$$N_3 = kN_gA_e$$
$$= 1.5\times 0.03236\times 4.124$$
$$= 0.200\text{（次/a）}$$

因此，本项目中楼（商场）应划分为三类防雷建筑物。

根据《建筑物防雷设计规范》（GB 50057-2010）第 3.5.1 条要求："当一类防雷建筑物的面积占建筑物总面积的 30%以下，且二类防雷建筑物的面积占建筑物总面积的 30%及以上时，或当这两类防雷建筑物的面积均小于建筑物总面积的 30%，但其面积之和又大于建筑物总面积的 30%时，该建筑物确定为二类防雷建筑物。"综上分析可得，本项目建筑物应划分为二类防雷建筑物。

3.2.7 接地电阻值估算

本项目采用共用接地装置，该装置要求总接地电阻不大于 1Ω。

对接地装置的接地电阻采用等效环形接地装置法进行估算，计算公式：

$$R = \frac{2\rho}{3d}$$

式中，R 为接地装置的接地电阻（Ω）；ρ 为接地装置所在处的平均土壤电阻率（Ω · m）；$d = 1.13\sqrt{A}$，A 为环形接地体所包围的面积（m^2）。

计算结果如表 3-4 所示。

表 3-4　等效环形接地装置的接地电阻

名　称	面积 A（m^2）	d	土壤电阻率 ρ（Ω · m）	接地电阻 R（Ω）
本项目大厦	10567.83	116.16	31.85	0.18
			35.90	0.21
			34.40	0.20

通过上述估算，分析可得，本项目大厦利用建筑物自身钢筋结构作为接地装置基本能满足接地电阻值不大于 1Ω 的要求，也就是能满足共用接地装置对接地电阻值的设计要求。

电子系统雷电电磁脉冲防护等级及防雷装置拦截效率 E 的计算公式为

$$E = 1 - \frac{N_c}{N}$$

式中，N_c=5.8×$10^{-1.5}$/C。C 为各类因子，其计算公式为

$$C = C_1 + C_2 + C_3 + C_4 + C_5 + C_6$$

式中，C_1——电子系统所在建筑物材料结构因子。

C_2——电子系统重要程度因子。

C_3——电子系统设备耐冲击类型和内过电压能力因子。

C_4——电子系统设备所在雷电防护区因子。

C_5——电子系统发生雷电事故的后果因子。

C_6——区域雷暴等级因子。

根据电子系统机房的重要性和使用程度，进行定量计算，有

C=0.5+2.5+0.5+0.5+1+1=6

N_c=5.8×$10^{-1.5}$/C

N 取最大值 N_2=1.782（次/a），计算得 $E = 1 - \frac{N_c}{N} \approx 0.982 > 0.98$，所以确定本项目大厦内的电子系统机房的雷电防护等级应为 A 级。

3.2.8　结论报告

1．总体评价

本项目建筑物存在如下风险：雷击建筑物及建筑物线路导致的建筑物外围 3m 区域内，由触摸和跨步电压导致的对生命的伤害，以及在建筑物内由危险火花引发的火灾或爆炸，对整个环境造成了威胁，使雷电电磁脉冲防护内部系统失效；雷击建筑物邻近区域及线路邻近区域引起的雷电电磁脉冲防护内部系统失效。所以，该项目建筑物必须采取综合雷电防护措施。

2. 最大可能遭受损失

由各雷击风险值计算结果可以判断，本项目建筑物最大可能遭受的雷击危害是雷电直接击中建筑物本身及与建筑物相连的电源线路，具有高度破坏性的雷电能量将会沿建筑物金属构件或金属电源导线以高压雷电波形式沿着导线传播而侵入室内，进而损坏与导线或金属构件相连或接触的设备和人员，造成建筑损毁、设备损坏、人员伤亡及因电气短路引起火灾等。

3.2.9 综合防雷措施建议

参照《建筑物防雷设计规范》（GB 50057-2010），本项目应按二类防雷建筑物进行防雷设计。综合防雷设计与注意事项从以下几个方面展开：

（1）直击雷防护；
（2）接闪器和引下线；
（3）均压环和侧击雷防护；
（4）等电位连接和接地；
（5）防雷电波侵入；
（6）防雷电电磁波脉冲；
（7）屏蔽；
（8）综合布线；
（9）通信系统的防雷和接地；
（10）静电防护。

3.3 居民区风险评估

3.3.1 项目概况

项目所在地为一个山地型城市的居民小区。居民小区外围周边底层为商铺，其他均为住宅。项目总建筑面积为 300000m^2，分三期完成。该居民小区一期由 5 栋楼组成，分别是 5～8#楼、16#楼及 A 区二号地下车库。本次雷电灾害风险评估的对象该居民小区的一期项目。

项目建筑结构形式为框架结构，地表类型为混凝土层与草地，有预防伤害的防护措施，火灾风险低，常在人数大于 100 人。

项目建筑物附近土壤类型为混合不均匀土层，地表至地基深度土层分别为人工填土层、砾石层、岩石层。

3.3.2 数据采集及分析

根据项目所在地闪电监测数据分析，以该居民小区一期 5～8#楼、16#楼、A 区二号地下车库所在地为圆心，10km 范围之内 2010 年和 2011 年的闪电总数分别为 1203 次和 1339 次，平均日闪电次数分别为 3.29 次和 3.67 次，属于雷电高发区。

2010 年雷电流强度大于 100kA 的正闪有 7 次，最大值为 134.3kA，负闪有 72 次，最大值为 291.3kA。

2011 年雷电流强度大于 100kA 的正闪有 7 次，最大值为 218.7kA，负闪有 20 次，最大值为 342.5kA。

通过 2013 年 1 月 24 日对该居民小区一期 5～8#楼、16#楼、A 区二号地下车库的现场勘测，对其土壤电阻率数据进行处理，得到如表 3-5 所示的数据。

表 3-5　土壤电阻率测量数据

测试点 / 测试深度	1	2	3	4	5
AB=1.5，MN=0.6	43.56	53.78	57.28	79.68	88.62
AB=2.0，MN=0.8	41.1	66.69	63.34	84.26	91.41
AB=2.5，MN=1.0	38.74	71.21	65.19	90.83	97.28
AB=3.0，MN=1.2	38.57	74.43	66.38	96.27	94.85
AB=4.0，MN=1.5	35.78	73.49	62.64	88.53	90.24

图 3-1 所示为项目居民小区一期 5～8#楼、16#楼、A 区二号地下车库土壤电阻率断面。

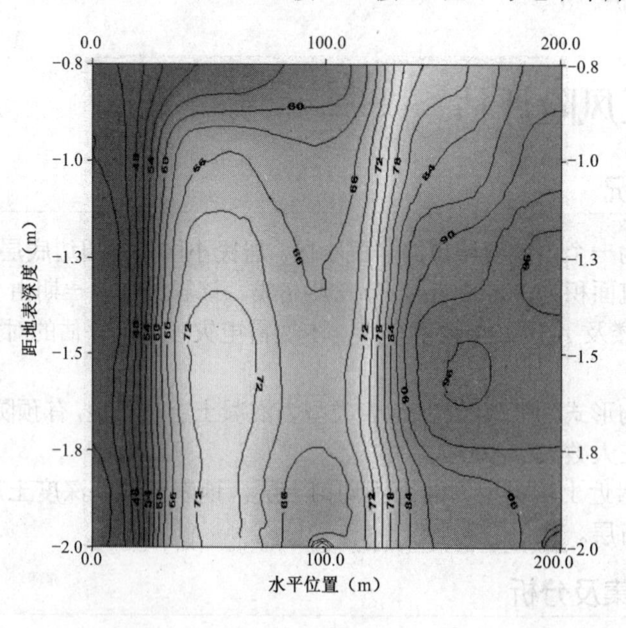

图 3-1　项目居民小区一期 5～8#楼、16#楼、A 区二号地下车库土壤电阻率断面

由土壤电阻率断面可以看出：项目所在地土壤电阻率水平方向分布不均匀，变化明显，右侧的土壤电阻率较大，左侧的土壤电阻率较小；在垂直方向上，随着深度的增加，土壤电阻率呈增加趋势。总体来说，项目所在地地下 0～2m 的表层土壤电阻率较小，土壤电阻率平均值为 70.17Ω · m。

接地是防雷工程最重要的组成部分之一。接地效果的好坏与接地网的防雷响应时间密切相关。根据接地网的防雷响应时间的公式可知，响应时间 T 与土壤电阻率 ρ 密切相关，即

$$T = \frac{R\Delta t}{Z} = \rho\Delta t(2\pi rZ)$$

式中，T 为接地网防雷响应时间（ns）；Δt 为雷电流波头时间（μs）；R 为接地网接地电阻（Ω）；Z 为雷电流在接地网的波阻抗（Ω）；r 为接地极周围同心球体的半径（m）；ρ 为土壤电阻率（Ω · m）。

3.3.3 雷击损害风险评估计算

1．5#楼雷击损害风险评估计算

1）雷电闪击次数计算

（1）建筑物年预计雷击次数 N_D。

由于项目所在地属高雷暴地区，根据气象资料得 T_d=38 天，则 $N_g=0.1T_d=0.1\times38\approx3.8$（次/(km² · a)），有

$A_{e/b}\approx3.39\times10^{-2}$（km²）

$A_{e/a}\approx4.36\times10^{-2}$（km²）

$N_D=k\times N_g\times A_{e/b}$

$=1\times3.8\times3.39\times10^{-2}$

$\approx1.29\times10^{-1}$（次/a）

$N_{Da}=kN_gA_{e/a}$

$=1\times3.8\times4.36\times10^{-2}$

$\approx1.66\times10^{-1}$（次/a）

（2）建筑物附近年预计雷击次数 N_M。

$A_M=[LW+2\times250\times(L+W)+\pi\times250^2]\times10^{-6}$

$=[27.4\times27+2\times250\times(27.4+27)+3.14\times250^2]\times10^{-6}$

$=2.24\times10^{-1}$（km²）

$N_M=N_g(A_M-A_{e/b}C_{d/b})$

$=3.8\times(2.24\times10^{-1}-3.39\times10^{-2}\times0.5)$

$=7.87\times10^{-1}$（次/a）

（3）入户设施及入户设施附近年预计雷击次数 N_L 和 N_I。

5#楼有埋地电源电缆、埋地电话通信线、埋地网络通信线、埋地电视信号线。由于网络通信线采用光纤引入，有效截收面积为 0，因此不予考虑；但电源电缆、电话通信线、

电视信号线的截收面积为

$$A_{l1}=A_{l2}=A_{l3}=\sqrt{\rho}[L_c-3(H_a+H_b)]\times10^{-6}$$
$$=\sqrt{70.17}\times[1000-3\times(53.4+50.4)]\times10^{-6}$$
$$=5.77\times10^{-3}\text{（km}^2\text{）}$$

电源电缆、电话通信线、电视信号线附近大地的截收面积为

$$A_{i1}=A_{i2}=A_{i3}=25\times\sqrt{\rho}L_c\times10^{-6}$$
$$=25\times\sqrt{70.17}\times1000\times10^{-6}$$
$$=2.09\times10^{-1}\text{（km}^2\text{）}$$

则可得，作用于各入户设施上的雷击次数为

$$N_{L1}=N_gA_{l1}C_dC_{t1}$$
$$=3.8\times5.77\times10^{-3}\times0.5\times0.2=2.19\times10^{-3}\text{（次/a）}$$

$$N_{L2}=N_gA_{l2}C_dC_{t2}$$
$$=3.8\times5.77\times10^{-3}\times0.5\times1=1.10\times10^{-2}\text{（次/a）}$$

$$N_{L3}=N_gA_{l3}C_dC_{t3}$$
$$=3.8\times5.77\times10^{-3}\times0.5\times1=1.10\times10^{-2}\text{（次/a）}$$

$$N_{I1}=N_gA_{i1}C_eC_{t1}$$
$$=3.8\times2.09\times10^{-1}\times0\times0.2=0$$

同理，$N_{I2}=N_{I3}=0$。

2）雷击损害概率

对应于 R_1 人员生命损失的雷击损害概率为

$P_A=1$

$P_B=1$

$P_U=P_V=P_{SPD}=1$

3）损失量的评估

$L_A=r_aL_t=10^{-2}\times10^{-2}=10^{-4}$

$L_B=L_V=r_phr_fL_f=0.2\times5\times10^{-3}\times10^{-1}=10^{-4}$

$L_U=r_uL_t=10^{-2}\times10^{-4}=10^{-6}$

4）雷击风险分量

$R_A=N_DP_AL_A=1.29\times10^{-1}\times1\times10^{-4}=1.29\times10^{-5}$

$R_B=N_DP_BL_B=1.29\times10^{-1}\times1\times10^{-4}=1.29\times10^{-5}$

$R_{U1}=(N_{L1}+N_{Da})P_UL_U=(2.19\times10^{-3}+1.66\times10^{-1})\times1\times10^{-6}=1.68\times10^{-7}$

$R_{V1}=(N_{L1}+N_{Da})P_VL_V=(2.19\times10^{-3}+1.66\times10^{-1})\times1\times10^{-4}=1.68\times10^{-5}$

$R_{U2}=(N_{L2}+N_{Da})P_UL_U=(1.10\times10^{-2}+1.66\times10^{-1})\times1\times10^{-6}=1.77\times10^{-7}$

$R_{V2}=(N_{L2}+N_{Da})P_VL_V=(1.10\times10^{-2}+1.66\times10^{-1})\times1\times10^{-4}=1.77\times10^{-5}$

$R_{U3}=R_{U2}=1.77\times10^{-7}$

$R_{V3}=R_{V2}=1.77\times10^{-5}$

风险计算结果如下：

对于 Z_1 区，有 $R_1=R_A=1.29\times10^{-5}$。

对于 Z_2 区，有 $R_2=R_B+R_U+R_V=1.29\times10^{-5}+5.22\times10^{-7}+5.22\times10^{-5}\approx6.56\times10^{-5}$。

其中，有

$$R_U=\sum_{k=1}^{3}R_{Uk}=1.68\times10^{-7}+1.77\times10^{-7}\times2=5.22\times10^{-7}$$

$$R_V=\sum_{k=1}^{3}R_{Vk}=1.68\times10^{-5}+1.77\times10^{-5}\times2=5.22\times10^{-5}$$

5）选择雷电防护措施

取典型的人员生命损失的可承受风险的最大值 $R_T=10^{-5}$，在此情况下，Z_1 区 $R_1>R_T$（$1.29\times10^{-5}>10^{-5}$），$Z_2$ 区 $R_2>R_T$（$6.56\times10^{-5}>10^{-5}$），因此，应对 5#楼提供雷电防护措施。

当选择保护级别为二级的雷电防护措施时，雷击损害概率减小为

$P_A=0.01$

$P_B=0.05$

$P_U=P_V=P_{SPD}=0.02$

所以，相对应的雷击风险分量的新值为

$R_A=N_DP_AL_A=1.29\times10^{-1}\times0.01\times10^{-4}=1.29\times10^{-7}$

$R_B=N_DP_BL_B=1.29\times10^{-1}\times0.05\times10^{-4}=6.45\times10^{-7}$

$R_{U1}=(N_{L1}+N_{Da})P_UL_U=(2.19\times10^{-3}+1.66\times10^{-1})\times0.02\times10^{-6}=3.36\times10^{-9}$

$R_{V1}=(N_{L1}+N_{Da})P_VL_V=(2.19\times10^{-3}+1.66\times10^{-1})\times0.02\times10^{-4}=3.36\times10^{-7}$

$R_{U2}=(N_{L2}+N_{Da})P_UL_U=(1.10\times10^{-2}+1.66\times10^{-1})\times0.02\times10^{-6}=3.54\times10^{-9}$

$R_{V2}=(N_{L2}+N_{Da})P_VL_V=(1.10\times10^{-2}+1.66\times10^{-1})\times0.02\times10^{-4}=3.54\times10^{-7}$

$R_{U3}=R_{U2}=3.54\times10^{-9}$

$R_{V3}=R_{V2}=3.54\times10^{-7}$

所以，对于 Z_1 区有，$R_1=R_A=1.29\times10^{-7}$；对于 Z_2 区，有

$$\begin{aligned}R_2&=R_B+R_U+R_V\\&=6.45\times10^{-7}+1.04\times10^{-8}+1.04\times10^{-6}\\&\approx1.70\times10^{-6}\end{aligned}$$

其中，有

$$R_U=\sum_{k=1}^{3}R_{Uk}=3.36\times10^{-9}+3.54\times10^{-9}\times2=1.04\times10^{-8}$$

$$R_V=\sum_{k=1}^{3}R_{Vk}=3.36\times10^{-7}+3.54\times10^{-7}\times2=1.04\times10^{-6}$$

在此情况下，Z_1 区 $R_1<R_T$（$1.29\times10^{-7}<10^{-5}$）、$Z_2$ 区 $R_2<R_T$（$1.70\times10^{-6}<10^{-5}$），从而实现了对 5#楼的人员生命安全的保护。

6）经济价值损失

Z_2 区为避免人员生命损失（R_1）而安装了保护级别为二级的雷电防护措施，所以，经济价值损失（R_4）的风险的值为

$$R_4=R_B+R_C+R_M+R_V+R_W+R_Z$$
$$=6.45\times10^{-7}+2.58\times10^{-7}+1.57\times10^{-6}+1.04\times10^{-6}+1.04\times10^{-6}+0$$
$$\approx4.55\times10^{-6}$$

其中，有

$$R_C=N_DP_CL_C=1.29\times10^{-1}\times0.02\times10^{-4}=2.58\times10^{-7}$$

$$R_M=N_MP_ML_M=7.87\times10^{-1}\times0.02\times10^{-4}=1.57\times10^{-6}$$

$$R_V=\sum_{k=1}^{3}R_{Vk}=3.36\times10^{-7}+3.54\times10^{-7}\times2=1.04\times10^{-6}$$

$$R_W=\sum_{k=1}^{3}R_{Wk}=\sum_{k=1}^{3}(N_{Lk}+N_{Da})P_WL_W=5.22\times10^{-1}\times0.02\times10^{-4}=1.04\times10^{-6}$$

$$R_Z=(N_I-N_L)P_ZL_Z=\left(\sum_{k=1}^{3}N_{Ik}-\sum_{k=1}^{3}N_{Lk}\right)P_ZL_Z$$
$$=[0-(2.19\times10^{-3}+1.10\times10^{-2}\times2)]\times0.02\times10^{-4}$$

=0（因为结果为负数，所以取值为 0）

在此情况下，满足 $R_4<R_T$（$4.55\times10^{-6}<10^{-3}$），说明 Z_2 区为了避免人员生命损失（R_1）而安装保护级别为二级的雷电防护措施及其他防护措施后，也实现了对 5#楼经济价值损失（R_4）的保护。

2．6#楼雷击损害风险评估计算

1）建筑物区 Z_S 划分

为评估每项风险的组成，建筑物可划分为区 Z_S。当然，整个建筑物也可以假设为一个单独区。

区 Z_S 主要由下列条件进行定义：

- 土壤或地面类型（风险组成 R_A 和 R_U）；
- 防火仓室（风险组成 R_B 和 R_V）；
- 空间屏蔽（风险组成 R_C、R_M、R_W 和 R_Z）。

进一步进行分区可根据下列条件确定：

- 内部系统的布局；
- 现有的或即将应用的防护措施；
- 损失数值 L。

在建筑物划分为区 Z_S 的过程中，应考虑最适合的雷电防护措施的可行性。

若一个区中一个参数的值不止一个，那么应选取导致最大风险的那个值。对于区 Z_S，每个风险组成都应加以评估。区 Z_S 的风险 R 是相关风险组成的总和。

建筑物的总风险 R 是构成建筑物的分区相关风险的总和。根据建筑物特征，将建筑物

划分为以下两个区：

Z_1 区——建筑物入口区域；

Z_2 区——建筑物内部区域。

2）雷电闪击次数

（1）建筑物年预计雷击次数 N_D。

项目所在地属于高雷暴地区，根据气象资料得 T_d=38 天，则

$$N_g=0.1T_d$$
$$=0.1\times38\approx3.8\text{（次/(km}^2\cdot\text{a)）}$$

计算得到

$$A_{e/b}\approx4.24\times10^{-2}\text{（km}^2\text{）}$$
$$A_{e/a}\approx4.36\times10^{-2}\text{（km}^2\text{）}$$
$$N_D=kN_gA_{e/b}$$
$$=1\times3.8\times4.24\times10^{-2}$$
$$\approx1.61\times10^{-1}\text{（次/a）}$$
$$N_{Da}=kN_gA_{e/a}$$
$$=1\times3.8\times4.36\times10^{-2}$$
$$\approx1.66\times10^{-1}\text{（次/a）}$$

（2）建筑物附近年预计雷击次数 N_M。

$$A_M=[LW+2\times250\times(L+W)+\pi\times250^2]\times10^{-6}$$
$$=[66.4\times29.8+2\times250\times(66.4+29.8)+3.14\times250^2]\times10^{-6}$$
$$=2.46\times10^{-1}\text{（km}^2\text{）}$$
$$N_M=N_g(A_M-A_{e/b}C_{d/b})$$
$$=3.8\times(2.46\times10^{-1}-4.24\times10^{-2}\times0.5)$$
$$=8.54\times10^{-1}\text{（次/a）}$$

（3）入户设施及入户设施附近年预计雷击次数 N_L 和 N_I。

6#楼有埋地电源电缆、埋地电话通信线、埋地网络通信线、埋地电视信号线。由于网络通信线采用光纤引入，其有效截收面积为 0，因此不予考虑。电源电缆、电话通信线、电视信号线的截收面积为

$$A_{l1}=A_{l2}=A_{l3}=\sqrt{\rho}[L_c-3(H_a+H_b)]\times10^{-6}$$
$$=\sqrt{70.17}\times[1000-3\times(53.4+50.4)]\times10^{-6}$$
$$=5.77\times10^{-3}\text{（km}^2\text{）}$$

电源电缆、电话通信线、电视信号线附近大地的截收面积为

$$A_{i1}=A_{i2}=A_{i3}=25\times\sqrt{\rho}L_c\times10^{-6}$$
$$=25\times\sqrt{70.17}\times1000\times10^{-6}$$
$$=2.09\times10^{-1}\text{（km}^2\text{）}$$

则作用于各入户设施上的雷击次数为

$N_{L1}=N_gA_{l1}C_dC_{t1}$

$=3.8\times5.77\times10^{-3}\times0.5\times0.2=2.19\times10^{-3}$（次/a）

$N_{L2}=N_gA_{l2}C_dC_{t2}$

$=3.8\times5.77\times10^{-3}\times0.5\times1=1.10\times10^{-2}$（次/a）

$N_{L3}=N_gA_{l3}C_dC_{t3}$

$=3.8\times5.77\times10^{-3}\times0.5\times1=1.10\times10^{-2}$（次/a）

$N_{I1}=N_gA_{i1}C_eC_{t1}$

$=3.8\times2.09\times10^{-1}\times0\times0.2=0$

同理，$N_{I2}=N_{I3}=0$。

3）雷击损害概率

对应于人员生命损失（R_1）的雷击损害概率为

$P_A=1$

$P_B=1$

$P_U=P_V=P_{SPD}=1$

4）损失量的评估

$L_A=r_aL_t=10^{-2}\times10^{-2}=10^{-4}$

$L_B=L_V=r_phr_fL_f=0.2\times5\times10^{-3}\times10^{-1}=10^{-4}$

$L_U=r_uL_t=10^{-2}\times10^{-4}=10^{-6}$

5）雷击风险分量

$R_A=N_DP_AL_A=1.61\times10^{-1}\times1\times10^{-4}=1.61\times10^{-5}$

$R_B=N_DP_BL_B=1.61\times10^{-1}\times1\times10^{-4}=1.61\times10^{-5}$

$R_{U1}=(N_{L1}+N_{Da})P_UL_U=(2.19\times10^{-3}+1.66\times10^{-1})\times1\times10^{-6}=1.68\times10^{-7}$

$R_{V1}=(N_{L1}+N_{Da})P_VL_V=(2.19\times10^{-3}+1.66\times10^{-1})\times1\times10^{-4}=1.68\times10^{-5}$

$R_{U2}=(N_{L2}+N_{Da})P_UL_U=(1.10\times10^{-2}+1.66\times10^{-1})\times1\times10^{-6}=1.77\times10^{-7}$

$R_{V2}=(N_{L2}+N_{Da})P_VL_V=(1.10\times10^{-2}+1.66\times10^{-1})\times1\times10^{-4}=1.77\times10^{-5}$

$R_{U3}=R_{U2}=1.77\times10^{-7}$

$R_{V3}=R_{V2}=1.77\times10^{-5}$

6）风险计算结果

对于 Z_1 区，有

$R_1=R_A=1.61\times10^{-5}$

对于 Z_2 区，有

$R_2=R_B+R_U+R_V=1.61\times10^{-5}+5.22\times10^{-7}+5.22\times10^{-5}$

$\approx6.88\times10^{-5}$

其中，有

$$R_U=\sum_{k=1}^{3}R_{Uk}=1.68\times10^{-7}+1.77\times10^{-7}\times2=5.22\times10^{-7}$$

$$R_V=\sum_{k=1}^{3}R_{Vk}=1.68\times10^{-5}+1.77\times10^{-5}\times2=5.22\times10^{-5}$$

7）选择雷电防护措施

取典型的人员生命损失的可承受风险的最大值 $R_T=10^{-5}$，在此情况下，Z_1 区 $R_1>R_T$（$1.61\times10^{-5}>10^{-5}$）、$Z_2$ 区 $R_2>R_T$（$6.88\times10^{-5}>10^{-5}$），因此，应对 6#楼提供雷电防护措施。

当选择保护级别为二级的雷电防护措施时，雷击损害概率减小为

$P_A=0.01$

$P_B=0.05$

$P_U=P_V=P_{SPD}=0.02$

所以，相对应的雷击风险分量的新值为

$R_A=N_DP_AL_A=1.61\times10^{-1}\times0.01\times10^{-4}=1.61\times10^{-7}$

$R_B=N_DP_BL_B=1.61\times10^{-1}\times0.05\times10^{-4}=8.05\times10^{-7}$

$R_{U1}=(N_{L1}+N_{Da})P_UL_U=(2.19\times10^{-3}+1.66\times10^{-1})\times0.02\times10^{-6}=3.36\times10^{-9}$

$R_{V1}=(N_{L1}+N_{Da})P_VL_V=(2.19\times10^{-3}+1.66\times10^{-1})\times0.02\times10^{-4}=3.36\times10^{-7}$

$R_{U2}=(N_{L2}+N_{Da})P_UL_U=(1.10\times10^{-2}+1.66\times10^{-1})\times0.02\times10^{-6}=3.54\times10^{-9}$

$R_{V2}=(N_{L2}+N_{Da})P_VL_V=(1.10\times10^{-2}+1.66\times10^{-1})\times0.02\times10^{-4}=3.54\times10^{-7}$

$R_{U3}=R_{U2}=3.54\times10^{-9}$

$R_{V3}=R_{V2}=3.54\times10^{-7}$

所以，对于 Z_1 区，有 $R_1=R_A=1.61\times10^{-7}$；对于 Z_2 区，有

$$\begin{aligned}R_2&=R_B+R_U+R_V\\&=8.05\times10^{-7}+1.04\times10^{-8}+1.04\times10^{-6}\\&\approx1.86\times10^{-6}\end{aligned}$$

其中，有

$$R_U=\sum_{k=1}^{3}R_{Uk}=3.36\times10^{-9}+3.54\times10^{-9}\times2=1.04\times10^{-8}$$

$$R_V=\sum_{k=1}^{3}R_{Vk}=3.36\times10^{-7}+3.54\times10^{-7}\times2=1.04\times10^{-6}$$

在此情况下，Z_1 区 $R_1<R_T$（$1.61\times10^{-7}<10^{-5}$），$Z_2$ 区 $R_1<R_T$（$1.86\times10^{-6}<10^{-5}$），从而实现了对 6#楼的人员生命安全的保护。

8）经济价值损失

Z_2 区为避免人员生命损失（R_1）而安装了保护级别为二级的雷电防护措施，所以，经济价值损失（R_4）的风险值为

$$\begin{aligned}R_4&=R_B+R_C+R_M+R_V+R_W+R_Z\\&=8.05\times10^{-7}+3.22\times10^{-7}+1.71\times10^{-6}+1.04\times10^{-6}+1.04\times10^{-6}+0\\&\approx4.92\times10^{-6}\end{aligned}$$

其中，有

$R_C=N_DP_CL_C=1.61\times10^{-1}\times0.02\times10^{-4}=3.22\times10^{-7}$

$R_M=N_MP_ML_M=8.54\times10^{-1}\times0.02\times10^{-4}=1.71\times10^{-6}$

$$R_V=\sum_{k=1}^{3}R_{Vk}=3.36\times10^{-7}+3.54\times10^{-7}\times2=1.04\times10^{-6}$$

$$R_W=\sum_{k=1}^{3}R_{Wk}=\sum_{k=1}^{3}\left(N_{Lk}+N_{Da}\right)P_WL_W=5.22\times10^{-1}\times0.02\times10^{-4}=1.04\times10^{-6}$$

$$R_Z=(N_I-N_L)P_ZL_Z=\left(\sum_{k=1}^{3}N_{Ik}-\sum_{k=1}^{3}N_{Lk}\right)P_ZL_Z$$

$=[0-(2.19\times10^{-3}+1.10\times10^{-2}\times2)]\times0.02\times10^{-4}$

=0（因为结果为负数，所以取值为0）

在此情况下，满足 $R_4<R_T$（$4.92\times10^{-6}<10^{-3}$），说明 Z_2 区为了避免人员生命损失（R_1）而安装保护级别为二级的雷电防护措施及其他防护措施后，也实现了对6#楼经济价值损失（R_4）的保护。

3．7#楼、8#楼雷击损害风险评估计算

1）建筑物区 Z_S 划分

为评估每项风险的组成，建筑物可划分为区 Z_S。当然，整个建筑物也可假设为一个单独区。

区 Z_S 主要由下列条件进行定义：

- 土壤或地面类型（风险组成 R_A 和 R_U）；
- 防火仓室（风险组成 R_B 和 R_V）；
- 空间屏蔽（风险组成 R_C、R_M、R_W 和 R_Z）。

进一步进行分区可根据下列条件确定：

- 内部系统的布局；
- 现有的或即将应用的防护措施；
- 损失数值 L。

在建筑物划分为区 Z_S 的过程中，应考虑最适合的雷电防护措施的可行性。

若一个区中一个参数的值不止一个，那么应选取导致最大风险的那个值。对于区 Z_S，每个风险组成都应加以评估。

根据建筑物特征，将建筑物划分为以下两个区：

Z_1 区——建筑物入口区域；

Z_2 区——建筑物内部区域。

2）雷电闪击次数

（1）建筑物年预计雷击次数 N_D。

由于项目所在地属于高雷暴地区，根据气象资料得 T_d=38 天，则 $N_g=0.1T_d=0.1\times38\approx3.8$（次/(km²·a)），计算得 $A_{e/b}\approx4.36\times10^{-2}$（km²），$A_{e/a}\approx4.36\times10^{-2}$（km²），则

$N_D=kN_gA_{e/b}=1\times3.8\times4.36\times10^{-2}\approx1.66\times10^{-1}$（次/a）

$N_{Da}=kN_gA_{e/a}=1\times3.8\times4.36\times10^{-2}\approx1.66\times10^{-1}$（次/a）

（2）建筑物附近年预计雷击次数 N_M。

$A_M=[LW+2\times250\times(L+W)+\pi\times250^2]\times10^{-6}$

$=[66.4\times29.8+2\times250\times(66.4+29.8)+3.14\times250^2]\times10^{-6}$

$=2.46\times10^{-1}$（km^2）

$N_M=N_g(A_M-A_{e/b}C_{d/b})$

$=3.8\times(2.46\times10^{-1}-4.36\times10^{-2}\times0.5)$

$=8.52\times10^{-1}$（次/a）

（3）入户设施及入户设施附近年预计雷击次数 N_L 和 N_I。

7#楼、8#楼有埋地电源电缆、埋地电话通信线、埋地网络通信线、埋地电视信号线。由于网络通信线采用光纤引入，其有效截收面积为 0，因此不予考虑。电源电缆、电话通信线、电视信号线的截收面积为

$A_{l1}=A_{l2}=A_{l3}=\sqrt{\rho}[L_c-3(H_a+H_b)]\times10^{-6}$

$=\sqrt{70.17}\times[1000-3\times(53.4+53.4)]\times10^{-6}$

$=5.69\times10^{-3}$（km^2）

电源电缆、电话通信线、电视信号线附近大地的截收面积为

$A_{i1}=A_{i2}=A_{i3}=25\times\sqrt{\rho}L_c\times10^{-6}$

$=25\times\sqrt{70.17}\times1000\times10^{-6}$

$=2.09\times10^{-1}$（km^2）

则作用于各入户设施上的雷击次数为

$N_{L1}=N_gA_{l1}C_dC_{t1}$

$=3.8\times5.69\times10^{-3}\times0.5\times0.2=2.16\times10^{-3}$（次/a）

$N_{L2}=N_gA_{l2}C_dC_{t2}$

$=3.8\times5.69\times10^{-3}\times0.5\times1=1.08\times10^{-2}$（次/a）

$N_{L3}=N_gA_{l3}C_dC_{t3}$

$=3.8\times5.69\times10^{-3}\times0.5\times1=1.08\times10^{-2}$（次/a）

$N_{I1}=N_gA_{i1}C_eC_{t1}$

$=3.8\times2.09\times10^{-1}\times0\times0.2=0$

同理，$N_{I2}=N_{I3}=0$。

3）雷击损害概率

对应于人员生命损失（R_1）的雷击损害概率为

$P_A=1$

$P_B=1$

$P_U=P_V=P_{SPD}=1$

4）损失量的评估

$L_A=r_aL_t=10^{-2}\times10^{-2}=10^{-4}$

$L_B=L_V=r_phr_fL_f=0.2\times5\times10^{-3}\times10^{-1}=10^{-4}$

$L_U=r_uL_t=10^{-2}\times10^{-4}=10^{-6}$

5）雷击风险分量

$R_A=N_DP_AL_A=1.66\times10^{-1}\times1\times10^{-4}=1.66\times10^{-5}$

$R_B=N_DP_BL_B=1.66\times10^{-1}\times1\times10^{-4}=1.66\times10^{-5}$

$R_{U1}=(N_{L1}+N_{Da})P_UL_U=(2.16\times10^{-3}+1.66\times10^{-1})\times1\times10^{-6}=1.68\times10^{-7}$

$R_{V1}=(N_{L1}+N_{Da})P_VL_V=(2.16\times10^{-3}+1.66\times10^{-1})\times1\times10^{-4}=1.68\times10^{-5}$

$R_{U2}=(N_{L2}+N_{Da})P_UL_U=(1.08\times10^{-2}+1.66\times10^{-1})\times1\times10^{-6}=1.77\times10^{-7}$

$R_{V2}=(N_{L2}+N_{Da})P_VL_V=(1.08\times10^{-2}+1.66\times10^{-1})\times1\times10^{-4}=1.77\times10^{-5}$

$R_{U3}=R_{U2}=1.77\times10^{-7}$

$R_{V3}=R_{V2}=1.77\times10^{-5}$

风险计算结果如下：

对于 Z_1 区，有

$R_1=R_A=1.66\times10^{-5}$

对于 Z_2 区，有

$R_1=R_B+R_U+R_V=1.66\times10^{-5}+5.22\times10^{-7}+5.22\times10^{-5}$

$\approx6.93\times10^{-5}$

其中，有

$$R_U=\sum_{k=1}^{3}R_{Uk}=1.68\times10^{-7}+1.77\times10^{-7}\times2=5.22\times10^{-7}$$

$$R_V=\sum_{k=1}^{3}R_{Vk}=1.68\times10^{-5}+1.77\times10^{-5}\times2=5.22\times10^{-5}$$

6）选择雷电防护措施

取典型的人员生命损失的可承受风险的最大值 $R_T=10^{-5}$，在此情况下，Z_1 区 $R_1>R_T$（$1.66\times10^{-5}>10^{-5}$），$Z_2$ 区 $R_2>R_T$（$6.93\times10^{-5}>10^{-5}$），因此，应对7#楼、8#楼提供雷电防护措施。当选择保护级别为二级的雷电防护措施时，雷击损害概率减小为

$P_A=0.01$

$P_B=0.05$

$P_U=P_V=P_{SPD}=0.02$

所以，相对应的雷击风险分量的新值为

$R_A=N_DP_AL_A=1.66\times10^{-1}\times0.01\times10^{-4}=1.66\times10^{-7}$

$R_B=N_DP_BL_B=1.66\times10^{-1}\times0.05\times10^{-4}=8.30\times10^{-7}$

$R_{U1}=(N_{L1}+N_{Da})P_UL_U=(2.16\times10^{-3}+1.66\times10^{-1})\times0.02\times10^{-6}=3.36\times10^{-9}$

$R_{V1}=(N_{L1}+N_{Da})P_VL_V=(2.16\times10^{-3}+1.66\times10^{-1})\times0.02\times10^{-4}=3.36\times10^{-7}$

$R_{U2}=(N_{L2}+N_{Da})P_UL_U=(1.08\times10^{-2}+1.66\times10^{-1})\times0.02\times10^{-6}=3.54\times10^{-9}$

$R_{V2}=(N_{L2}+N_{Da})P_VL_V=(1.08\times10^{-2}+1.66\times10^{-1})\times0.02\times10^{-4}=3.54\times10^{-7}$

$R_{U3}=R_{U2}=3.54\times10^{-9}$

$R_{V3}=R_{V2}=3.54\times10^{-7}$

所以，对于 Z_1 区，$R_1=R_A=1.66\times10^{-7}$；对于 Z_2 区，有

$$R_2=R_B+R_U+R_V$$
$$=8.30\times10^{-7}+1.04\times10^{-8}+1.04\times10^{-6}$$
$$\approx1.88\times10^{-6}$$

其中，有

$$R_U=\sum_{k=1}^{3}R_{Uk}=3.36\times10^{-9}+3.54\times10^{-9}\times2=1.04\times10^{-8}$$

$$R_V=\sum_{k=1}^{3}R_{Vk}=3.36\times10^{-7}+3.54\times10^{-7}\times2=1.04\times10^{-6}$$

在此情况下，Z_1 区 $R_1<R_T$（$1.66\times10^{-7}<10^{-5}$），$Z_2$ 区 $R_2<R_T$（$1.88\times10^{-6}<10^{-5}$），从而实现了对 7#楼、8#楼的人员生命安全的保护。

7）经济价值损失

Z_2 区为避免人员生命损失（R_1）而安装了保护级别为二级的雷电防护措施，所以，经济价值损失（R_4）的风险值为

$$R_4=R_B+R_C+R_M+R_V+R_W+R_Z$$
$$=8.30\times10^{-7}+3.32\times10^{-7}+1.70\times10^{-6}+1.04\times10^{-6}+1.04\times10^{-6}+0$$
$$\approx4.94\times10^{-6}$$

其中，有

$$R_C=N_DP_CL_C=1.66\times10^{-1}\times0.02\times10^{-4}=3.32\times10^{-7}$$

$$R_M=N_MP_ML_M=8.52\times10^{-1}\times0.02\times10^{-4}=1.70\times10^{-6}$$

$$R_V=\sum_{k=1}^{3}R_{Vk}=3.36\times10^{-7}+3.54\times10^{-7}\times2=1.04\times10^{-6}$$

$$R_W=\sum_{k=1}^{3}R_{Wk}=\sum_{k=1}^{3}(N_{Lk}+N_{Da})P_WL_W=5.22\times10^{-1}\times0.02\times10^{-4}=1.04\times10^{-6}$$

$$R_Z=(N_I-N_L)P_ZL_Z=\left(\sum_{k=1}^{3}N_{Ik}-\sum_{k=1}^{3}N_{Lk}\right)P_ZL_Z$$
$$=[0-(2.16\times10^{-3}+1.08\times10^{-2}\times2)]\times0.02\times10^{-4}$$
$$=0\text{（因为结果为负数，所以取值为 0）}$$

在此情况下，满足 $R_4<R_T$（$4.94\times10^{-6}<10^{-3}$），说明 Z_2 区为了避免人员生命损失（R_1）而安装保护级别为二级的雷电防护措施及其他防护措施后，也实现了对 7#楼、8#楼经济价值损失（R_4）的保护。

3.3.4　评估结论及建议

（1）根据 GB 50057-2010、IEC 62305 系列标准，通过对数据的计算及比较，最终确定 5～8#楼应选择保护级别为二级或以上级别的防雷装置；16#楼应选择保护级别为三级或以上级别的防雷装置；A 区二号地下车库应选择保护级别为三级或以上级别的防雷装

置，如表 3-6 所示。

表 3-6 5～8#楼、16#楼相关的风险分量

5～8#楼、16#楼、A 区二号地下车库	未采取雷电防护措施的人员生命损失（R_1）	保护级别为二级的人员生命损失（R_1）	保护级别为二级的经济价值损失（R_4）
5#楼	6.56×10^{-5}	1.70×10^{-6}	4.55×10^{-6}
6#楼	6.88×10^{-5}	1.86×10^{-6}	4.92×10^{-6}
7#楼、8#楼	6.93×10^{-5}	1.88×10^{-6}	4.94×10^{-6}
16#楼	3.07×10^{-5}	1.20×10^{-6}	4.38×10^{-4}

注：典型的人员生命损失的可承受风险最大值 $R_T=10^{-5}$，典型的经济价值损失可承受风险最大值 $R_T=10^{-3}$。

（2）项目所在地土壤电阻率水平方向分布不均匀，变化明显，右侧的土壤电阻率较大，左侧的土壤电阻率较小；在垂直方向上，随着深度的增加，土壤电阻率呈增加趋势。总体来说，项目所在地地下 0～2m 的表层土壤电阻率值较小，土壤电阻率平均值为 70.17Ω · m。

（3）该项目总体防雷设计及施工，应充分运用接闪、屏蔽、等电位、接地、分流等防雷技术进行综合防护。

（4）根据项目所在地地方标准《雷电灾害风险评估技术规范》（DB 50/214-2006）要求："对既有建筑物应定期施行现状评估，易燃易爆场所每两年评估一次，其他场所每四年评估一次。"建议该项目按照规范要求每四年进行一次雷电灾害风险评估。

第 4 章

区域雷电灾害风险评估的数学方法

风险评估是一项理论与实践紧密结合的综合性工作。较多的评估指标因子和不同的度量标准，决定了区域雷电灾害风险评估必须借助数学方法来解决问题。区域雷电灾害风险评估是一个多指标的综合评判体系，需要考虑多个指标因子的影响。因此，在选择区域雷电灾害风险评估计算方法时，应根据实际情况选择恰当的方法。

在对某个特定区域进行雷电灾害风险评估时，需要考虑多个因素。既要考虑区域雷电活动情况，又要考虑地域条件，如地形特点、土壤结构、周边环境等，还要考虑区域内承灾体在面对雷击时的脆弱性，如项目特性、建（构）筑物特征及项目内电子电气系统等。这些影响因素在进行风险评估时都要考虑，但这些因素之间又是相互影响的，从而使风险评估系统变得更加复杂。对这类多个影响因素的体系进行风险评估的核心是对各影响因素进行评估后排定优劣次序，再从中选出影响最大的因素。因此，需要对各影响因素进行精确的计算，并对有些定性因素进行特殊考虑。总之，应建立区域雷电灾害风险评估数学模型，采用多层次模糊综合评判方法对某个特定区域的雷电灾害风险进行研究。

4.1 模糊数学理论的基础知识

在生产、科学实验乃至日常生活中，人们遇到的需要讨论研究的实际问题通常可以分为确定性与不确定性两类。但是，有些时候很难定量地界定一个因素对一个事物的影响到底有多大。因此，模糊数学就诞生了。1965 年，美国著名计算机与控制学家查德教授提出了模糊的概念，并在国际期刊 *Information and Control* 上发表了第一篇用数学方法研究模糊现象的论文 *Fuzzy Sets*（《模糊集合》），引入了“隶属函数”这个概念，对描述差异设定了中间过渡，开创了模糊数学的新领域。

模糊数学是研究和处理模糊现象的一种数学理论和方法，是用数学方法研究和处理具有“模糊性”现象的数学。这里的“模糊性”主要指客观事物差异中间过渡的“不明确性”。

4.1.1 模糊集合与隶属函数的基本概念

模糊数学理论的基础是模糊集合理论。模糊集合理论被认为是经典集合理论的扩展。经典集合理论的研究对象是具有明确边界的集合，而模糊集合理论的研究对象是“模糊”集合，其边界是“灰色的”。在经典集合理论中，元素x是否属于集合A是明确的，即$x \in A$或$x \notin A$，对元素x和集合A给出一个特征函数来描述元素与集合的隶属函数关系，即

$$C(x)=\begin{cases}1 & (x \in A) \\ 0 & (x \notin A)\end{cases} \tag{4.1}$$

但是，对于一些模糊量，用这种绝对化的划分是无法表示的。因此，引进模糊集合，其基本思想是把经典集合的绝对隶属关系灵活化、模糊化。

模糊集合定义是，设论域X，集合A，对于任意一个元素$x \in A$，用一个函数$\mu_A(x) \in [0,1]$表示元素x隶属于集合A的程度，这个集合A称为模糊集合，$\mu_A(x)$称为模糊集合A的隶属度，$\mu_A(x_j)$称为x_j的隶属度。

4.1.2 隶属函数的确定

隶属度在模糊数学理论中是一个关键概念，模糊集合完全由隶属函数来描述。在模糊数学中，需要用一个[0，1]的数来反映元素从属于模糊集合的程度，隶属函数就是出于这个目的而建立的。

隶属函数的具体给定，少不了人脑的加工，这必然要受到人的心理因素的影响。此外，方法的选择也与人的主观意识有关，这样就导致隶属函数带有主观成分。但是，大量的心理学实验表明，人的各种感觉所反映出来的心理活动与外界的物理本质之间保持相当紧密的关系。由于这种关联性的存在，隶属函数可以在很大程度上反映客观实际。隶属函数应该是带有主观因素地对模糊对象进行客观评价。在给定隶属函数时要尽量减少主观因素的影响，特别是避免主观臆测，最大限度地反映模糊对象的客观特点。

下面介绍几个确定隶属度的方法。

1. 模糊统计法

此方法针对不确定的对象，在[0，1]度量其不确定性。此方法要借助求概率的方法，包含如下四个要素。

- 论域U。
- U中的一个固定元素U_0。
- U中的一个随机运动集合A^*（普通集合）。
- U中的一个以A^*作为弹性边界的模糊集合A制约着A^*的运动。A^*可以覆盖U_0，使U_0对A的隶属关系是不确定的。

模糊实验的特点是，在各次实验中U_0是固定的，而A^*是随机运动的。

进行n次模糊实验，可以得知，U_0对A的隶属频率=$U_0 \in A^*$的次数/n。随着n的增大，

隶属频率趋于稳定。稳定的隶属频率就是 U_0 对 A 的隶属度。

2．二元对比排序法

人们对事物的认识往往是从两个事物的比较开始的。例如，有甲、乙、丙三个人，看谁的“思维敏捷”隶属度最大。先对甲、乙做比较，可以得到模糊认识“乙比甲思维敏捷”；再对甲、丙做比较，获得模糊认识“丙比甲思维敏捷”；最后在乙、丙之间进行比较，认为“乙比丙思维敏捷”。利用这种二元比较的方法，就可以获得三者的思维敏捷程度排序：乙＞丙＞甲。

二元对比排序法又可以分为相对比较法、择优比较法、对比平均法、有限关系排序法等。

3．模糊分布

如果模糊集合定义在实数域上，则模糊集合的隶属函数就称为模糊分布。模糊分布分为三种类型：偏小型、中间型和偏大型。

常见的模糊分布有如下几种。

1）矩形分布

偏小型：

$$A(x)=\begin{cases}1 & x\leqslant a\\0 & x>a\end{cases} \tag{4.2}$$

中间型：

$$A(x)=\begin{cases}0, & x<a\text{或}x>b\\1, & a\leqslant x\leqslant b\end{cases} \tag{4.3}$$

偏大型：

$$A(x)=\begin{cases}0 & x<a\\1 & x\geqslant a\end{cases} \tag{4.4}$$

2）梯形分布

偏小型：

$$A(x)=\begin{cases}1, & x<a\\\dfrac{x-a}{b-a}, & a\leqslant x\leqslant b\\0, & x>b\end{cases} \tag{4.5}$$

中间型：

$$A(x)=\begin{cases}0, & x<a\\\dfrac{x-a}{b-a}, & a\leqslant x<b\\1, & b\leqslant x<c\\\dfrac{d-x}{d-c}, & c\leqslant x<d\\0, & x\geqslant a\end{cases} \tag{4.6}$$

偏大型：

$$A(x)=\begin{cases}0, & x<a\\\dfrac{x-a}{b-a}, & a\leqslant x\leqslant b\\1, & x>b\end{cases} \tag{4.7}$$

3）抛物线形分布

偏小型：

$$A(x)=\begin{cases}1, & x<a \\ \left(\dfrac{x-a}{b-a}\right)^k, & a\leqslant x\leqslant b \\ 0, & x>b\end{cases} \tag{4.8}$$

中间型：

$$A(x)=\begin{cases}0, & x<a \\ \left(\dfrac{x-a}{b-a}\right)^k, & a\leqslant x<b \\ 1, & b\leqslant x<c \\ \left(\dfrac{d-x}{d-a}\right)^k, & c\leqslant x<d \\ 0, & x\geqslant d\end{cases} \tag{4.9}$$

偏大型：

$$A(x)=\begin{cases}0, & x<a \\ \left(\dfrac{x-a}{b-a}\right)^k, & a\leqslant x\leqslant b \\ 0, & x>b\end{cases} \tag{4.10}$$

4）Γ形分布

偏小型：

$$A(x)=\begin{cases}0, & x<a \\ 1-\mathrm{e}^{-k(x-a)}, & x\geqslant a\end{cases} \tag{4.11}$$

中间型：

$$A(x)=\begin{cases}\mathrm{e}^{k(k-a)}, & x<a \\ 1, & a\leqslant x\leqslant b \\ \mathrm{e}^{-k(x-a)}, & x>b\end{cases} \tag{4.12}$$

偏大型：

$$A(x)=\begin{cases}0, & x<a \\ 1-\mathrm{e}^{-k(x-b)}, & x>b\end{cases} \tag{4.13}$$

5）正态分布

偏小型：

$$A(x)=\begin{cases}1, & x\leqslant a \\ \mathrm{e}^{-\frac{(x-a)^2}{\sigma}}, & x>a\end{cases} \tag{4.14}$$

中间型：

$$A(x)=\mathrm{e}^{-\frac{(x-a)^2}{\sigma}} \tag{4.15}$$

偏大型：

$$A(x)=\begin{cases}0, & x\leqslant a \\ 1-\mathrm{e}^{-\left(\frac{x-a}{\sigma}\right)^2}, & x>a\end{cases} \tag{4.16}$$

6）柯西分布

偏小型：
$$A(x)=\begin{cases}1, & x\leqslant a\\ \dfrac{1}{1+\alpha(x-\alpha)\beta}, & x>a\end{cases}\quad（\alpha>0，\beta>0）\tag{4.17}$$

中间型：
$$A(x)=\frac{1}{1+\alpha(x-\alpha)\beta}（\alpha>0，\beta\text{为正偶数}）\tag{4.18}$$

偏大型：
$$A(x)=\begin{cases}1, & x\leqslant a\\ \dfrac{1}{1+\alpha(x-\alpha)-\beta}, & x>a\end{cases}\quad（\alpha>0，\beta>0）\tag{4.19}$$

在本书介绍的评估方法中，采用的是梯形分布。

4.2　层次分析法

层次分析法（AHP）是美国运筹学家、匹茨堡大学教授萨蒂于 20 世纪 70 年代初，在研究美国国防部课题“根据各工业部门对国家福利的贡献大小进行电力分配”时，应用网络系统理论和多目标综合评价方法而提出的一种层次权重决策分析方法。这种方法的特点是，在对复杂决策问题的本质、影响因素及其内在关系等进行深入分析的基础上，利用较少的定量信息使决策思维过程数学化，从而为多目标、多准则或者无结构特性的复杂决策问题提供简便的决策方法。在区域雷电灾害风险评估过程中，某些因素对风险的影响程度难以直接、准确计量，因此，使用层次分析法进行区域雷电灾害风险评估是合适的。

所谓层次分析法，是指根据问题的性质和要达到的目标分解出问题的组成因素，首先按因素间的相互关系将因素层次化分解为目标、准则、方案等，组成一个层次结构模型，然后按层分析法的品牌价值动态评估模型，并进行定性和定量分析，最终获得底层因素对于顶层因素的重要性权值。

层次分析法自 1982 年被介绍到我国以来，因其可定性与定量结合地处理各种决策因素的特点，以及系统灵活、简洁的优点，迅速在我国社会、经济各个领域，如能源系统分析、城市规划、经济管理、科研评估等，得到了广泛的重视和应用。

1．层次分析法基本原理

层次分析法的基本原理是先分解后综合。首先，将所要分析的问题层次化，根据问题的性质和要达到的总目标，将问题分解成不同的组成因素；然后，按照因素间的相互关系及隶属关系，将因素按不同层次聚集组合，形成一个多层分析结构模型；最后，将问题归结为底层因素（方案、措施、指标等）相对于顶层因素（总目标）相对重要程度的权值，或者相对优劣次序的问题。

人们在日常生活中经常会遇到多目标决策问题。例如，某人假期想去某乡村旅游度假，层次分析法首先会根据诸如资源条件、环境条件和旅游条件三个方面分别给予评价，然后根据旅客心目中这三个方面的影响程度，进行综合评价以确定该乡村是否可以作为旅游度假的选择。上面关于乡村旅游资源定量评估的层次结构如图 4-1 所示。

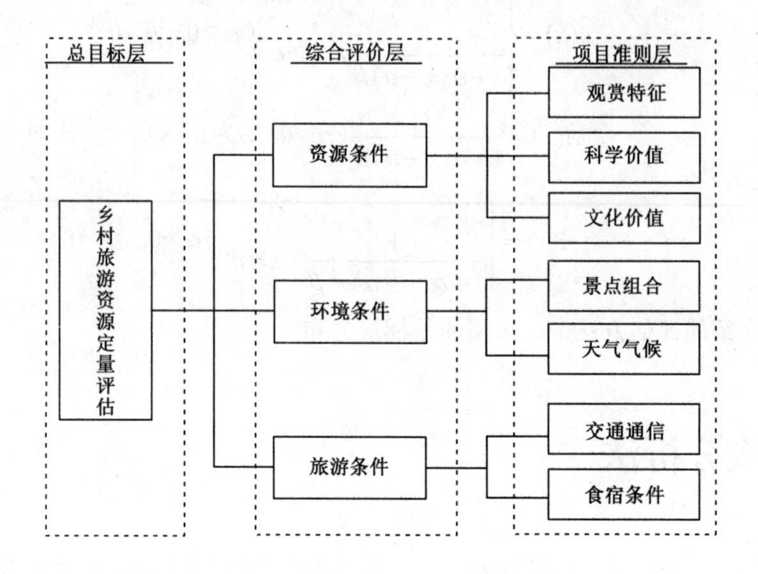

图 4-1　乡村旅游资源定量评估例子的层次结构

2. 层次分析法基本步骤

在实际研究中，应用层次分析法分析问题大致要经过以下五个步骤。

1）建立层次结构模型

通过对待解决问题的深入研究和分析，确定该系统的总目标，以及实现总目标的准备和各种约束条件等；将相关的各因素按照性质、目标的差异进行自上而下的划分，同一层次的各因素从属于上一层的因素，同时又支配下一层的相关因素。

2）构造判断矩阵

判断矩阵是对各指标重要性定量化的基础，它反映了决策者对各指标的相对重要性的认识。采用 1～9 标度法对各指标进行成对比较，确定各指标之间的相对重要性，并给出相应的比值，如表 4-1 所示。

表 4-1　两两比较赋值

标　　度	含　　义
$a_{ij}=1$	因素A_i与因素A_j具有相等的重要性
$a_{ij}=3$	因素A_i比因素A_j稍微重要
$a_{ij}=5$	因素A_i比因素A_j明显重要
$a_{ij}=7$	因素A_i比因素A_j强烈重要
$a_{ij}=9$	因素A_i比因素A_j极度重要
$a_{ij}=2，4，6，8$	因素A_i与因素A_j相比，介于相邻结果的中间值
倒数	$a_{ji}=1/a_{ij}$

上述过程得出的判断矩阵 $\boldsymbol{A}$ 为

$$\boldsymbol{A}=(a_{ij})_{n\times n}=\begin{bmatrix} a_{11} & a_{12} & \cdots & a_{1n} \\ a_{21} & a_{22} & \cdots & a_{2n} \\ \cdots & \cdots & \cdots & \cdots \\ a_{n1} & a_{n2} & \cdots & a_{nn} \end{bmatrix} \tag{4.20}$$

式中，$a_{ii}=1$，$a_{ji}=1/a_{ij}$。

3）计算相对权重

计算相对权重的过程称为层次单排序。通过求解判断矩阵 $\boldsymbol{A}$ 的最大特征值 $\lambda_{\max}$，以最大特征值对应的特征向量 $\boldsymbol{W}$，得出同一层次各指标的相对权重系数。

4）一致性检验

一致性检验是指用平均随机一致性指标 RI 对各指标重要程度比较链上的相容性进行检验，当成对比较得出的判断矩阵 $\boldsymbol{A}$ 的阶数大于或等于 3 时，则需要进行一致性检验。这个过程主要涉及三个指标值：一致性指标 CI、平均随机一致性指标 RI 和一致性比例 CR，具体计算方法如下。

（1）根据判断矩阵 $\boldsymbol{A}$ 得出 CI：

$$\text{CI}=\frac{\lambda_{\max}-n}{n-1} \tag{4.21}$$

（2）根据判断矩阵 $\boldsymbol{A}$ 的阶数，找出对应的 RI，如表 4-2 所示。

表 4-2 平均随机一致性指标

判断矩阵 A 的阶数	1	2	3	4	5	6	7
RI	0	0	0.52	0.9	1.12	1.26	1.36

（3）根据 CI 和 RI 的值，计算 CR：

$$\text{CR}=\frac{\text{CI}}{\text{RI}} \tag{4.22}$$

当 CR≤0.1 时，则判断矩阵 $\boldsymbol{A}$ 的一致性是符合要求的；反之，需要对判断矩阵 $\boldsymbol{A}$ 的两两比较值进行调整，直到计算出符合一致性要求的 CR。

5）计算合成权重

这个过程称为层次总排序。当计算得出所有层次的相对权重之后，利用各层次指标的层次单排序结果，进一步计算递阶层次结构模型中底层指标相对于总目标的组合权重，这个步骤是由下而上逐层进行的。

4.3 模糊综合评价

在现实生活中，同一对象往往具有多种属性。因此，在对对象进行评价时，就要考虑到各个方面，特别是在管理调度、生产规划、科研评估等复杂系统中，需要对多个相关因素进行综合考虑，即综合评价。模糊综合评价是一种基于模糊数学的综合评价方法，最早是由我国学者汪培庄提出的。在进行系统评价时，使用的评价集往往带有模糊性，所以，采用模糊综合评价对系统进行综合评价具有合理性。模糊综合评价根据模糊数学的隶属度理论把定性评价转化为定量评价，其特点是评价结果不是绝对肯定或否定的，而是以一个模糊集合来表示的。

4.3.1 模糊综合评价的术语及定义

模糊综合评价是一种运用模糊数学原理分析和评价具有“模糊性”事物的系统分析方法。它是一种以模糊推理为主的、定量与定性相结合的、精确与非精确相统一的分析评价方法。由于这种方法在处理各种复杂且难以用精确数学方法描述的系统问题方面所表现出的优越性，近年来模糊综合评价已经被用于许多学科领域中。为了便于描述，依据模糊数学的基本概念，对模糊综合评价中的有关术语定义如下。

（1）评价指标集U：总目标（被评价事物）的具体内容，可以按指标属性分为若干类，把每类都视为单一评价因素，称之为一级评价指标。一级评价指标可以设置下属的二级评价指标。

（2）评价等级V：用于描述评价指标的优劣程度，是指标所有的评价结果组成的集合。

（3）隶属度矩阵（$\boldsymbol{R}$）：是某一级指标预处理后的结果，是指评价指标隶属于评价等级的程度。

（4）权重（$\boldsymbol{W}$）：评价指标在被评价对象中的相对重要程度，每个评价因素的下一级评价因素的权重之和为1，在综合评价中，用作加权处理。

（5）综合评价（$\boldsymbol{B}$）：$\boldsymbol{B}=\boldsymbol{R}\cdot\boldsymbol{W}$，是指加权后的评价值是对被评价对象综合状况分等级的程度描述，其中，为矩阵相乘。

4.3.2 模糊综合评价的步骤

模糊综合评价的数学模型可以分为一级模型和多级模型。根据对评价指标的分析，有些指标之间是并列关系，有些指标之间是因果关系，即这些指标之间具有不同的层次级别，这是客观存在的现实问题。

一个系统中如果指标体系的指标较少且较容易确定每个指标的权重，一般采用一级模糊综合评价。但对于一个复杂系统而言，影响系统稳定性的指标较多且权重的分配较难，为了克服这个难点，经常采用二级或多级模糊综合评价模型。本书涉及的区域雷电灾害风险评估指标体系多且复杂，因此使用三级模糊综合评价模型。

1. 建立一级模糊综合评价模型的基本步骤

（1）构建评价体系的评价指标集 U：

$$U=\{u_1,u_2,\cdots,u_n\} \tag{4.23}$$

这个过程就是要构建评价指标体系，选取科学、合理的评价指标。

（2）确定指标评价等级 V：

$$V=\{v_1,v_2,\cdots,v_n\} \tag{4.24}$$

评价等级即评价指标的危险等级，它们是确定指标隶属度的参考标准。指标隶属度的确定是综合考虑指标评价等级与指标参量的计算结果。

（3）确定评价指标的隶属度矩阵 $\boldsymbol{R}$。

对评价指标体系的底层指标建立一个从 U 到 V 的模糊映射，第 i 个指标的评价隶属度向量为 $\boldsymbol{R}_i=[r_{i1},r_{i2},\cdots,r_{im}]$，则具有 m 个评价指标的隶属度矩阵为

$$\boldsymbol{R}=\begin{bmatrix}R_1\\R_2\\\cdots\\R_m\end{bmatrix}=\begin{bmatrix}r_{11}&r_{12}&\cdots&r_{1n}\\r_{21}&r_{22}&\cdots&r_{2n}\\\cdots&\cdots&\cdots&\cdots\\r_{m1}&r_{m2}&\cdots&r_{mn}\end{bmatrix} \tag{4.25}$$

（4）确定评估指标的权重 $\boldsymbol{W}$。

由于不同指标对目标的重要程度不同，因此需要对每个指标赋予权重，即 m 个评估指标的权重向量为

$$\boldsymbol{W}=\{w_1,w_2,\cdots,w_m\}$$

（5）选择合成算法，进行综合评价。

模糊综合评价结果 $\boldsymbol{B}$ 是评价等级 V 上的一个模糊子集，应用模糊变换的合成运算公式为

$$\boldsymbol{B}=\boldsymbol{W}\cdot\boldsymbol{R}=(w_1,w_2,\cdots,w_n)\cdot\begin{bmatrix}r_{11}&r_{12}&\cdots&r_{1n}\\r_{21}&r_{22}&\cdots&r_{2n}\\\cdots&\cdots&\cdots&\cdots\\r_{m1}&r_{m2}&\cdots&r_{mn}\end{bmatrix}=[b_1,b_2,\cdots,b_n] \tag{4.26}$$

式中，$\cdot$ 代表合成算子。

2. 建立二级模糊综合评价模型的基本步骤

对评价体系的评价指标集 U 按指标属性划分成 m 个指标子集，它们必须满足以下条件：

$$\begin{cases}\sum\limits_{i=1}^{m}U_i=U\\U_i\cap U_j=\varnothing\end{cases} \tag{4.27}$$

因此，第二级评价指标集为

$$U=\{U_1,U_2,\cdots,U_n\} \tag{4.28}$$

式中，$U_i=\{u_{ik}\}(i=1,2,\cdots,m;\ k=1,2,\cdots,n)$表示评价指标子集$U_i$含有$n$个评价指标。

对每个评价指标子集U_i按一级模糊综合评价模型进行综合评价，设评价指标子集U_i中每个评价指标的权重为R_i，评价指标子集U_i的模糊综合评价结果为$\boldsymbol{B}_i$，则得到第i个评价指标子集U_i的评价结果为

$$\boldsymbol{B}_i=\boldsymbol{W}_i\cdot\boldsymbol{R}_i=[b_{i1},b_{i2},\cdots,b_{in}](i=1,2,\cdots,m) \tag{4.29}$$

对评价指标体系的m个评价指标子集$U_i(i=1,2,\cdots,m)$进行综合评价得到隶属度矩阵$\tilde{\boldsymbol{R}}$为

$$\tilde{\boldsymbol{R}}=\begin{bmatrix}\boldsymbol{B}_1\\ \boldsymbol{B}_2\\ \cdots\\ \boldsymbol{B}_m\end{bmatrix}=\begin{bmatrix}b_{11} & b_{12} & \cdots & b_{1n}\\ b_{21} & b_{22} & \cdots & b_{2n}\\ \cdots & \cdots & \cdots & \cdots\\ b_{m1} & b_{m2} & \cdots & b_{mn}\end{bmatrix} \tag{4.30}$$

计算得m个评价指标子集U_i的权重为$\tilde{\boldsymbol{W}}$，因此，二级模糊综合评价结果为

$$\boldsymbol{B}=\tilde{\boldsymbol{W}}\cdot\tilde{\boldsymbol{R}}=[b_1,b_2,\cdots,b_n] \tag{4.31}$$

综上所述，二级模糊综合评价模型是一级模糊综合评价过程的延伸，可以根据具体指标体系的层次进行多次循环。

3．建立多级模糊综合评价模型的基本步骤

当评价系统相当复杂时，需要考虑的因素往往也比较多。对于这类问题，可以把因素按特点分成几层，先对底层指标进行综合评价，再对评价结果进行顶层的综合评价，具体步骤如下。

（1）首先对三级指标u_{3i}的隶属度矩阵$\boldsymbol{R}_{3i}$做模糊评价运算，得到二级指标u_{2i}对评价等级的隶属度向量$\boldsymbol{B}_{2i}$，即

$$\boldsymbol{B}_{2i}=(w_{3i1},w_{3i2},\cdots,w_{3im})\cdot\begin{bmatrix}r_{3i11} & r_{3i12} & \cdots & r_{3i15}\\ r_{3i21} & r_{3i12} & \cdots & r_{3i25}\\ \cdots & \cdots & \cdots & \cdots\\ r_{3im1} & r_{3im2} & \cdots & r_{3im5}\end{bmatrix}=(b_{2i1},b_{2i2},b_{2i3},b_{2i4},b_{2i5}) \tag{4.32}$$

则隶属度向量$\boldsymbol{B}_{2i}$为三级指标综合评价的结果。

（2）通过对二级指标的综合评价计算，得到隶属度矩阵：

$$\boldsymbol{R}_{2i}=\begin{bmatrix}\boldsymbol{B}_{21}\\ \boldsymbol{B}_{22}\\ \cdots\\ \boldsymbol{B}_{2N}\end{bmatrix}\cdot\begin{bmatrix}b_{211} & b_{212} & \cdots & b_{215}\\ b_{221} & b_{222} & \cdots & b_{225}\\ \cdots & \cdots & \cdots & \cdots\\ b_{2n1} & b_{2n2} & \cdots & b_{2n5}\end{bmatrix} \tag{4.33}$$

按照模糊综合评价模型对$\boldsymbol{R}_{2i}$再次进行模糊综合评价计算，得到一级评价指标集U与评价等级的隶属度向量$\boldsymbol{B}_i$，即

$$\boldsymbol{B}_i=(w_{2i1},w_{2i2},\cdots,w_{2im})\cdot\begin{bmatrix} r_{2i11} & r_{2i12} & \cdots & r_{2i15} \\ r_{2i21} & r_{2i12} & \cdots & r_{2i25} \\ \cdots & \cdots & \cdots & \cdots \\ r_{2im1} & r_{2im2} & \cdots & r_{2im5} \end{bmatrix}=(b_{i1},b_{i2},b_{i3},b_{i4},b_{i5}) \tag{4.34}$$

综上所述，隶属度向量 $\boldsymbol{B}_i$ 即为二级指标综合评价的结果。

（3）通过对一级指标的综合评价计算，得到隶属度矩阵：

$$\boldsymbol{R}=\begin{bmatrix} \boldsymbol{B}_1 \\ \boldsymbol{B}_2 \\ \boldsymbol{B}_3 \end{bmatrix}\cdot\begin{bmatrix} b_{11} & b_{12} & \cdots & b_{15} \\ b_{21} & b_{22} & \cdots & b_2 \\ b_{31} & b_{32} & \cdots & b_{35} \end{bmatrix} \tag{4.35}$$

按照模糊综合评价模型对 $\boldsymbol{R}_i$ 再次进行模糊综合评价计算，得到目标指标（区域雷电灾害风险）与评价等级的隶属度向量 $\boldsymbol{B}_i$，即

$$\boldsymbol{B}=\boldsymbol{W}\cdot\boldsymbol{R}=(w_1,w_2,w_3)\cdot\begin{bmatrix} b_{11} & b_{12} & \cdots & b_{15} \\ b_{21} & b_{22} & \cdots & b_2 \\ b_{31} & b_{32} & \cdots & b_{35} \end{bmatrix}=(b_1,b_2,b_3,b_4,b_5) \tag{4.36}$$

（4）综合评价。b_1、b_2、b_3、b_4、b_5 分别表示目标与评价等级Ⅰ、Ⅱ、Ⅲ、Ⅳ、Ⅴ五个等级的隶属度。在实际应用中，最常用的方法是根据最大隶属度原则确定风险等级，但在某些情况下难免牵强，损失信息很多。因此，很有可能得出不合理的风险等级结果，本书由此提出使用加权平均求风险等级的方法。为了便于计算，本模型将评价目标的Ⅰ、Ⅱ、Ⅲ、Ⅳ、Ⅴ五个等级语义学标度进行量化，并依次赋值为 1、3、5、7、9，则综合评价评分如下：

$$g=b_1+3b_2+5b_3+7b_4+9b_5 \tag{4.37}$$

第 5 章

区域雷电灾害风险评估体系

对大型区域范围进行雷电灾害风险评估涉及众多复杂的影响因素。因此，为了得到科学的评估结论，必须针对区域雷电灾害风险的特点建立相应的评估指标体系，然后才能在此基础之上应用数学方法进行风险计算。

作为衡量区域雷电灾害风险的指标，除了科学性、完善性和独立性等基本原则，还应能满足以人文本、层次性和可操作性等原则。

（1）以人文本的原则：区域雷电灾害风险评估和风险控制都服务于人类的生命、财产安全，是人类生存和生活的一部分，人应该居于首要地位。

（2）层次性的原则：评估指标体系应根据系统的结构层次，建立由宏观到微观、由抽象到具体的“目标层—影响层—指标层”的架构，以便使评估指标体系结构清晰明了。

（3）可操作性的原则：在构建评估指标时，尽可能地采用可操作性强、易于量化计算、有统计基础的定量指标，尽量减少定性指标的使用。

任何一种灾害风险评估指标体系的构建都是一个需要反复选择、反复实践的过程，不可能一次就获得大家比较认可的指标体系，要经过多次讨论、修改和实践才能准确定位。区域雷电灾害风险评估涉及的影响因素较多且复杂，在研究过程中，既要考虑雷电本身所具有的自然规律，又要考虑由于社会发展所带来的影响，而构建区域雷电灾害风险评估指标体系就是最大限度地确定雷电潜在风险的各种因素，以及这些因素之间的相互作用，同时还要兼顾这些因素相关数据的可获得性。因此，区域雷电灾害风险评估指标体系的建立必须在全面分析系统的基础上，结合专家、相关部门的综合意见，指标太多或太少都会对评估结果产生影响。

通过对 1997—2006 年全国雷电灾害统计资料进行分析，以及对现行雷电灾害风险评估标准的深入研究，建立一个多层次的指标体系，以很好地反映不同类型的风险状况。综合雷电自身的放电特性、影响雷电放电的地域环境和承灾体对雷电的敏感特性，确定区域雷电灾害风险预评估的三个一级指标，即雷电风险、地域风险和承灾体风险，即 $U=\{U_1,U_2,U_3\}$。一级指标是影响区域雷电灾害风险的主要因素和核心内容；同时，每个一级指标都包含相应的下属指标，即二级指标 $U_i=\{U_{i1},U_{i2},\cdots,U_{ik}\}(i=1,2,\cdots,m)$，其中 $U_{i1},U_{i2},\cdots,U_{ik}$ 均为 U_i 的下属指标，m 为 U_i 中下属指标的个数。然而，为了使某些二级指标的数据具有可取性，二级指标又包含相应的下属指标，即三级指标。

5.1　雷电风险

雷电风险反映了雷电与雷暴活动自身所具有的特点。我国气象部门长期跟踪雷电发生情况，将雷电风险的二级指标分为两种情况进行处理。第一种情况是区域当地气象部门未开展雷电监测业务，不能直接获取雷击密度、雷电流强度等雷电监测资料，雷电风险的二级指标选取雷电观测资料能够提供的雷暴日和雷暴路径；第二种情况是区域当地气象部门已开展雷电监测业务，能够通过雷电监测系统获取可靠的雷击密度、雷电流强度等雷电资料，雷电风险的二级指标选取雷击密度和雷电流强度。

因此，根据获取雷电风险数据的手段不同，确立雷电风险为评估系统的一级指标，它包括两组二级指标：雷暴日和雷暴路径，以及雷击密度和雷电流强度。在实际评估过程中，可根据当地人工观测的雷暴资料和闪电定位系统资料提供的情况选取其中一组作为分析指标因素。

1. 雷暴日

雷暴日是指一个地区在一年中具有雷电放电的天数。在一天当中，只要有一次以上的雷电放电就算一个雷暴日。雷暴日是表征一个地区雷电活动频繁程度的指标，本书中该指标是指评估区域所在地气象台站资料确定的年平均雷暴日。

2. 雷暴路径

雷暴路径是指一个地区的雷暴移动方向，它是表征一个地区雷电活动集中程度的指标。本书中该指标是指评估区域所在地气象台站资料确定的雷暴移动在当地不同方向（正东、东南、正南、西南、正西、西北、正北、东北）的百分率，雷暴风向玫瑰图如图 5-1 所示。

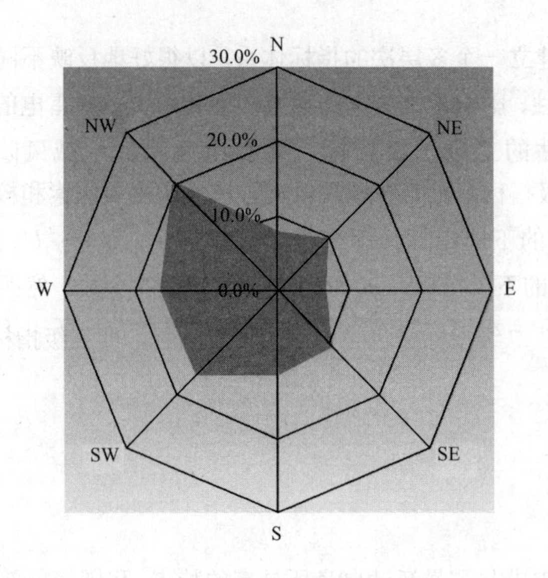

图 5-1 雷暴风向玫瑰图

3．雷击密度

雷击密度（次/(km^2·a)）是指一个地区年平均单位面积上落雷次数的均值，它是表征一个地区雷电活动频繁程度的指标。本书中该指标参数值以当地气象台站资料给出的密度统计值为准。若当地气象台站无法提供闪电定位系统资料，则雷击密度指标参数值计算公式以《建筑物防雷设计规范》（GB 50057）中 N_g 的计算方法为准，即

$$N_g = 0.1T_d \tag{5.1}$$

4．雷电流强度

雷电流强度（kA）指一个地区多年统计的地闪雷电流的平均值，它是表征一个地区雷电活动可能损害程度的指标。本书中该指标参数值以当地气象台站资料给出的强度统计值为准。

5.2 地域风险

雷电活动表现出较强的地域特性。地域风险反映了区域内土壤情况、地形地貌，以及区域周边对评估区域的雷电风险潜在影响。因此，确立地域风险为评估系统的一级指标，它包括三个二级指标：土壤结构、地形地貌和周边环境。为了地域风险指标参数值的可取性和可操作性，有的二级指标需要继续被分解为多个三级指标。

1．土壤结构

土壤结构包含土壤电阻率、土壤垂直分层和土壤水平分层三个方面，分别从不同土壤电阻率影响雷击点、土壤电阻率突变影响雷击点和水平多层土壤影响土壤电阻率变化等方

面具体分析。

1）土壤电阻率

土壤电阻率（单位为Ω·m）在工程上定义为单位立方体内土壤相对面之间的电阻，它体现了土壤的导电特性和土壤的综合散流特性，是决定接地电阻大小的主要因素。

2）土壤垂直分层

土壤垂直分层（单位为Ω·m）定义为具有不同电阻率的土壤交界地段的土壤电阻率最大差值。根据雷击选择性，即不同电阻率的土壤交界地段为易遭受雷击地点的原理，需要引入这项指标。

3）土壤水平分层

土壤水平分区（单位为Ω·m）定义为不同深度的土壤电阻率差值。通常土壤有若干层，层与层的土壤电阻率是不同的，根据兰开斯特-琼斯法判断土壤水平分层，由曲线得出各层的土壤电阻率，土壤电阻率最大层的值用 $\rho_{\max}$ 表示，土壤电阻率最小层的值用 $\rho_{\min}$ 表示，则 $\Delta\rho = \rho_{\max} - \rho_{\min}$。

2．地形地貌

雷电流入地的散流分布与地形地貌密切相关，通过对雷击产生的物理机制的分析，多雨的、三面环山的山地发生雷击的可能性要高于雨水很少的丘陵。因此，地形地貌的引入对雷电灾害风险评估有着不可取代的作用。

3．周边环境

本书中的周边环境指评估区域外 1km 范围内存在的可能致使区域内项目直接或间接遭受雷电灾害的外界因素。该指标包含安全距离、相对高度和电磁环境三个方面，主要考虑周边是否有危化危爆等爆炸、火灾危险环境，建（构）筑物、树木等与评估区域内项目的高度相对关系，以及周边一旦遭受雷击对评估区域产生的电磁影响程度。

1）安全距离

安全距离主要考虑在评估区域周边一定范围内是否有潜在影响评估区域内项目安全防雷的爆炸、火灾危险场所或建（构）筑物。例如，危化危爆等爆炸、火灾危险环境能够直接或间接影响到区域内项目的安全。

2）相对高度

相对高度考虑的是评估区域周边一定范围的建（构）筑物、雷击可接闪物最高点与区域内建（构）筑物高度的一种相对关系，其中相对较高的建（构）筑物比较容易成为雷击对象。因此，区域周边一定范围的建（构）筑物与评估项目的相对高度关系是一个不能不考虑的因素。

3）电磁环境

电磁环境考虑的是评估区域周边一定范围的建（构）筑物遭受雷击后，强大的雷电流所产生的电磁感应对评估区域内电子设备可能造成影响的程度。其计算方法如下：评估区域周边一定范围内的接闪点与评估区域内最近建（构）筑物的距离为S_a，由公式$H_0=\frac{i}{2\pi S_a}$及$B_0=\mu_0 H_0$可知，B_0的计算方法如下：

$$B_0=\frac{\mu_0 i}{2\pi S_a}(\mathrm{T})=\frac{\mu_0 i}{2\pi S_a}\times 10^4(\mathrm{Gs})=\frac{2\times 10^{-3} i}{S_a}(\mathrm{Gs}) \tag{5.2}$$

式中，i为雷电流强度，单位为kA；距离S_a的单位为km。

5.3　承灾体风险

雷电灾害造成的损失主要包括经济损失、人员伤亡、服务中断等。区域内承灾体自身属性对雷电的敏感程度、耐受程度、遭受雷击后对外的影响程度，以及区域内人员活动情况等因素直接影响着遭受雷击后的潜在风险大小。因此，确立承灾体风险为评估系统的一级指标，它包括三个二级指标：项目属性、建（构）筑物特征和电子电气系统。

1．项目属性

本书中的项目属性包含评估项目的使用性质、项目内人员数量和影响程度三个方面，主要考虑评估项目自身的规模、重要性，以及在遭受雷击后对人员、项目自身的影响。

1）使用性质

使用性质是指区域内建（构）筑物的重要性、规模等，该指标主要反映不同行业建（构）筑物对雷击的敏感性、易损性，它是一个从总体上考虑评估项目的重要性、脆弱性的指标。

2）人员数量

人员数量是指评估区域内的定额人员数量，因雷电灾害造成的人员伤亡程度与区域内的人员数量及其分布密度密切相关，因此，需要引入这个指标。

3）影响程度

影响程度是指区域内的评估项目一旦遭受雷击，可能对区域外一定范围内的设施及人员造成不同程度的影响，其影响程度主要取决于区域内项目雷击后所产生的爆炸及火灾危险程度。

2．建（构）筑物特征

建（构）筑物特征包含占地面积、等效高度和材料结构三个方面，主要考虑评估区域内建（构）筑物的结构、建筑材料等所具有的特性在面对雷击时的敏感性。

1）占地面积

占地面积 S 的计算方法如下：$S=S_1+S_2$，其中，S_1 是区域内项目所有建（构）筑物基底面积之和，S_2 是区域内项目所有建（构）筑物的占地轮廓之和。根据《建筑物电子信息系统防雷技术规范》中等效面积的计算方法，占地面积越大，则等效面积越大，进而加大了该建（构）筑物的年雷击次数。因此，占地面积是间接反映区域年雷击次数的指标。

2）等效高度

等效高度是指建（构）筑物的物理高度外加顶部具有影响接闪的设施高度，其计算方法如下：$H_e=H_1+H_2$，其中，H_1 为建（构）筑物的物理高度，H_2 为顶部设施高度。等效高度反映了相对越高的建（构）筑物，遭受雷击的概率越大的定律。其中，有管帽时 H_2 参照表 5-1 确定，无管帽时 H_2=5m。

表 5-1　有管帽时 H_2 的值

装置内外气压差（kPa）	排放物对比空气	H_2（m）
＜5	重于空气	1
5～25	重于空气	2.5
≤25	轻于空气	2.5
＞25	重于或轻于空气	5

3）材料结构

建（构）筑物所用材料结构不同，使得建（构）筑物对雷击敏感性也不同。根据《建筑物电子信息系统防雷技术规范》，当建（构）筑物屋顶和主体结构均为金属材料、钢筋混凝土材料、砖木结构、木结构时，电子信息系统设备遭受损坏的可以接受的最大年平均雷击次数不同。因此，材料结构是一个直接影响雷击概率的指标。

3. 电子电气系统

1）电子系统

电子系统是指由敏感电子组合部件构成的系统，其评估项目内电子系统的规模、重要性及发生雷击事故后产生的影响，是一个举足轻重的指标。

2）电气系统

电气系统是指由低压供电组合部件构成的系统，也称低压配电系统或低压配电线路，其评估项目内供配电系统直接影响雷击事故的损害程度。

综上所述，根据层次分析法的条理化、层次化原则，本书建立了区域雷电灾害风险预评估的递阶层次结构模型，如图 5-2 所示。

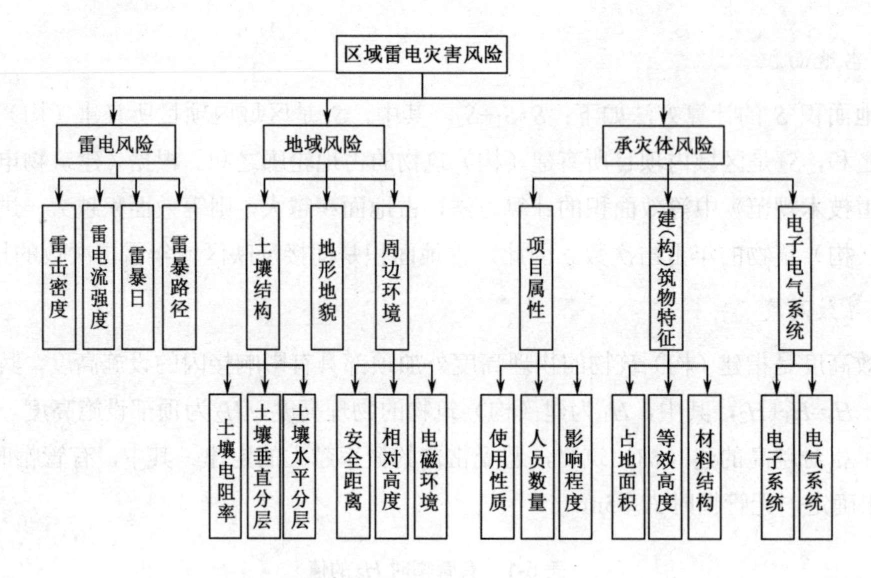

图 5-2　区域雷电灾害风险预评估的递阶层次结构模型

5.4　防御风险

当将用此方法应用于雷电灾害现状评估时，一级指标需要加上防御风险。防御风险综合体现区域内承灾体的雷电防护系统的防护水平及区域内管理部门对雷电防护重视程度的高低，其二级指标包括防雷工程、防雷检测、防雷设施维护、雷击事故应急。

根据层次分析法的条理化、层次化原则，建立了区域雷电灾害风险现状评估的递阶层次结构模型，如图 5-3 所示。

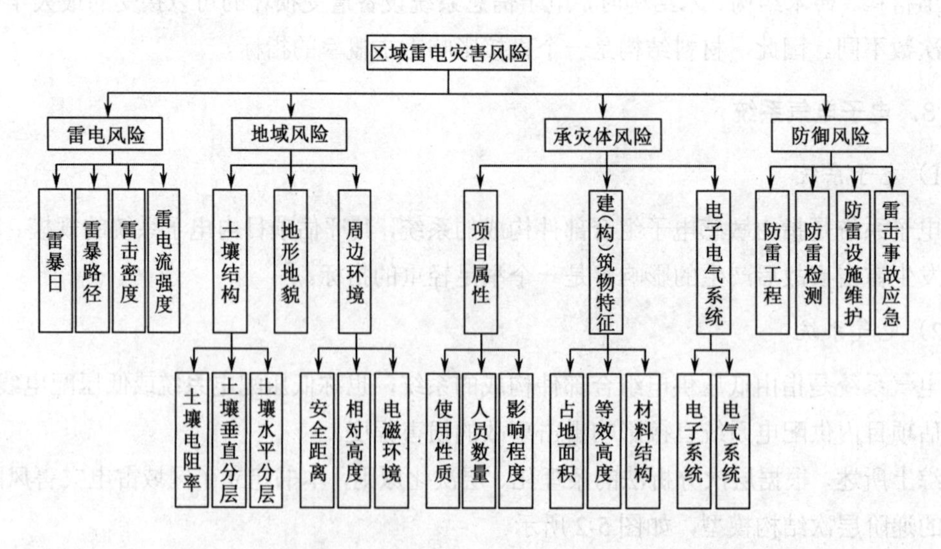

图 5-3　区域雷电灾害风险现状评估的递阶层次结构模型

1．防雷工程

防雷工程整体质量的优劣体现了区域内建（构）筑物（包括其电子系统、电气系统、其他附属设施等）的雷电防护水平。

2．防雷检测

防雷检测是国家设立的防雷检测机构对建（构）筑物防雷设施进行检测的技术管理工作，检测结果直接反映了建（构）筑物防雷设施是否符合国家相关规范、标准的要求。

3．防雷设施维护

防雷设施的日常检查维护是保证防雷设施安全、可靠、稳定运行的重要环节。防雷设施的产权单位或物业管理部门应当指定熟悉雷电防护技术的专门人员做好防雷设施的检查维护工作。

4．雷击事故应急

雷击事故应急能够给区域内管理部门提供雷电来临信息，以便及早做出安排，启动雷击事故应急预案，在一定程度上临时规避雷电灾害风险。

5.5　区域雷电灾害风险评估体系危险等级划分

指标分级标准是确定指标隶属度的基准，它是该指标可能的评估结果的集合。定量与定性指标分级标准分别采用数值范围与文字描述来体现每个级别的评估结果。

在确定底层评估指标的分级标准时，主要依据雷电防护系统标准 GB/T 21714-2015、《建筑物防雷设计规范》（GB 50057-2010）、《建筑物电子信息系统防雷技术规范》（GB 50343-2015）、《接地系统的土壤电阻率、接地系统的土壤电阻率、接地阻抗和地表电位测量导则》（GB/T 17949.1-2000）、《汽车加油加气站设计与施工规范》（GB 50156-2012）及《供配电系统设计规范》（GB 50052-2009）等相关规范中因子的危险等级的划分方法，并参考业内相关专家和评估人员的工作经验，在不同类型的项目中进行实践与修正，最终得到相关工作人员的认可。

在实际研究应用中，当对评估指标制定分级标准时，考虑到三级评价集表述比较粗糙，而七级或九级评价集比较烦琐，根据可行性原则，本文中各指标的评估结果由Ⅰ、Ⅱ、Ⅲ、Ⅳ、Ⅴ五个等级构成，即指标分级标准 $V=\{V_1,V_2,V_3,V_4,V_5\}$。

通常，评估等级越高，表明该指标对区域雷电灾害风险评估的影响越大。例如，最简单的指标分级标准表述为

$V=\{V_1,V_2,V_3,V_4,V_5\}=\{很好,好,一般,差,很差\}$。

5.5.1 目标危险等级划分

基于对区域雷电灾害风险评估的理解和认识，模糊综合评价结果的五个等级描述分别如表 5-2 所示。

表 5-2 区域雷电灾害风险评估分级标准

	说 明
危险等级	综合评价用 g 表示，g 越小代表区域内项目雷电灾害风险越低，g 越大代表区域内项目雷电灾害风险越高，g 取值范围为[0,10]
Ⅰ级	综合评价 $0 \leqslant g < 2$，低风险
Ⅱ级	综合评价 $2 \leqslant g < 4$，较低风险
Ⅲ级	综合评价 $4 \leqslant g < 6$，中等风险
Ⅳ级	综合评价 $6 \leqslant g < 8$，较高风险
Ⅴ级	综合评价 $8 \leqslant g < 10$，高风险
综合评价（g）及对应风险 0 2 4 6 8 10 低 中 高	
如果最终计算得到Ⅰ级、Ⅱ级、Ⅲ级、Ⅳ级、Ⅴ级的隶属度为 r_1、r_1、r_3、r_4、r_5，则综合评价 $g=r_1+3r_2+5r_3+7r_4+9r_5$。	

5.5.2 雷电风险的危险等级划分

1. 雷暴日

雷暴日危险等级的划分结合了《建筑物电子信息系统防雷技术规范》（GB 50343）中“地区雷暴日等级划分的少雷区、多雷区、高雷区、强雷区分别为年平均雷暴日在 20 天及以下的地区、年平均雷暴日大于 20 天但不超过 40 天的地区、年平均雷暴日大于 40 天但不超过 90 天的地区、年平均雷暴日超过 90 天以上的地区”等内容，雷暴日危险等级的Ⅰ级、Ⅱ级、Ⅲ级、Ⅳ级、Ⅴ级的临界值分别取 20 天、40 天、60 天、90 天。因此，雷暴日五个等级划分如表 5-3 所示。

表 5-3 雷暴日等级划分标准

危险等级	Ⅰ级	Ⅱ级	Ⅲ级	Ⅳ级	Ⅴ级
雷暴日（天/年）	[0，20)	[20，40)	[40，60)	[60，90)	[90，∞)

2. 雷暴路径

根据雷暴路径等级的划分原则，雷暴路径越集中、锐度越大，则危险等级越高。Ⅴ级的雷暴路径仅为一个方向，Ⅳ级的雷暴路径可以为一个或两个方向，Ⅲ级、Ⅱ级、Ⅰ级的雷暴路径可依次从两个方向过渡到三个方向。因此，雷暴路径五个等级依次如下：

Ⅰ级雷暴最大三个移动方向的百分比之和小于 40%；

Ⅱ级雷暴最大三个移动方向的百分比之和大于 40%，但小于 50%；

Ⅲ级雷暴最大两个移动方向的百分比之和大于 40%，但小于 45%；或者最大三个移动方向的百分比之和大于 50%；

Ⅳ级雷暴路径主方向的百分比大于 30%，但小于 35%；或者最大两个移动方向的百分比之和大于 45%；

Ⅴ级雷暴路径主方向的百分比大于 35%。

3. 雷击密度

雷击密度危险等级的划分依据是雷击密度分布。以湖南省为例，其年平均雷击密度分布为（0，4）（单位为次/(km · a)）。湖南省雷电致灾因子分析表明，单位面积雷电灾害损失与当地雷击密度呈正相关，相关系数为 0.5769。因此，可以将雷击密度分布（0，4）（单位为次/(km · a)）线性划分为五个等级，Ⅰ级、Ⅱ级、Ⅲ级、Ⅳ级、Ⅴ级之间的临界值分别取 1 次/(km · a)、2 次/(km · a)、3 次/(km · a)、4 次/(km · a)。

因此，雷击密度五个等级划分如表 5-4 所示。

表 5-4　雷击密度分级标准

危险等级	Ⅰ级	Ⅱ级	Ⅲ级	Ⅳ级	Ⅴ级
雷击密度（次/(km^2·a)）	[0，1)	[1，2)	[2，3)	[3，4)	[4，∞)

4. 雷电流强度

雷电流强度危险等级的划分依据是《建筑物电子信息系统防雷技术规范》（GB 50343）中“电源线路的浪涌保护器的冲击电流参数推荐值与雷电防护的对应关系”，选取其中 D 级、C 级、B 级、A 级具有 8/20μs 波形的峰值电流为Ⅰ级、Ⅱ级、Ⅲ级、Ⅳ级、Ⅴ级之间的临界值。因此，雷电流强度危险等级的Ⅰ级、Ⅱ级、Ⅲ级、Ⅳ级、Ⅴ级之间的临界值分别取 10kA、20kA、40kA、60kA、80kA。

雷电流强度五个等级划分如表 5-5 所示。

表 5-5　雷电流强度分级标准

危险等级	Ⅰ级	Ⅱ级	Ⅲ级	Ⅳ级	Ⅴ级
雷电流强度（kA）	[0，10)	[10，20)	[20，40)	[40，60)	[60，∞)

5.5.3 地域风险的分级标准

1．土壤结构

1）土壤电阻率

土壤电阻率危险等级的划分结合了《建筑物防雷装置检测技术规范》（GB/T 21431）中“附录D（规范性附录）表D.1 地质期和地质构造与土壤电阻率”中对所在地土壤电阻率进行估算等内容，并根据相关专家知识经验及雷击选择性实验结果，得出：雷击位置经常在土壤电阻率较小的土壤上，而土壤电阻率较大的多岩石土壤被击中的机会很小。因此，选取其中甚高（3000Ω · m）、高（1000Ω · m）、中（300Ω · m）、低（100Ω · m）的土壤电阻率分别为土壤电阻率的Ⅰ级、Ⅱ级、Ⅲ级、Ⅳ级、Ⅴ级之间的临界值。土壤电阻率五个等级划分如表5-6所示。

表5-6 土壤电阻率分级标准

危险等级	Ⅰ级	Ⅱ级	Ⅲ级	Ⅳ级	Ⅴ级
土壤电阻率（Ω · m）	[3000，∞）	[1000，3000）	[300，1000）	[100，300）	[0，100）

2）土壤垂直分层

土壤垂直分层危险等级的划分结合了《建筑物防雷装置检测技术规范》（GB/T 21431）中“附录D（规范性附录）表D.1 地质期和地质构造与土壤电阻率”中对所在地土壤电阻率进行估算等内容，并根据相关专家的知识经验及雷击选择性实验结果，得出：具有不同土壤电阻率的土壤交界地段为易遭受雷击的地点，交界地段的土壤电阻率变化越明显，则越易遭受雷击。因此，选取土壤电阻率变化值甚低（30Ω · m）、低（100Ω · m）、中（300Ω · m）、高（1000Ω · m）差值分别作为土壤垂直分层的Ⅰ级、Ⅱ级、Ⅲ级、Ⅳ级、Ⅴ级之间的临界值。也就是说，Ⅰ级、Ⅱ级、Ⅲ级、Ⅳ级、Ⅴ级之间的临界值为30Ω · m、100Ω · m、300Ω · m、1000Ω · m。土壤垂直分层五个等级划分如表5-7所示。

表5-7 土壤垂直分层分级标准

危险等级	Ⅰ级	Ⅱ级	Ⅲ级	Ⅳ级	Ⅴ级
垂直分层（Ω · m）	[0，30）	[30，100）	[100，300）	[300，1000）	[1000，∞）

3）土壤水平分层

通常土壤有若干层，层与层的土壤电阻率是不同的。在大多数情况下，测试数据表明，土壤电阻率主要是土壤深度的函数。

土壤水平分层危险等级的划分结合了《建筑物防雷装置检测技术规范》（GB/T 21431）中“附录D（规范性附录）表D.1 地质期和地质构造与土壤电阻率”中对所在地土壤电阻

率进行估算等内容，选取其中甚高（3000Ω · m）、高（1000Ω · m）、中（300Ω · m）、低（100Ω · m）土壤电阻率分别为土壤水平分层的Ⅰ级、Ⅱ级、Ⅲ级、Ⅳ级、Ⅴ级之间的临界值。土壤水平分层五个等级划分如表 5-8 所示。

表 5-8　土壤水平分层分级标准

危险等级	Ⅰ级	Ⅱ级	Ⅲ级	Ⅳ级	Ⅴ级
水平分层（Ω · m）	[3000，∞)	[1000，3000)	[300，1000)	[100，300)	[0，100)

2. 地形地貌

地形地貌危险等级的划分是根据《建筑物电子信息系统防雷技术规范》（GB 50343）附录 A 中提到的，校正系数 *K*，在一般情况下取 1；位于旷野孤立的建筑物取 2；金属屋面的砖木结构的建筑物取 1.7；位于河边、湖边、山坡下或山地中土壤电阻率较小处，以及地下水露头处、土山顶部、山谷风口等处及特别潮湿地带的建筑物取 1.5。基于这些危险变化情况及专家经验知识，地形地貌五个等级依次如下：

Ⅰ级为平原；

Ⅱ级为丘陵；

Ⅲ级为山地；

Ⅳ级为河流、湖泊及低洼潮湿地区、山间风口等；

Ⅴ级为旷野孤立建筑物或突出区域。

3. 周边环境

根据《危险化学品经营企业开业条件技术要求》（GB 18265）中“大型危险化学品仓库应与周围公共建筑物、交通干线（公路、铁路、水路）、工矿企业等距离至少保持 1000m”的要求。周边环境考虑的是评估区域外 1000m。

1）安全距离

安全距离危险等级的划分依据是《建筑物防雷设计规范》（GB 50057）中“建筑物根据其重要性、使用性质、发生雷电事故的可能性和后果的三类建筑物防雷分类”等具体内容。安全距离指标考虑的对象集中于能够直接或间接危害到评估区域内项目安全的危险化学品、烟花爆竹等易燃易爆场所，主要选取其中因电火花而引起火灾、爆炸等的危险场所。因此，安全距离具体五个等级依次如下。

（1）Ⅰ级为不符合以下Ⅱ级、Ⅲ级、Ⅳ级、Ⅴ级情况者。

（2）Ⅱ级为满足下列条件之一者：

①距离评估区域 1000m 内具有 0 区或 20 区爆炸危险场所的建（构）筑物；

②距离评估区域 1000m 内具有 1 区或 21 区爆炸危险场所的建（构）筑物，因电火花而引起爆炸，会造成巨大破坏和人身伤亡者；

③距离评估区域 500m 内制造、使用或存储炸药及其制品的危险建（构）筑物，且电

火花不易引起爆炸或不会造成巨大破坏和人身伤亡者；

④距离评估区域 500m 内具有 2 区或 22 区爆炸危险场所的建（构）筑物；

⑤距离评估区域 500m 内有爆炸危险的露天钢质封闭气罐。

（3）Ⅲ级为满足下列条件之一者：

①距离评估区域 500m 内具有 0 区或 20 区爆炸危险场所的建（构）筑物；

②距离评估区域 500m 内具有 1 区或 21 区爆炸危险场所的建（构）筑物，因电火花而引起爆炸，会造成巨大破坏和人身伤亡者；

③距离评估区域 300m 内具有 1 区或 21 区爆炸危险场所的建（构）筑物，且电火花不易引起爆炸或不会造成巨大破坏和人身伤亡者；

④距离评估区域 300m 内具有 2 区或 22 区爆炸危险场所的建（构）筑物；

⑤距离评估区域 300m 内有爆炸危险的露天钢质封闭气罐。

（4）Ⅳ级为满足下列条件之一者：

①距离评估区域 300m 内具有 0 区或 20 区爆炸危险场所的建（构）筑物；

②距离评估区域 300m 内具有 1 区或 21 区爆炸危险场所的建（构）筑物，因电火花而引起爆炸，会造成巨大破坏和人身伤亡者；

③距离评估区域 100m 内具有 1 区或 21 区爆炸危险场所的建（构）筑物，且电火花不易引起爆炸或不会造成巨大破坏和人身伤亡者；

④距离评估区域 100m 内具有 2 区或 22 区爆炸危险场所的建（构）筑物；

⑤距离评估区域 100m 内有爆炸危险的露天钢质封闭气罐。

（5）Ⅴ级为满足下列条件之一者：

①距离评估区域 1000m 内制造、使用或存储炸药及其制品的危险建（构）筑物，因电火花而引起爆炸、爆轰，会造成巨大破坏和人身伤亡者；

②距离评估区域 100m 内具有 0 区或 20 区爆炸危险场所的建（构）筑物；

③距离评估区域 100m 内具有 1 区或 21 区爆炸危险场所的建（构）筑物，因电火花而引起爆炸，会造成巨大破坏和人身伤亡者。

2）相对高度

相对高度危险等级划分的依据是《建筑物电子信息系统防雷技术规范》（GB 50343）中“建筑物暴露程度及周围物体的相对位置因子 C_d，被更高的建筑物或树木所包围取 0.25；周围有相同高度的或更矮的建筑物或树木取 0.5；孤立建筑物（附近无其他建筑物或树木）取 1；小山顶或山丘上的孤立建筑物取 2”。基于这些危险变化情况及专家经验知识，相对高度具体五个等级依次如下：

Ⅰ级评估区域被比区域内项目高的外部建（构）筑物或其他雷击可接闪物所环绕；

Ⅱ级评估区域外局部方向有高于评估区域内项目的建（构）筑物或其他雷击可接闪物；

Ⅲ级评估区域外建（构）筑物或其他雷击可接闪物与评估区域内项目高度基本持平；

Ⅳ级评估区域外建（构）筑物或其他雷击可接闪物低于区域内项目高度；

Ⅴ级评估区域外无建（构）筑物或其他雷击可接闪物。

3）电磁环境

电磁环境反映的是关于雷电电磁辐射对微电子设备的干扰与破坏，其危险等级划分根据《建筑物防雷装置检测技术规范》（GB/T 21431）中附录 C 提到的，“信息系统电子设备的磁场强度要求：由于雷击电磁脉冲的干扰，对计算机而言，在无屏蔽状态下，当环境磁场强度大于 0.07Gs 时，计算机会误动作；当环境磁场强度大于 0.75Gs 时，计算机会发生假性损坏；当环境磁场强度大于 2.4Gs 时，计算机会发生永久性损坏。”另外，结合《电子计算机场地通用规范》（GB/T 2887）中“机房内磁场干扰强度不大于 800A/m（10Gs 左右）的”要求，电磁环境的 I 级、II 级、III级、IV级、V 级之间的临界值分别为 0.07Gs、0.75Gs、2.4Gs、10Gs。因此，电磁环境五个危险等级划分如表 5-9 所示。

表 5-9　电磁环境分级标准

危险等级	I 级	II 级	III级	IV级	V 级
电磁环境（Gs）	[0，0.07）	[0.07，0.75）	[0.75，2.4）	[2.4，10）	[10，∞）
H_0（A/m）	[0，5.57）	[5.57，59.7)	[59.7，191）	[191，800）	[800，∞）

5.5.4　承灾体风险的分级标准

1．项目属性

1）使用性质

使用性质危险等级的划分依据是《建筑物防雷设计规范》（GB 50057）中“建筑物根据其重要性、使用性质、发生雷电事故的可能性和后果的三类建筑物防雷分类”等具体内容，并结合不同行业建（构）筑物对雷击的敏感性、易损性及项目规模，其中，1～3 层为低层；4～6 层为多层；7～9 层为中高层；10 层以上为高层；公共建筑及综合性建筑总高度超过 24m 为高层（不包括高度超过 24m 的单层主体建筑）；当建筑物高度超过 100m 时，不论住宅还是公共建筑均为超高层。汽车站、火车站、铁路桥梁、公路桥梁的等级根据铁道部的文件来确定，并结合不同行业建（构）筑物对雷击的敏感性、易损性及项目规模。综上，使用性质具体五个等级划分如表 5-10 所示。

表 5-10　使用性质分级标准

I 级	II 级	III级	IV级	V 级
低层、多层、中高层住宅，不高于 24m 的公共建筑及综合性建筑	高层住宅，高于 24m 的公共建筑及综合性建筑	建筑高度大于 100m 的民用超高层建筑，智能建筑，其他人员密集的商场、公共场所等		
乡级政府、事业单位办公建（构）筑物	县级政府、事业单位办公建（构）筑物	地/市级政府、事业单位办公建（构）筑物	省/部级政府、事业单位办公建（构）筑物	国家级政府、事业单位办公建构（构）物

续表

Ⅰ级	Ⅱ级	Ⅲ级	Ⅳ级	Ⅴ级
小型企业生产/仓储区	中型企业生产/仓储区	大型企业生产/仓储区	特大型企业生产/仓储区	
	配送中心	物流中心	物流基地	
	小学	中学	大学、科研院所	
	一级医院	二级医院	三级医院	
	地/市及以下级别重点文物保护建（构）筑物、档案馆，丙级体育馆，小型展览和博览建筑物	省级重点文物保护的建（构）筑物、档案馆，乙级体育馆，中型展览和博览建筑物	国家级重点文物保护的建（构）筑物、档案馆，特级、甲级体育馆，大型展览和博览建筑物	
	县级信息（计算）中心	地/市级信息（计算）中心	省级信息（计算）中心	国家级信息（计算）中心
		小型通信枢纽（中心）、移动通信基站	中型通信枢纽（中心）	国家级通信枢纽（中心）
		民用微波站	民用雷达站	
	县级电视台、广播台、网站、报社等建（构）筑物	地/市级电视台、广播台、网站、报社等建（构）筑物	省级电视台、广播台、网站、报社等建（构）筑物	国家级电视台、广播台、网站、报社等建（构）筑物
城区人口20万以下给水厂	城区人口20万～50万给水厂	城区人口50万～100万给水厂	城区人口100万～200万给水厂	城区人口200万以上给水厂
	县级及以下电力公司，35kV及以下等级变（配）电站（所），总装机容量100MW以下电厂	地/市级电力公司，110kV（66kV）变电站，总装机容量100MW～250MW电厂	大区/省级电力公司，220kV（330kV）变电站，总装机容量250MW～1000MW电厂	国家级电网公司，500kV及以上电压等级变电站、换流站，核电站，总装机容量1000MW以上电厂
四级/五级汽车站，四等/五等火车站	三级汽车站，三等火车站，小型港口	二级汽车站，二等火车站，中型港口，支线机场	一级汽车站，一等火车站，大型港口，区域干线机场	特等火车站，特大型港口，枢纽国际机场
三级/四级公路桥梁	二级公路桥梁	一级公路桥梁，Ⅲ级铁路桥梁	高速公路桥梁，Ⅱ级铁路桥梁，城市轨道交通	Ⅰ级铁路桥梁
		银行支行	银行分行，证券交易公司	银行总行，国家级证券交易所
		二级/三级加油加气站	一级加油加气站，四或五级石油库，四或五级石油天然气站场，小中型石油化工企业、危险化学品企业、烟花爆竹企业的生产/仓储区	一级至三级石油库，一级至三级石油天然气站场，大型/特大型石油化工企业、危险化学品企业、烟花爆竹企业的生产/仓储区
		从事军需、供给等与军事有关行业的科研机构和军工企业	从事火炮、装甲、通信、防化等与军事有关行业的科研机构和军工企业	从事航天、飞机、舰船、导弹、雷达、指挥自动化等与军事有关行业的科研机构和军工企业，军用机场，军港

2）人员数量

根据《生产安全事故和调查处理案例》（493 号令）中第三条：根据生产安全事故造成的人员伤亡事故分级临界值分别为 3 人、10 人、30 人。考虑到人员数量体现的是区域内定量人员密度，可以将此临界值加以修正，即人员数量的Ⅰ级、Ⅱ级、Ⅲ级、Ⅳ级、Ⅴ级之间的临界值可以为 30 人、100 人、300 人、1000 人。因此，人员数量五个等级划分如表 5-11 所示。

表 5-11 人员数量分级标准

危险等级	Ⅰ级	Ⅱ级	Ⅲ级	Ⅳ级	Ⅴ级
人员数量（人）	[0，30)	[30，100)	[100，300)	[300，1000)	[1000，∞)

3）影响程度

影响程度的危险等级划分依据是：《汽车加油加气站设计与施工规范》（GB 50156-2002）中“加油站、液化石油气加气站、加油和液化石油气加气合建站、加油和压缩天然气加气合建站的等级划分”相关内容，《石油库设计规范》（GBJ 74-1984）中“石油库一、二、三、四级的划分”的内容，《烟花爆竹工厂设计安全规范》（GB 50161-1992）中“生产厂房危险等级分类、仓库危险等级分类的 A_2、A_3、C 的划分”等内容。综合得到，影响程度具体五个等级划分如表 5-12 所示。

表 5-12 影响程度分级标准

危险等级	区域内项目危险特征
Ⅰ级	区域内项目遭受雷击后一般不会产生危及区域外的爆炸或火灾危险
Ⅱ级	区域内项目有三级加油加气站，以及类似爆炸或火灾危险场所
Ⅲ级	区域内项目有二级加油加气站，以及类似爆炸或火灾危险场所
Ⅳ级	区域内项目有一级加油加气站、四级/五级石油库、四级/五级石油天然气站场、小型/中型石油化工企业、小型民用爆炸物品储存库、小型烟花爆竹生产企业、危险品计算药量总量≤5000kg 的烟花爆竹仓库、小型/中型危险化学品企业及其仓库，以及类似爆炸或火灾危险场所
Ⅴ级	区域内项目有一级/二级/三级石油库、一级/二级/三级石油天然气站场、大型/特大型石油化工企业、中型/大型民用爆炸物品储存库、中型/大型烟花爆竹生产企业、危险品计算药量总量>5000kg 的烟花爆竹仓库、大型/特大型危险化学品企业及其仓库，以及类似爆炸或火灾危险场所

2．建（构）筑物特征

1）占地面积

由于部分特殊建（构）筑物形状狭长或不规格，不易确定其等效面积。因此，引用占地面积来反映该建（构）筑物的年预计雷击次数。占地面积的危险等级划分依据《建筑物电子信息系统防雷技术规范》（GB 50343）中“等效面积 A_e 的计算方法，占地面积越大，则等效面积 A_e 越大，进而加大了该建（构）筑物的年雷击次数”的内容，以及相关专家经验知识。占地面积的五个等级划分如表 5-13 所示。

表 5-13　占地面积分级标准

危险等级	Ⅰ级	Ⅱ级	Ⅲ级	Ⅳ级	Ⅴ级
占地面积（m²）	[0，2500)	[2500，5000)	[5000，7500)	[7500，10000)	[10000，∞)

2）等效高度

根据《建筑物防雷设计规范》（GB 50057）中“第一类、第二类、第三类防雷建筑物的接闪器的滚球半径分别为 30m、45m、60m”的内容，并结合《建筑设计防火规范》（GB 50016-2014）中“以 100m 为分界点，100m 以上建筑称之为超高层建筑，超高层建筑需要更高要求的防雷设计且规定的设施更多”等内容，等效高度的五个等级划分如表 5-14 所示。

表 5-14　等效高度分级标准

危险等级	Ⅰ级	Ⅱ级	Ⅲ级	Ⅳ级	Ⅴ级
等效高度（m）	[0，30)	[30，45)	[45，60)	[60，100)	[100，∞)

3）材料结构

材料结构的危险等级划分依据是《建筑物电子信息系统防雷技术规范》（GB 50343）中“信息系统所在建筑物材料结构因子 C_1，当建筑物屋顶和主体结构均为金属材料时，C_1 取 0.5；当建筑物屋顶和主体结构均为钢筋混凝土材料时，C_1 取 1.0；当建筑物为砖混结构时，C_1 取 1.5；当建筑物为砖木结构时，C_1 取 2.0；当建筑物为木结构时，C_1 取 2.5”的危险变化情况及专家经验知识，材料结构具体五个等级依次如下：

Ⅰ级建（构）筑物为木结构；

Ⅱ级建（构）筑物为砖木结构；

Ⅲ级建（构）筑物为砖混结构；

Ⅳ级建（构）筑物屋顶和主体结构为钢筋混凝土结构；

Ⅴ级建（构）筑物屋顶和主体结构为钢结构。

3．电子电气系统

1）电子系统

电子系统的危险等级划分结合了专家经验知识，从评估对象所属行业、评估对象规模和评估对象重要性三个方面来考察，电子系统具体五个等级划分如表 5-15 所示。

表 5-15　电子系统分级标准

I 级	II 级	III 级	IV 级	V 级
乡镇政府机关、事业单位办公电子信息系统	县级政府机关、事业单位办公电子信息系统	地市级政府机关、事业单位办公电子信息系统	省级政府机关、事业单位办公电子信息系统	国家级政府机关、事业单位办公电子信息系统
普通住宅区安保电子信息系统	电梯公寓、智能建筑的电子信息系统			
小型企业的工控、监控、信息等电子信息系统	中型企业的工控、监控、信息等电子信息系统	大型企业的工控、监控、信息等电子信息系统	特大型企业的工控、监控、信息等电子信息系统	
	中、小学电子信息系统	大学、科研院所电子信息系统		
一级医院的电子信息系统	二级医院的电子信息系统		三级医院的电子信息系统	
拥有丙级体育建筑的体育场馆的电子信息系统	拥有乙级体育建筑的体育场馆的电子信息系统		拥有甲级、特级体育建筑的体育场馆的电子信息系统	
	小型博物馆、展览馆的电子信息系统	中型博物馆、展览馆的电子信息系统	大型博物馆、展览馆的电子信息系统	
	地市级及以下级别重点文物保护单位、档案馆的电子信息系统	省级重点文物保护单位、档案馆的电子信息系统	国家级重点文物保护单位、档案馆的电子信息系统	
城区人口 20 万以下城/镇给水厂的电子信息系统	城区人口 20 万～50 万城市给水厂的电子信息系统	城区人口 50 万～100 万城市给水厂的电子信息系统	城区人口 100 万～200 万城市给水厂的电子信息系统	城区人口 200 万以上城市给水厂的电子信息系统
	地市级粮食储备库电子信息系统	省级粮食储备库电子信息系统	国家粮食储备库电子信息系统	
	县级交通电子信息系统	地市级交通电子信息系统	省级交通电子信息系统	国家级交通电子信息系统
	县级电力调度、通信、信息、监控等的电子信息系统	地市级电力调度、通信、信息、监控等的电子信息系统	大区级、省级电力调度、通信、信息、监控等的电子信息系统	国家级电力调度、通信、信息、监控等的电子信息系统
			省级证券交易监管部门的电子信息系统；证券公司的证券交易电子信息系统	国家级证券交易所（中心）、监管部门的电子信息系统
	银行分理处、营业网点的电子信息系统	银行支行的电子信息系统	银行分行的电子信息系统	银行总行的电子信息系统
	县级信息（计算）中心	地市级信息（计算）中心	省级信息（计算）中心	国家级信息（计算）中心

续表

Ⅰ级	Ⅱ级	Ⅲ级	Ⅳ级	Ⅴ级
		小型通信枢纽（中心）	中型通信枢纽（中心）	国家级通信枢纽（中心）
		移动通信基站、民用微波站	民用雷达站	
	县级电视台、广播台、网站、报社等的电子信息系统	地市级电视台、广播台、网站、报社等的电子信息系统	省级电视台、广播台、网站、报社等的电子信息系统	国家级电视台、广播台、网站、报社等的电子信息系统
		从事军需、供给等与军事有关行业的科研机构和军工企业的电子信息系统	从事火炮、装甲、通信、防化等与军事有关行业的科研机构和军工企业的电子信息系统	从事航天、飞机、舰船、导弹、雷达、指挥自动化等与军事有关行业的科研机构和军工企业的电子信息系统
一般用途的电子信息系统				

2）电气系统

电气系统的危险等级划分依据是《供配电系统设计规范》（GB 50052）中“根据对供电可靠性的要求及中断供电对人身安全、经济损失方面造成的影响程度的分级：一级负荷、二级负荷和三级负荷”的内容，以及《建筑物电子信息系统防雷技术规范》（GB 50343）中“不同线路类型与入户设施的截收面积”的危险变化方向等具体内容，电气系统具体五个等级依次如下。

（1）Ⅰ级电气系统中仅有三级负荷，室外低压配电线路全线采用电缆埋地铺设。

（2）Ⅱ级电气系统中仅有三级负荷，符合下列情况之一者：

①室外低压配电线路全线采用架空电缆，或者部分线路采用电缆埋地铺设。

②室外低压配电线路全线采用绝缘导线穿金属管埋地铺设，或部分线路采用绝缘导线穿金属管埋地铺设。

（3）Ⅲ级符合下列情况之一者：

①电气系统中有一级负荷、二级负荷，室外低压配电线路全线采用电缆埋地铺设。

②电气系统中仅有三级负荷，室外低压配电线路全线采用架空裸导线或架空绝缘导线。

（4）Ⅳ级电气系统中有一级负荷、二级负荷，符合下列情况之一者：

①室外低压配电线路全线采用架空电缆，或部分线路采用电缆埋地铺设。

②室外低压配电线路全线采用绝缘导线穿金属管埋地铺设，或部分线路采用绝缘导线穿金属管埋地铺设。

（5）Ⅴ级电气系统中有一级负荷、二级负荷，室外低压配电线路全线采用架空裸导线或架空绝缘导线。

5.5.5 防御风险的分级标准

1．防雷工程

防雷工程的危险等级划分根据建（构）筑物防雷装置使用的材料、接闪器、引下线和接地装置等是否严格按照《建筑物防雷设计规范》（GB 50057）中的要求来合理设计、安装，以及防雷装置设计是否经过当地气象主管部门审核、批准。因此，防雷工程五个等级依次如下。

（1）Ⅰ级区域内各建（构）筑物的防雷措施完备合理，设计符合规范、标准要求，通过气象主管部门的审核与验收。

（2）Ⅱ级区域内各建（构）筑物的防雷设计符合规范、标准要求，通过气象主管部门的审核与验收。

（3）Ⅲ级区域内各建（构）筑物的防雷设计符合规范、标准要求，没有经过气象主管部门的审核与验收。

（4）Ⅳ级区域内各建（构）筑物的防雷措施不完备。

（5）Ⅴ级区域满足下列条件之一者：

①区域内各建（构）筑物的防雷设施不符合国家相关规范、标准的要求。

②区域内各建（构）筑物无任何防雷设施。

2．防雷检测

根据《建筑物防雷装置检测技术规范》（GB/T 21431-2015）中“接闪器、引下线、接地装置、电磁屏蔽、等电位连接、电涌保护器的检测要求和检测方法，以及按照规定的检测周期对建（构）筑物进行检测、管理”要求，防雷检测五个等级依次如下：

（1）Ⅰ级区域内所有建（构）筑物均按照规定的检测周期进行防雷检测，并且检测合格；

（2）Ⅱ级区域内所有建（构）筑物检测合格，但没有按照规定的检测周期进行；

（3）Ⅲ级区域内建（构）筑物按照规定的检测周期进行防雷检测，部分不合格；

（4）Ⅳ级区域内建（构）筑物没有按照规定的检测周期进行防雷检测，且部分不合格；

（5）Ⅴ级区域内建（构）筑物没有按照规定的检测周期进行防雷检测。

3．防雷设施维护

防雷设施维护的危险等级划分结合了《建筑物防雷第 2 部分：指南 B——防雷装置的设计、施工、维护和检查》中的要求对建（构）筑物进行有效的管理、维护等内容，具体分级以是否满足或部分满足下述三个条件为判断准则。①管理制度完善，对防雷设施的设计、安装、隐蔽工程、图纸资料、年检测试记录、日常维护检查记录等资料能够做到归档妥善保管。②能够及时对不符合技术规范要求的防雷设施进行整改。③有专门人员负责防雷设施的日常检查、管理维护，有专用检测维护设备。

因此，防雷设施维护五个等级划分如下：

（1）Ⅰ级条件①②③全部满足；

（2）Ⅱ级满足条件①②；

（3）Ⅲ级满足条件②；
（4）Ⅳ级满足条件③；
（5）Ⅴ级条件①②③均不满足。

4. 雷击事故应急

雷击事故应急的危险等级划分结合了项目区域内管理部门是否有比较完善的雷电预警服务，是否制订雷击事故应急预案，并展开宣传教育、培训等内容，具体分级以是否满足或部分满足下述三个条件为判断准则：①区域所在地有雷电预警服务。②区域内单位制订了雷击事故应急预案。③区域内单位定期或不定期对相关人员进行雷电防护安全宣传教育和培训。

因此，雷击事故应急五个等级划分如下：
（1）Ⅰ级条件①②③全部满足；
（2）Ⅱ级满足条件②③或①②；
（3）Ⅲ级满足条件①③；
（4）Ⅳ级满足条件①或②或③；
（5）Ⅴ级条件①②③均不满足。

5.6 区域雷电灾害风险评估模型的参数分析

5.6.1 评估指标参数的分析

根据指标性质及其隶属度计算方法的不同，将评估指标参数分为两大类：数值型的定量指标，文字型的定性指标。定量指标与定性指标的区别如下：定量指标一般是指可以量化的指标，如数字或者可以比较的等级；不能定量的指标就可以看作定性指标。

根据区域雷电灾害风险评估指标体系的特点和定义，本书中定量指标分别为雷暴日、雷击密度、雷电流强度、土壤电阻率、土壤垂直分层、土壤水平分层、电磁环境、人员数量、占地面积、等效高度；定性指标分别为雷暴路径、地形地貌、安全距离、相对高度、使用性质、影响程度、材料结构、电子系统、电气系统。针对定量指标与定性指标的参数处理方法，本章将详细描述参数获取和分析过程。

1. 定量指标参数获取方法

（1）雷暴日。

雷暴日这个指标参数的获取方法为：依据省级气象站提供的多年雷暴数据资料，查询某个城市多年平均雷暴日，再根据全国气象站提供的雷暴数据资料，将雷暴日参数精确到以县级为单位。例如，查询到长沙县的平均雷暴日为46.6天/年，则雷暴日参数为46.6。

（2）雷击密度。

雷击密度对分析高层建（构）筑物群的雷击特性十分有用，其通过查询当地闪电定位系统监测数据获得。例如，以某工程区域为中心，半径 5000m 的圆外切正方形的区域范围内近几年的年平均落雷次数为 a 次，则此区域范围内的年平均雷击密度为

$$N_{\mathrm{r}}=\frac{a}{10\times 10}=0.01a\ 次/(\mathrm{km}^2\cdot \mathrm{a}) \tag{5.3}$$

则此区域范围内雷击密度参数为 $0.01a$ 次$/(\mathrm{km}^2\cdot \mathrm{a})$。

若当地气象台站无法提供闪电定位系统监测数据，则雷击密度指标参数的计算公式以《建筑物防雷设计规范》（GB 50057-2010）中 N_{g} 的计算方法为准，即

$$N_{\mathrm{g}}=0.1T_{\mathrm{d}}=0.1\times 46.6=4.66\ 次/(\mathrm{km}^2\cdot \mathrm{a}) \tag{5.4}$$

依据这种情况，雷击密度参数为 4.66。

（3）雷电流强度。

雷电流强度是指闪电回击通道内流过的电流平均值。该参数通过查询当地闪电定位系统监测数据获得。例如，以某工程区域为中心，半径 5000m 的圆外切正方形的区域范围内近几年的所有正、负闪电绝对值的平均强度为 bkA，则雷电流强度参数为 b。

（4）土壤电阻率。

土壤电阻率是指被评估项目区域的大地电阻率。该参数的获取需要对被评估工程区域进行勘测。勘测方法要求在被评估工程区域的几何中心，建立评估区域的土壤电阻率玫瑰图，如图 5-4 所示。其中，测量点可适当延伸到评估区域边界之外，但不宜超过 100m；各方向土壤电阻率为多次测量平均值，评估区域土壤电阻率为全部测量样本平均值。

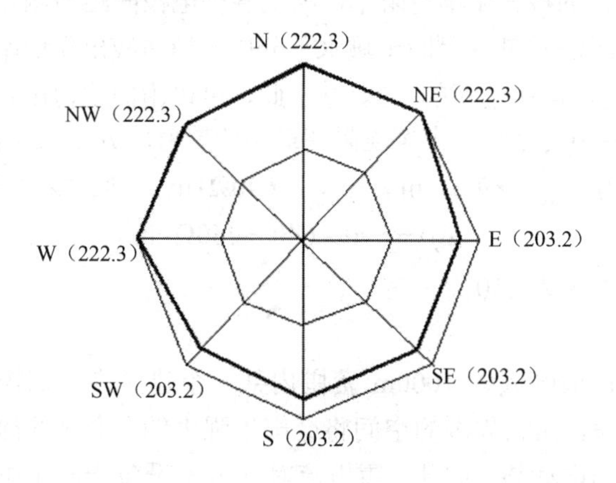

图 5-4　土壤电阻率玫瑰图示例

例如，以某工程区域为中心，在建立评估区域土壤电阻率玫瑰图后，测量点 A、B、C、D、E、F、G、H 的土壤电阻率如表 5-16 所示。

表 5-16　测量点土壤电阻率

测 量 点	土壤电阻率 ρ（Ω · m）	测 量 点	土壤电阻率 ρ（Ω · m）
A	415	E	619
B	680	F	860
C	510	G	932
D	720	H	618

则表 5-16 中土壤电阻率的平均值计算如下：

$$\rho=\frac{415+680+510+720+619+860+932+618}{6}=892\Omega\cdot\text{m} \tag{5.5}$$

可得某工程区域的土壤电阻率参数为 892。

（5）土壤垂直分层。

土壤垂直分层是指被评估项目区域的大地电阻率在不同方向上的最大差值。该参数通过对土壤电阻率玫瑰图的分析和处理来获取。例如，根据表 5-16 中所有测量点的土壤电阻率，此被评估项目区域的土壤垂直分层计算如下：

$$\Delta\rho=932-415=517\Omega\cdot\text{m} \tag{5.6}$$

则被评估项目区域的土壤垂直分层参数为 517。

（6）土壤水平分层。

土壤水平分层是指被评估项目区域的大地电阻率在垂直方向上的最大差值，是反映土壤电阻率随土壤深度增加而变化的指标。土壤水平分层测量采用四点法测量土壤电阻率，得出深度到电极间距 a 的视在土壤电阻率，绘制各种电极间距与测得的视在土壤电阻率的关系曲线。采用兰开斯特-琼斯法判断土壤水平分层，当曲线出现曲率转折点时，即土壤分层交界处，其深度为对应电极间距的 2/3。基于此，可以由曲线得出各层的土壤电阻率，土壤电阻率最大层的值用 $\rho_{\max}$ 表示、土壤电阻率最小的层值用 $\rho_{\min}$ 表示，则 $\Delta\rho=\rho_{\max}-\rho_{\min}$。例如，某被评估项目的 $\rho_{\max}=890\Omega\cdot\text{m}$，$\rho_{\min}=640\Omega\cdot\text{m}$，则土壤水平分层计算如下：

$$\Delta\rho=890-640=250\Omega\cdot\text{m} \tag{5.7}$$

则土壤水平分层参数为 250。

（7）电磁环境。

电磁环境是指被评估区域外 1000m 范围内某一个建（构）筑物在遭受到雷击后，由于雷电流具有极大幅值，在它周围的空间将会产生强大的、变化的磁场，而处在这磁场中的导体会感应出较大的电动势。因此，雷电流对微电子设备会产生干扰与破坏。在对被评估工程进行现场勘察，以及对电磁环境相关数据进行采集时，需要记录项目评估区域周边 1000m 范围内的可能接闪点、方位及其与评估区域内最近建（构）筑物的距离 S_a。例如，距离某被评估项目区域 S_a=20m 处有一超高层建筑物，当其受雷击遭受 100kA 的雷电流后，该评估区域产生的电磁场强度大小为

$$B_0=\frac{\mu_0 i}{2\pi S_a}(\text{T})=\frac{\mu_0 i}{2\pi S_a}\times10^4(\text{Gs})=\frac{4\pi\times10^{-7}\times10^4 i}{2\pi S_a}=\frac{2\times10^{-3}\times100}{0.02}=10(\text{Gs}) \tag{5.8}$$

则电磁环境参数为 10。

（8）人员数量。

人员数量这个指标考虑的是评估工程区域内的定额人员数量，它与雷击后可能造成的人员伤亡程度有关。例如，某个工厂研发部、生产部、管理部、品质部、市场部、销售部和财务部等部门总人口数量为 1000 人。

则人员数量参数为 1000。

（9）占地面积。

占地面积是指项目区域内所有建（构）筑物基底面积与所有建（构）筑物的占地轮廓之和。该参数可通过项目可行性研究报告中相关部分查询得出。例如，根据某个工程项目的可行性研究报告，该工程建筑面积为 6820m^2。

则占地面积参数为 6820。

（10）等效高度。

等效高度是指建（构）筑物的物理高度加顶部具有影响接闪的设施高度。该参数主要由两部分组成：H_1 为建（构）筑物的物理高度，H_2 为顶部设施高度，具体可参考第 4 章等效高度指标的计算方法。该参数也可通过项目的可行性研究报告中相关部分计算得出。例如，某个工程项目内 A 建筑物总高 92m，B 建筑物总高为 129m，且顶部没有排放爆炸危险气体、蒸气或粉尘的放散管、呼吸阀、排风管等设施，则该评估项目的等效高度为 129m。若建筑物顶部有排放爆炸危险气体、蒸气或粉尘的放散管、呼吸阀、排风管等设施，则在原建筑物高度之上加顶部设施高度 H_2，H_2 的具体数目（如表 5-1 所示）。

则等效高度参数为 129。

2. 定性指标参数获取方法

（1）雷暴路径。

雷暴路径与雷暴日获取方法一致，需要依靠多年人工雷暴观测数据统计分析后，判定雷暴主导移动方向与次移动方向。据统计，1980－2010 年长沙市雷暴开始时各方向的出现频数如表 5-17 所示。

表 5-17　长沙市雷暴开始时各方向出现频数（1980－2010 年）

月份＼方向	N	NE	E	SE	S	SW	W	NW
1 月	4.6%	13.6%	4.6%	31.8%	13.6%	22.7%	9.1%	0.0%
2 月	7.6%	10.6%	1.5%	10.6%	4.6%	13.6%	10.6%	40.9%
3 月	4.7%	4.3%	3.5%	6.2%	15.2%	20.6%	17.9%	27.6%
4 月	3.6%	5.4%	3.9%	8.9%	9.2%	20.8%	22.3%	25.9%
5 月	8.2%	9.3%	6.6%	9.3%	13.1%	13.1%	18.0%	22.4%
6 月	9.2%	10.1%	6.3%	10.6%	11.1%	14.5%	15.0%	23.2%
7 月	11.5%	15.7%	8.3%	9.5%	10.7%	14.5%	15.1%	14.8%
8 月	8.8%	11.5%	12.4%	16.8%	14.1%	12.4%	10.6%	13.5%
9 月	11.0%	13.4%	6.1%	12.2%	6.1%	12.2%	28.1%	11.0%

续表

月份 \ 方向	N	NE	E	SE	S	SW	W	NW
10 月	0.0%	0.0%	0.0%	0.0%	0.0%	50.0%	25.0%	25.0%
11 月	5.3%	15.8%	0.0%	10.5%	5.3%	31.6%	15.8%	15.8%
12 月	64.5%	0.0%	0.0%	0.0%	3.2%	32.3%	0.0%	0.0%
全年	7.9%	9.8%	6.7%	10.7%	11.4%	16.2%	16.5%	20.8%

根据表 5-17 的统计结果，绘制雷暴风向玫瑰图如图 5-5 所示。

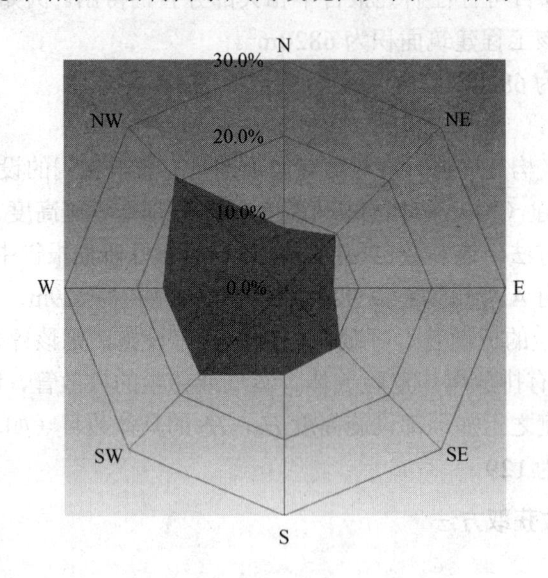

图 5-5 雷暴风向玫瑰图

根据第 4 章雷暴路径的指标参量等级划分标准，最大三个移动方向的百分比之和为 53.5%，即大于 50%，则可以得出雷暴路径符合雷暴路径等级划分中的III级描述。

（2）地形地貌。

地形地貌要通过实地勘察才能确定，根据项目所处位置的地形地貌情况，确定项目处在平原、丘陵、山地、河流湖泊，以及洼地潮湿地区山间风口、孤立或突出区域中的哪类地形，并查看项目方提供的数据资料，核实项目的地形地貌特征，如实记录。

（3）安全距离。

安全距离要通过实地勘察和查阅工程规划图才能确定，需要确定工程项目区域外 1000m 内是否存在危化危爆场所。如果存在，如实记录该危化危爆场所距离工程项目的距离是多少，是 100m 内、300m 内、500m 内，还是 1000m 内，并考察该危化危爆场所的性质、规模；如不存在此类危化危爆场所，则如实记录即可。

（4）相对高度。

相对高度需要通过实地勘察才能确定，需要确定工程项目区域外 1000m 范围内是否存在其他可能接闪点，如果存在，如实记录该可能接闪点名称、与工程项目的相对高度、距离等信息；若如无可能接闪点，则如实记录即可。

（5）使用性质。

使用性质需要根据工程项目申请书、可行性研究报告等资料确定工程项目的规模、重要程度及功能用途等信息。

（6）影响程度。

影响程度需要根据工程项目申请书、可行性研究报告等资料确定工程项目区域内是否存在危化危爆场所。如果存在，需要继续确定该危化危爆场所的性质、规模等信息，并确定一旦项目区域内遭受雷击后所产生的爆炸及火灾危险对周边环境的影响程度；如无此类危化危爆场所，则如实记录即可。

（7）材料结构。

材料结构需要通过实地勘察及工程项目申请书、可行性研究报告等资料确定工程项目的建（构）筑材料类型，是木结构、砖木结构、砖混结构、钢筋混凝土结构，还是钢结构。

（8）电子系统。

电子系统需要通过工程项目申请书、可行性研究报告等资料确定工程项目内电子系统规模、重要性及发生雷击事故后产生的影响。

（9）电气系统。

电气系统又称低压配电系统或低压配电线路，需要通过项目申请书、可行性研究报告等资料，确定电气系统的电力负荷等级、室外低压配电线路铺设方式（电缆埋地、裸导线架空、绝缘导线架空或绝缘导线穿金属管埋地）。

5.6.2 评估指标参数的预处理

本书中需要对评估指标体系中所有底层指标参数进行预处理，即对获取的参数进行计算得出该指标的隶属度。

在模糊数学中，隶属度可定量说明事物具有模糊概念的程度，其随条件的变化而变化。当用函数来表示隶属度的变化规律时，就称之为隶属函数。采用隶属函数，是为了消除各等级之间数值相差不大，但评价等级却相差一级的跳跃现象。使用隶属函数可以在各等级之间平滑过渡，将其进行模糊处理，使跳跃比较小、经度比较高，从而符合人类思维的连续性和渐变性，能恰如其分地反映实际情况。隶属函数是处理综合评估中模糊事件的关键所在。

评估指标可分为定性指标和定量指标。评估指标与评价等级之间存在的一定隶属程度即隶属度，例如，100%存在隶属关系记为隶属度 $r_i=1$，100%不存在隶属关系则记为隶属度 $r_i=0$，隶属度的取值为 [0, 1]。若把某评估指标的实际值看成取值区间上的普通点，则会造成落在两个区间边缘附近的点数值相差不大，却相差一个等级的不合理现象。

在实际评估过程中，通常要根据勘察数据的特点确定如何计算评估指标的隶属度。对于任何一个勘察到的数值，隶属函数都可以计算它属于每个评价等级的概率，这就使得每个数值不是完全固定属于某个评价等级，而是以不同程度隶属于某个评价等级，这种做法虽然比较麻烦，但是计算结果更客观、更精确。

为了使评估指标有一个统一的衡量标准，本书采用构造隶属函数的方式确定隶属度。由于人类认识事物的局限性，只能建立一个近似的隶属函数，这里选取升、降半梯形和三角形来确定各评价等级的隶属函数。

1. 定量指标参数的隶属度计算

定量指标即可量化指标参数，可量化指标参数包含两种：极小型指标参数和极大型指标参数。极小型指标参数的特点是：指标参数越小，危险等级越低；指标参数越大，危险等级越高。极大型指标参数的特点是：指标参数越小，危险等级越高；指标参数越大，危险等级越低。本书评估体系中的极小型指标参数有雷暴日、雷击密度、雷电流强度、土壤垂直分层、土壤水平分层、电磁环境、人员数量、占地面积、等效高度，极大型指标参数有土壤电阻率。

指标参数的隶属度计算方法和公式前文已详细阐述，此处给出具体示例以描述相关计算处理过程。

在计算指标参数的隶属度之前，需要确定该指标参数的参数值。对于极小型指标参数，本书以雷暴日为例。例如，雷暴日参数为 46.6，结合雷暴日的五个等级划分标准，如表 5-18 所示。

表 5-18 雷暴日分级标准

危险等级	Ⅰ级	Ⅱ级	Ⅲ级	Ⅳ级	Ⅴ级
雷暴日（天/年）	[0，20)	[20，40)	[40，60)	[60，90)	[90，∞)

根据极小型指标参数的隶属函数和表 5-18 中雷暴日等级划分标准，令 v_1、v_2、v_3、v_4、v_5 分别为 10、30、50、75、120（取等级范围中间值）。因此，极小型指标参数的隶属函数计算方法如下：

$$\mu_{v_2}(v_2)=\frac{50-46.6}{50-30}=0.17 \tag{5.9}$$

$$\mu_{v_3}(v_3)=\frac{46.6-30}{50-30}=0.83 \tag{5.10}$$

因此，可以得出雷暴日的隶属度如表 5-19 所示。

表 5-19 雷暴日隶属度

危险等级	Ⅰ级	Ⅱ级	Ⅲ级	Ⅳ级	Ⅴ级
雷暴日	0	0.17	0.83	0	0

对于极大型指标参数，本书以土壤电阻率为例。例如，土壤电阻率参数为892，且土壤电阻率的五个等级划分为表 5-20 所示。

表 5-20　土壤电阻率分级标准

危险等级	Ⅰ级	Ⅱ级	Ⅲ级	Ⅳ级	Ⅴ级
土壤电阻率（Ω · m）	[3000，∞）	[1000，3000）	[300，1000）	[100，300）	[0，100）

根据极大型指标参数的隶属函数和表 5-20 中土壤电阻率等级划分标准，令 v_1、v_2、v_3、v_4、v_5 分别为 4000、2000、650、200、50（取等级范围中间值）。因此，根据极大型指标参数隶属函数计算方法如下：

$$\mu_{v_2}(v_2)=\frac{892-650}{2000-650}=0.18 \tag{5.11}$$

$$\mu_{v_3}(v_3)=\frac{2000-892}{2000-650}=0.82 \tag{5.12}$$

因此，可以得出土壤电阻率的隶属度如表 5-21 所示。

表 5-21　土壤电阻率隶属度

危险等级	Ⅰ级	Ⅱ级	Ⅲ级	Ⅳ级	Ⅴ级
土壤电阻率	0	0.18	0.82	0	0

2. 定性指标参数的隶属度计算

定性指标参数的隶属度确定方法与定量指标参数的隶属度确定方法有所不同。定性指标参数的隶属度不需要通过公式计算，只需要把收集到的数据与分级标准对比，符合某个危险等级的描述，则完全隶属于该风险等级，且隶属度 r_j=1。

例如，根据被评估项目历史资料及现场勘测，项目所在区域的地形地貌为丘陵，参照地形地貌的危险等级划分（详见第 4 章），则项目所在区域的地形地貌完全隶属于Ⅱ级，即 r_2=1，具体如表 5-22 所示。

表 5-22　地形地貌隶属度

危险等级	Ⅰ级	Ⅱ级	Ⅲ级	Ⅳ级	Ⅴ级
地形地貌	0	1	0	0	0

对定性指标参数的隶属度的确定再举一个例子，根据项目申请书，某个工程项目高达 350m，为超高层建筑物，高度高于周围的建筑物，参考相对高度的危险等级划分，判断相对高度完全隶属于Ⅳ级，具体如表 5-23 所示。

表 5-23　相对高度隶属度

危险等级	Ⅰ级	Ⅱ级	Ⅲ级	Ⅳ级	Ⅴ级
相对高度	0	0	0	1	0

5.7 区域雷电灾害风险评估模型的计算

5.7.1 评估指标权重的计算

权重是一个相对的概念，是针对某个指标而言的。某个指标的权重是指该指标在整体评价中的相对重要程度，通过该权重可以将各评价指标在总体评价中的作用进行区别对待。事实上，没有重点的评价就不算客观的评价。例如，学生期末总评是对学生平时成绩、期中考试成绩、期末考试成绩的综合评价，但是这 3 个成绩所占期末总评的比重不一样。若平时成绩占 20%、期中考试成绩占 40%、期末考试成绩占 40%，那么期末总评=平时成绩×0.2+期中考试成绩×0.4+期末考试成绩×0.4。在该计算过程中，0.2、0.4、0.4 分别为学生期末总评中平时成绩、期中考试成绩、期末考试成绩的权重。

本书涉及的评估指标权重均引用第 3 章阐述的层次分析法来分析和计算。

1．构造判断矩阵

根据第 3 章层次分析法原理、步骤的介绍，确定各指标参数权重的第一步是，请专家客观地对同一层次各指标参数进行比较判断，构造该层次各指标参数的判断矩阵。

以土壤结构为例，需要对土壤结构的下属指标参数：土壤电阻率、土壤垂直分层和土壤水平分层之间构造判断矩阵。根据本书第 3 章表 3-1 中 1～9 及其倒数的标度方法，这三个同一层次指标参数的风险次序为：土壤电阻率＞土壤垂直分层≥土壤水平分层，则土壤电阻率下属 3 个指标参数之间的判断矩阵如表 5-24 所示。

表 5-24　土壤结构的判断矩阵

土壤结构	土壤电阻率	土壤垂直分层	土壤水平分层
土壤电阻率	1	3	3
土壤垂直分层	1/3	1	3/2
土壤水平分层	1/3	2/3	1

2．计算最大特征值和特征向量

根据矩阵计算方法，计算表 5-24 所示矩阵的最大特征值为 $\lambda_{\max}=3.018$，其对应的特征向量归一化为 $\boldsymbol{W}=(0.598,0.228,0.174)$。

3．一致性检验

根据矩阵计算方法，表 5-24 所示矩阵的一致性指标 CI 的计算方法如下：

$$\mathrm{CI}=\frac{3.018-3}{3-1}=0.009 \tag{5.13}$$

根据本书第 3 章中表 3-3 平均随机一致性指标，一致性指标 CR 的计算方法如下：

$$CR = \frac{CI}{RI} = \frac{0.009}{0.52} = 0.016 \tag{5.14}$$

由上可知，CR<0.1，则认为土壤电阻率判断矩阵的一致性是可以接受的，即 $\boldsymbol{W} = (0.598, 0.228, 0.174)$ 为土壤电阻率下属指标参数：土壤电阻率、土壤垂直分层和土壤水平分层的权向量。

本书需要构建的三级指标的两两判断矩阵有土壤结构的下属指标参数（土壤电阻率、土壤垂直分层、土壤水平分层）之间的判断矩阵、周边环境的下属指标参数（安全距离、相对高度、电磁环境）之间的判断矩阵、项目属性的下属指标参数（使用性质、人员数量、影响程度）之间的判断矩阵、建（构）筑物特征的下属指标参数（占地面积、材料结构、等效高度）之间的判断矩阵、电子电气系统下属指标参数（电子系统、电气系统）之间的判断矩阵。

当底层各个指标参数隶属于上一层指标参数的权重确定后，就需要依次往上计算上一层指标参数隶属的指标参数的权重。因此，需要构建的二级指标的两两判断矩阵有雷电风险的下属指标参数（雷暴日、雷暴路径或雷击密度、雷电流强度）之间的判断矩阵、地域风险的下属指标参数（土壤结构、地形地貌、周边环境）之间的判断矩阵、承灾体风险的下属指标参数［项目属性、建（构）筑物特征、电子电气系统］之间的判断矩阵。

另外，当应用此方法对被评估项目进行现状评估时，还需要增加二级指标防御风险的下属指标参数（防雷工程、防雷检测、防雷设施维护、雷击事故应急）之间的判断矩阵。

同理，当这一层指标参数的权重确定以后，需要继续往上计算上一层指标参数隶属的指标参数的权重，需要构建的判断矩阵为区域雷电灾害风险的下属指标参数（雷电风险、地域风险、承灾体风险）之间的判断矩阵。

此外，当应用此方法对被评估项目进行现状评估时，需要构建的判断矩阵为区域雷电灾害风险的下属指标参数（雷电风险、地域风险、承灾体风险、防御风险）之间的判断矩阵。

5.7.2　模糊综合评价

本书中的区域雷电灾害风险评估体系的指标层数为 3 层，对于此类多层次的模糊综合评价，其过程是由低层次向高层次逐步进行的，依照第 3 章阐述的多级模糊综合评价模型的基本步骤，区域雷电灾害风险的模糊综合评价具体如下。

1．三级模糊综合评价

以土壤结构为例，需要对土壤结构的下属指标参数：土壤电阻率、土壤垂直分层和土壤水平分层进行模糊综合评价，即 $U = \{$土壤电阻率，土壤垂直分层，土壤水平分层$\}$。

例如，根据定量指标隶属度的计算方法，某被评估项目区域范围内土壤电阻率、土壤垂直层分层、土壤水平分层的隶属度分别如表 5-25 所示。

表 5-25　土壤电阻率隶属度

危险等级	Ⅰ级	Ⅱ级	Ⅲ级	Ⅳ级	Ⅴ级
土壤电阻率	0	0.18	0.82	0	0
土壤垂直分层	0	0	0	0.64	0.36
土壤水平分层	0	0.86	0.14	0	0

根据表 5-25，土壤结构的下属指标参数：土壤电阻率、土壤垂直分层、土壤水平分层的隶属度矩阵 $\boldsymbol{R}$ 为

$$\boldsymbol{R}=\begin{bmatrix}0 & 0.18 & 0.82 & 0 & 0\\0 & 0 & 0 & 0.64 & 0.36\\0 & 0.86 & 0.14 & 0 & 0\end{bmatrix} \tag{5.15}$$

由 5.1 节内容可知：土壤结构的下属指标参数的两两判断矩阵的归一化特征向量为 $\boldsymbol{W}=(0.598,0.228,0.174)$，且该判断矩阵已通过一致性检验，因此土壤电阻率、土壤垂直分层、土壤水平分层的权重系数分别为 0.598、0.228、0.174。

当指标参数的隶属度和权重系数分别确定后，则土壤结构的模糊综合评价为

$$\begin{aligned}\boldsymbol{B}=\boldsymbol{W}\cdot\boldsymbol{R}&=(0.598,0.228,0.174)\cdot\begin{bmatrix}0 & 0.18 & 0.82 & 0 & 0\\0 & 0 & 0 & 0.64 & 0.36\\0 & 0.86 & 0.14 & 0 & 0\end{bmatrix}\\&=(0,0.257,0.515,0.146,0.082)\end{aligned} \tag{5.16}$$

根据上述计算结果，土壤结构的综合评价矩阵（隶属度）如表 5-26 所示。

表 5-26　土壤结构的综合评价矩阵

危险等级	Ⅰ级	Ⅱ级	Ⅲ级	Ⅳ级	Ⅴ级
土壤结构	0	0.257	0.515	0.146	0.082

按照此方法，依次对周边环境、项目属性、建（构）筑物特征和电子电气系统进行模糊综合评价，可分别计算出周边环境、项目属性、建（构）筑物特征和电子电气系统的隶属度。

2．二级模糊综合评价

以地域风险为例，需要对地域风险的下属指标参数：土壤结构、地形地貌和周边环境进行模糊综合评价，即 $U=\{$土壤结构，地形地貌，周边环境$\}$。

根据三级模糊综合评价结果及部分指标参数的隶属度计算方法（注意：若指标下层还有其他指标，则该指标的隶属度是由其下层指标确定的）可以得到二级模糊综合评价结果。例如，某被评估项目土壤结构、地形地貌、周边环境的隶属度分别如表 5-27 所示。

表 5-27　地域风险隶属度

危险等级	Ⅰ级	Ⅱ级	Ⅲ级	Ⅳ级	Ⅴ级
土壤结构	0	0.257	0.515	0.146	0.082
地形地貌	0	0	1	0	0
周边环境	0.2	0	0	0.68	0.12

由表 5-27 可知，地域风险的下属指标参数：土壤结构、地形地貌、周边环境的隶属度矩阵 $\boldsymbol{R}$ 为

$$\boldsymbol{R}=\begin{bmatrix} 0 & 0.257 & 0.515 & 0.146 & 0.082 \\ 0 & 0 & 1 & 0 & 0 \\ 0.2 & 0 & 0 & 0.68 & 0.12 \end{bmatrix} \tag{5.17}$$

例如，根据层次分析法计算得到地域风险下属三个指标参数之间的权重向量为 $\boldsymbol{W}=(0.425,0.413,0.162)$，即土壤结构、地形地貌、周边环境对灾害风险的权重系数分别为 0.425、0.413、0.162。

当指标参数的隶属度和权重系数分别确定后，则地域风险的模糊综合评价为

$$\begin{aligned}\boldsymbol{B}=\boldsymbol{W}\cdot\boldsymbol{R}&=(0.425,0.413,0.162)\cdot\begin{bmatrix} 0 & 0.257 & 0.515 & 0.146 & 0.082 \\ 0 & 0 & 1 & 0 & 0 \\ 0.2 & 0 & 0 & 0.68 & 0.12 \end{bmatrix}\\ &=(0.032,0.109,0.632,0.173,0.054)\end{aligned} \tag{5.18}$$

根据上述计算结果，地域风险的综合评价矩阵（隶属度）如表 5-28 所示。

表 5-28　地域风险的综合评价矩阵

危险等级	Ⅰ级	Ⅱ级	Ⅲ级	Ⅳ级	Ⅴ级
地域风险	0.032	0.109	0.632	0.173	0.054

按照此方法，依次计算雷电风险、承灾体风险、防御风险的隶属度。

3．一级模糊综合评价

根据二级模糊综合评价结果及部分指标参数的隶属度计算方法，可以得到一级模糊综合评价结果。例如，某被评估项目地域风险、承灾体风险和防御风险的隶属度分别如表 5-29 所示。

表 5-29　一级指标隶属度

危险等级	Ⅰ级	Ⅱ级	Ⅲ级	Ⅳ级	Ⅴ级
地域风险	0.032	0.109	0.632	0.173	0.054
承灾体风险	0.123	0.156	0.542	0.112	0.067
防御风险	0.086	0.135	0.463	0.282	0.084

由表 5-29 可知，区域雷电灾害风险评估的一级指标参数：地域风险、承灾体风险和防御风险的隶属度矩阵 $\boldsymbol{R}$ 为

$$\boldsymbol{R}=\begin{bmatrix}0.032 & 0.109 & 0.632 & 0.173 & 0.054\\0.123 & 0.156 & 0.542 & 0.112 & 0.067\\0.086 & 0.135 & 0.463 & 0.282 & 0.084\end{bmatrix}\tag{5.19}$$

例如，根据层次分析法计算 3 个一级指标参数的权重向量为$\boldsymbol{W}=(0.5,0.2,0.3)$，即地域风险、承灾体风险、防御风险对雷电灾害风险的权重系数分别为 0.5、0.2、0.3。

在指标参数的隶属度和权重系数分别确定好之后，一级指标的模糊综合评价为

$$\begin{aligned}\boldsymbol{B}=\boldsymbol{W}\cdot\boldsymbol{R}&=(0.5,0.2,0.3)\cdot\begin{bmatrix}0.032 & 0.109 & 0.632 & 0.173 & 0.054\\0.123 & 0.156 & 0.542 & 0.112 & 0.067\\0.086 & 0.135 & 0.463 & 0.282 & 0.084\end{bmatrix}\\&=(0.067,0.126,0.564,0.177,0.066)\end{aligned}\tag{5.20}$$

一级指标的综合评价矩阵（隶属度）如表 5-30 所示。

表 5-30　一级指标的综合评价矩阵

危险等级	Ⅰ级	Ⅱ级	Ⅲ级	Ⅳ级	Ⅴ级
区域雷电灾害风险	0.067	0.126	0.564	0.177	0.066

5.7.3　评估等级划分

根据本书区域雷电灾害风险评估分级标准，风险的大小用 g 表示，g 越小代表项目区域内雷击致灾风险越低，g 越大代表项目区域内雷击致灾风险越高，g 的取值区间为[0, 10]。$g=r_1+3r_2+5r_3+7r_4+9r_5$，其中，$r_1$、$r_2$、$r_3$、$r_4$、$r_5$ 为区域雷电灾害风险评估的隶属度Ⅰ级、Ⅱ级、Ⅲ级、Ⅳ级、Ⅴ级。

由此可知，根据上述案例，该评估项目的综合评估结果如下：

$$g=1\times0.067+3\times0.126+5\times0.564+7\times0.177+9\times0.066=5.1\tag{5.21}$$

根据综合评估结果可知，该工程项目的区域雷电灾害风险评估的综合评价得分为 5.1，大于 4 分，小于 6 分。根据区域雷电灾害风险总目标分级标准，可知被评估项目的雷电灾害风险等级为Ⅲ级，为中等风险。

第6章

雷电灾害风险评估软件设计及应用

6.1 评估系统的总体规划

6.1.1 评估系统建设的总体任务

根本雷电灾害风险评估的业务流程，区域雷电灾害风险评估系统以 Microsoft Visual Studio.NET 2008 为开发工具，以 SQL Server 2009 为后台数据库，采用模块化方法进行程序设计。该评估系统建设的总体目标是：保证系统稳定可靠、安全保密、完整实用、科学先进，具备开放性、可扩展性、可维护性等。

1. 可靠性

从系统平台和开发工具的选择、需求的控制、系统架构的设计、开发过程的管理、系统安全机制、访问控制等方面充分保证系统运行可靠，使系统对故障有诊断功能和故障隔离功能。

2. 安全性

系统具有先进的加密技术和容错技术。避免外界对系统的非法访问、信息盗用及系统破坏，并防病毒感染。对系统内部进行层次权限管理，严格规定使用权限，防止盗用侵权、非法操作。对盗用权限操作，有严密的监视记录和报警功能，杜绝非法操作。

3. 完整性

系统覆盖雷电区域风险评估工作的组织、管理、考核等各方面需求，系统建设统筹规划，整体设计，并充分考虑功能的变化。系统满足使用的功能要求，能全面应用于信息处理、存储、共享、管理、查询等实际的全流程业务。

4. 先进性

系统软件平台、硬件平台、网络通信等技术具有先进性、可靠性，能保证一定的生命周期和升级提高需求。

5. 规范性

规范性包括两个方面：开发的规范性和系统的规范性。

开发的规范性是指系统在开发过程中必须严格按照统一的标准进行，包括文档内容和格式、数据处理、程序注释、命名、界面风格等，以方便维护和二次开发。

系统的规范性是指系统开发必须符合现有的国际、国家和地方标准。

6. 开放性、可扩展性、可维护性

开放性：系统具有良好的信息交换能力，可对用户提供良好的互联、兼容功能。

可扩展性：充分考虑将来与现有不同业务系统和其他职能部门业务系统的接口及管理需求变化，能适应业务需求变化所进行的系统更改、信息量增加、业务范围拓宽，充分考虑系统二次开发的功能提高所关联的技术方案。

可维护性：减轻系统的维护工作，可辅助管理人员维护系统的正常运行。

7. 易用与纠错性

系统具有良好的交互界面和清晰的操作流程，操作人员容易掌握系统使用方法。在数据采集时使用各种输入检测、校验和提示，防止工作人员输入出错，并且系统在输入出错时可报警。系统在容易混淆的地方给予在线提示或提供在线帮助文档。

6.1.2 评估系统运行环境

建议选用较高档的 PC Server 或小型机，内存为 1GB 及以上，采用 Windows 7 及以上操作系统。

6.2 评估系统的功能体系

6.2.1 评估系统的功能需求分析

根据需求分析，该评估系统主要有系统管理、评估报告制作、评估报告查询与统计、评估产品管理四个模块。

（1）主要模块及其功能模块如表 6-1 所示。

表 6-1　主要模块及其功能模块统计

序　号	模块类别	功能模块
1	系统管理	评估报告模板维护
		行业维护
		数据库信息维护
		系统菜单管理
2	评估报告制作	输入项目基础数据
		查询项目雷电情况
		建立评估模型
		确定隶属度
		判断矩阵设定与模糊分析
		自动生成评估报告
3	评估报告查询与统计	按日期
		按行业类别
		按其他自定义方式
4	评估产品管理	上传终版评估报告
		编辑评估报告制作情况
		统计查询评估报告情况
		文字说明

（2）系统管理模块及其功能明细如表 6-2 所示。

表 6-2　系统管理模块及其功能明细

序　号	功能模块	功能明细
1	评估报告模板维护	添加评估报告模板
		删除评估报告模板
		修改评估报告模板
		查询评估报告模板
2	行业维护	添加行业
		删除行业
		修改行业
		查询行业
3	数据库信息维护	添加数据库信息
		删除数据库信息
		修改数据库信息
		查询数据库信息
4	系统菜单管理	添加系统菜单
		删除系统菜单
		修改系统菜单
		查询系统菜单

（3）评估报告制作模块及其功能明细如表 6-3 所示。

表 6-3　评估报告制作模块及其功能明细

序　号	功能模块	功能模块说明	功能明细
1	输入项目基础数据	①根据项目可行性研究报告输入基础数据；②根据项目数据采集表输入其他数据信息	输入项目具体地址及经、纬度信息
			输入项目规模大小、占地面积
			输入项目地理位置及周边环境
			输入采集的其他数据
2	查询项目雷电情况	项目所在地雷电活动情况	项目所在地全省的雷电活动情况
			项目所在地全市的雷电活动情况
			评估区域内雷电活动情况（雷击密度、雷电流强度、闪电频数等）
		所在行业雷灾情况	全国雷灾行业分布对比分析
			项目所在地全省雷灾行业分布对比分析
3	建立评估模型	预评估	勾选指标，默认全勾选
		现状评估	勾选指标，添加防御风险等指标
4	确定隶属度	①底层指标的隶属度确定；②定量指标的临界值均设为可调	定性：显示各指标分级标准，方便确定隶属度，输出隶属度表
			定量：显示各指标分级标准，各临界值均设为可调，直接输入一定量值，输出其隶属度表
5	判断矩阵设定与模糊分析	①首先第三层，然后第二层，最后第一层；②设定判断矩阵，再结合权重，输出上一级指标的隶属度	对照隶属度表，设定判断矩阵，检验一致性，给出权重及 CI、RI 等数值
			结合隶属度表 $\boldsymbol{R}$ 及权重表 $\boldsymbol{W}$，计算第三层部分指标的 $\boldsymbol{B}$（$\boldsymbol{B}=\boldsymbol{W}\cdot\boldsymbol{R}$，矩阵相乘）
			模糊分析区域总的雷击风险
6	自动生成评估报告	生成评估报告	导入上述数据及信息
			提示部分导入，是否导入全部
			导入结束，生成评估报告

（4）评估报告查询与统计模块及其功能明细如表 6-4 所示。

表 6-4　评估报告查询与统计模块及其功能明细

序　号	功能模块	功能明细
1	按日期	查询评估报告详细信息
		统计分析评估报告制作情况
2	按行业类别	查询评估报告详细信息
		统计分析评估报告制作情况
		按年/月对比分析
3	按其他自定义方式	查询评估报告详细信息
		统计分析评估报告制作情况
		按年/月对比分析

（5）评估产品管理模块及其功能明细如表 6-5 所示。

表 6-5　评估产品管理模块及其功能明细

序　号	功能模块	功能明细
1	上传终版评估报告	上传评估报告
		查看终版评估报告
2	编辑评估报告制作情况	编辑评估报告制作状态（制作前期准备中、制作中、已完成等）
		新建或修改项目评估前的相关信息，如项目名称、建设单位、行业类别、联系人、项目开始时间、资料是否完整（确认是否可做）、报告编制开始时间、应该交付时间、费用情况（仅领导可见）等
		新建或修改项目评估报告已完成的相关信息，如报告签收日期、报告签收人及联系方式、费用到账情况（已到账、开票未到账）等
3	统计查询评估报告情况	查询报告编制情况、报告具体内容
		查询报告制作状态、报告费用、费用到账情况等信息（单个显示或多个显示）
		按日期、编号、到账情况等方式，统计一定时期内的评估报告制作情况，分析评估报告到账情况、报告签收情况等

6.2.2　评估系统安装登录

获得雷电灾害风险评估系统安装包后，双击打开 setup.exe，单击“下一步”按钮，进入“客户信息”界面，如图 6-1 所示。

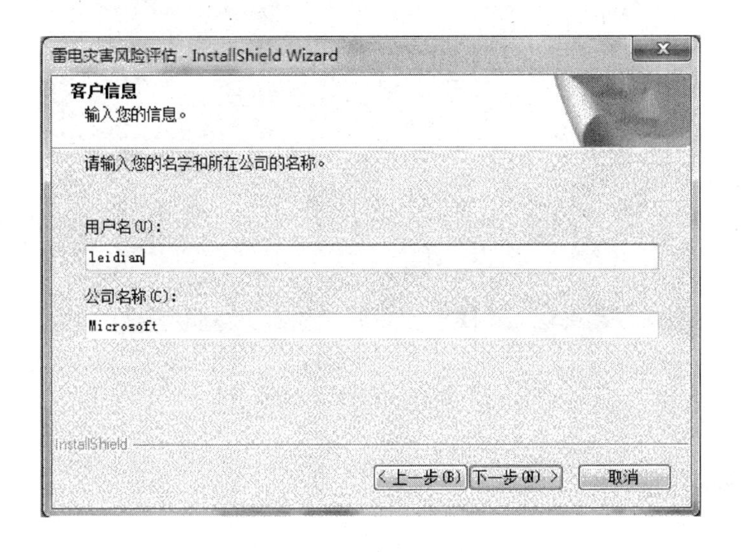

图 6-1　“客户信息”界面

填写“用户名”和“公司名称”，单击“下一步”按钮，选择“全部”单选按钮，单击“下一步”按钮，如图 6-2 所示。

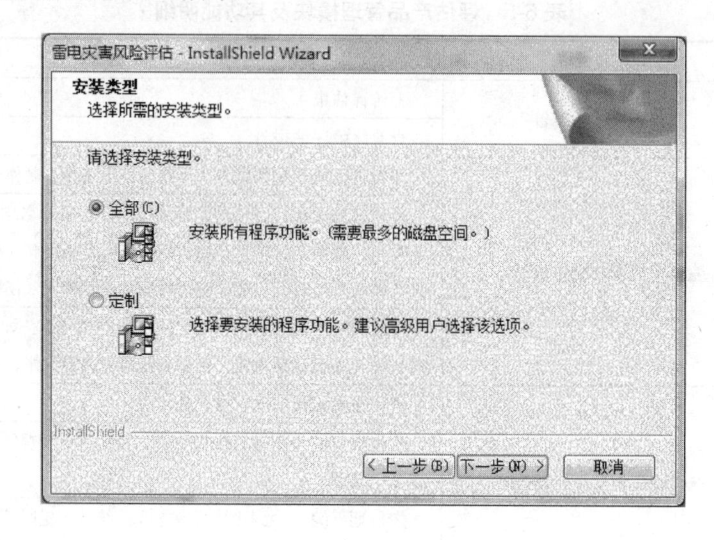

图 6-2　安装类型选择

当系统安装完后，在桌面上会出现系统平台图标，双击该图标进入评估系统进行身份注册，当管理员给予权限后，就可以进入系统了，如图 6-3 所示。

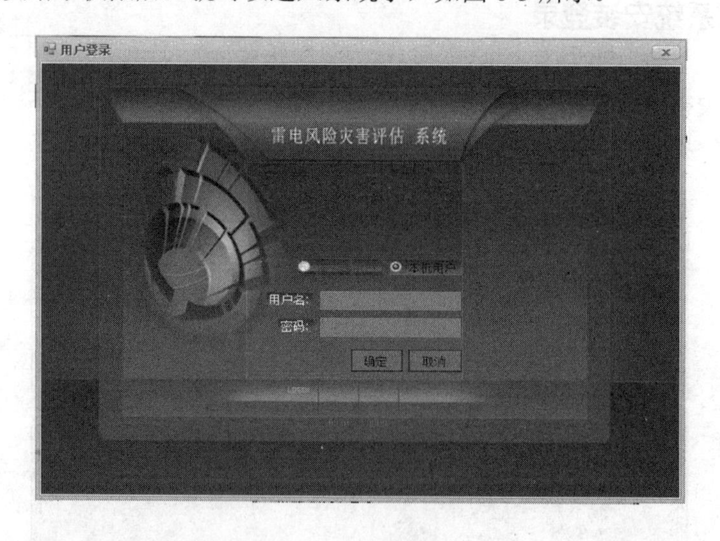

图 6-3　用户登录界面

6.2.3　评估平台应用

功能操作：打开本地项目，如图 6-4 所示。

功能描述：添加项目。

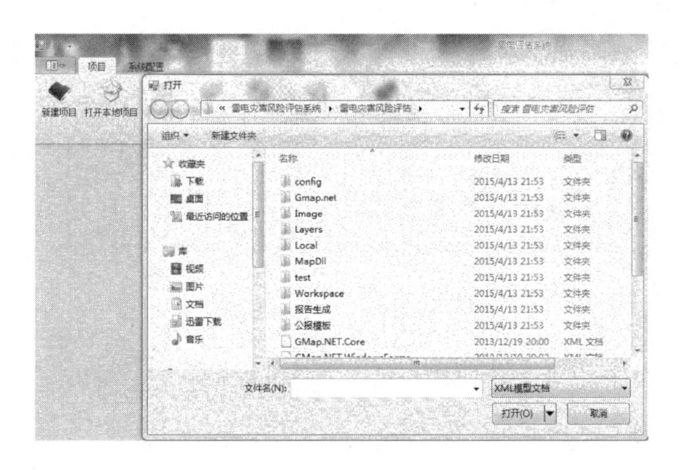

图 6-4　打开本地项目

6.2.4　项目生成

功能操作：选择“项目”→“新建项目”命令，打开“新建项目”对话框，如图 6-5 所示。

功能描述：生成一个新的项目评估报告，并进行相应的项目评估。

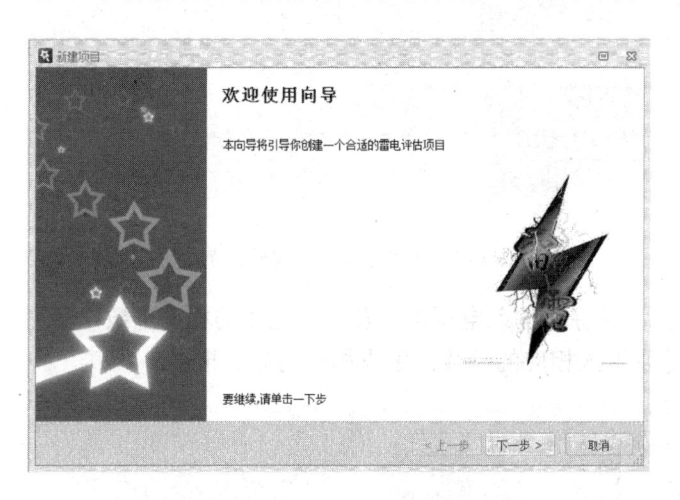

图 6-5　项目生成向导

单击“下一步”按钮，选择需要建立的项目模型，并输入相应的项目名称建立项目，如图 6-6 所示。

案例一：建立基于 GB 50343 的雷电防护等级评估计算报告模型

单击“ ”图标，输入需要评估建筑物的长、宽、高、校正系数和年平均雷暴日。在“校正系数”下拉列表框中选择建筑物的环境位置，系统自动依据标准规定的情况赋值计算，如图 6-7 所示。

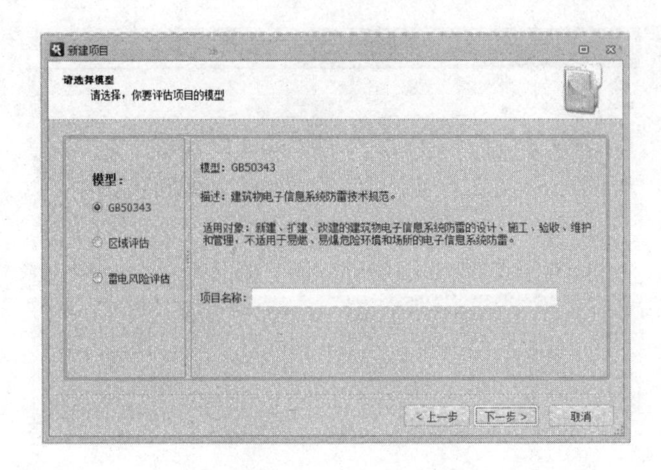

图 6-6　选择要建立的项目模型，并输入项目名称

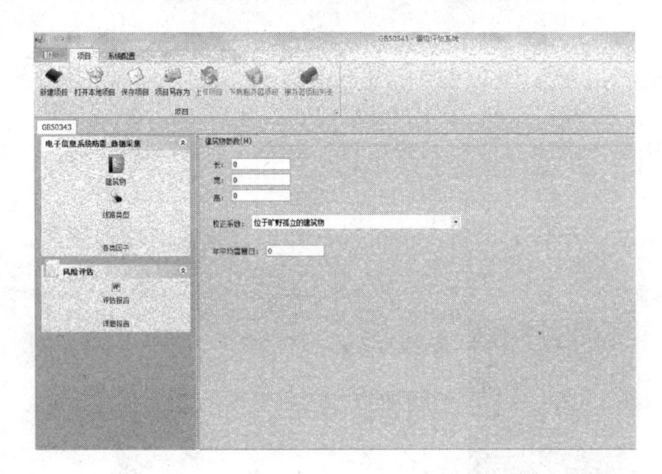

图 6-7　建筑物相关信息输入界面

然后单击“ ”图标，输入电源电缆及信号电缆的相应参数，单击“各类因子”，如图 6-8 所示，并分别输入相应的参数，生成相应的分级报告。

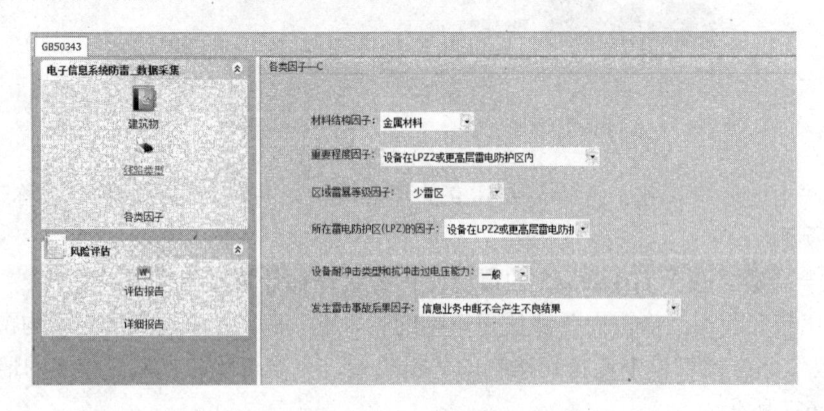

图 6-8　建筑物电子信息系统各类因子输入界面

案例二：区域雷电灾害风险评估

本部分程序是在笔者多年研究基础上编写的，适用于连片区域的雷电灾害风险评估。

在“新建项目”对话框中选择“区域雷电风险评估”单选按钮，输入“项目名称”，单击“下一步”按钮。

在图 6-9 所示的“项目简介”界面可以输入项目具体信息，如“项目名称”“建设单位”“评估单位”，在“地理位置”选项组中填写项目测试点的具体地理位置；还可以在“地图说明”一栏填写项目区域的坐标，并跳转到地图上对应的区域。在“选项”及“标记”栏确定地图的相关参数选项。此时项目的地理位置在地图上将自动标注出来。

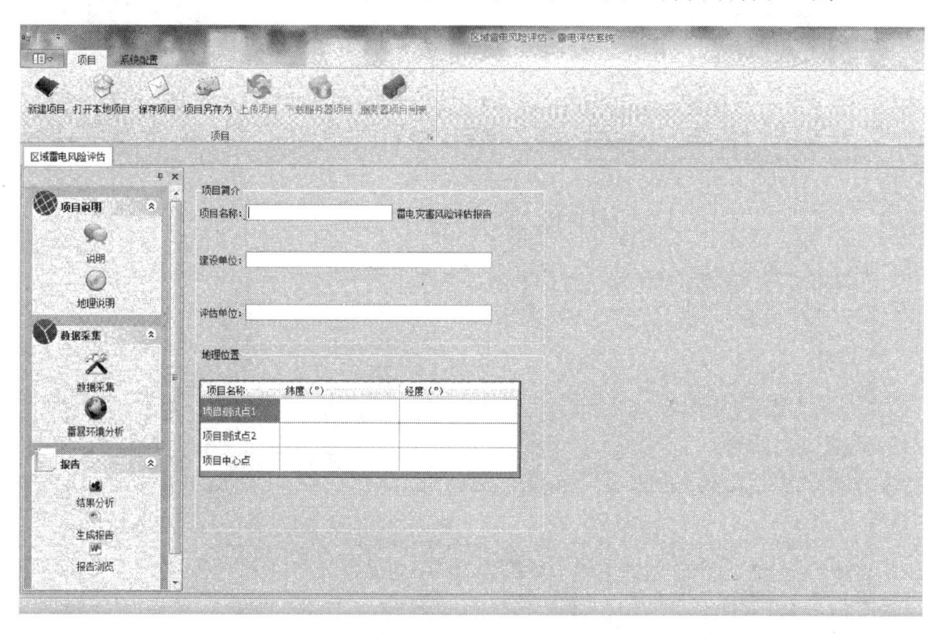

图 6-9　区域雷电灾害风险评估基本信息输入界面

在图 6-10 所示界面右边数据栏的数据采集框中输入相应各类评估因子的数据。首先，在“雷击密度”中输入采集的雷击密度，并在“雷击密度”对应等级上标明，依次在“雷电流强度”“年雷暴日”“雷击路径”几个选项中输入相应的数据。其次，在“地域风险”栏分别输入“地形地貌”的因子判断，确定其隶属等级。在“地域风险”下还有“土壤结构”“周边环境”，分别对应输入采集的数据，如图 6-11 所示。再次，在“承载体风险”中输入“项目属性”“电子电气系统”“建（构）筑物特征”对应的相关参数数据，如图 6-12 所示。最后，在“防御风险”栏对应输入“防雷工程”“防雷检测”“防雷设施维护”“防雷事故应急措施”参数的数据（见图 6-13）。在采集完数据后，再对评估区域的雷暴环境进行分析，可分为雷击密度的月变化和日变化进行。

其他的相关操作，与上面介绍的类似，根据项目属性逐一选择，系统将自动完成矩阵运算与分析，给出统计图，并根据需要进行评估报告结果分析，生成区域雷电灾害风险评估报告，如图 6-14 和图 6-15 所示。

在输出的评估报告中，如果有主观需要修改的内容，可直接在软件平台上修改，修改完成后进行保存，系统将自动保存与此项目相关的所有信息。

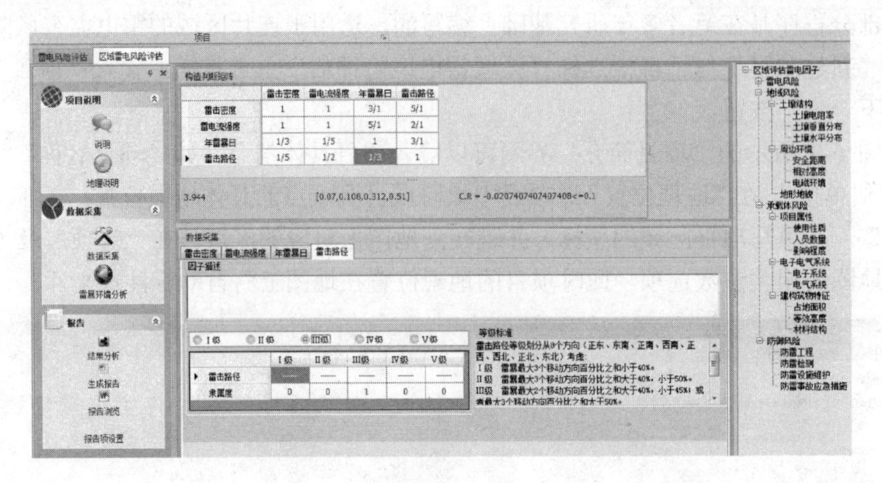

图 6-10　雷电风险数据输入

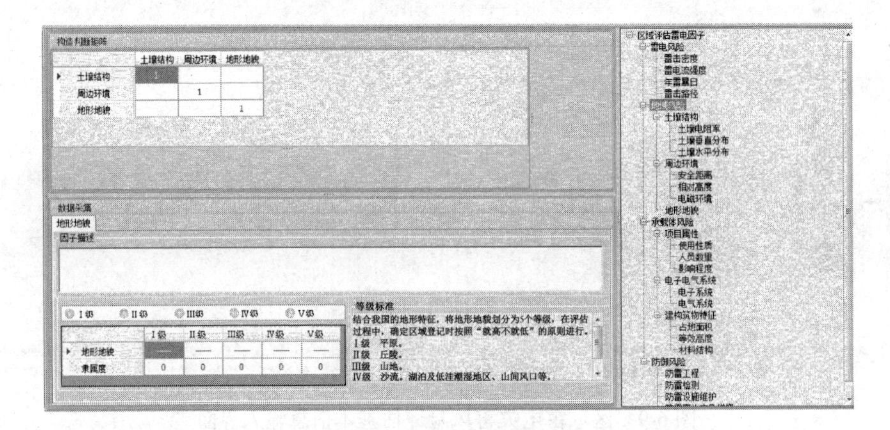

图 6-11　地域风险数据输入

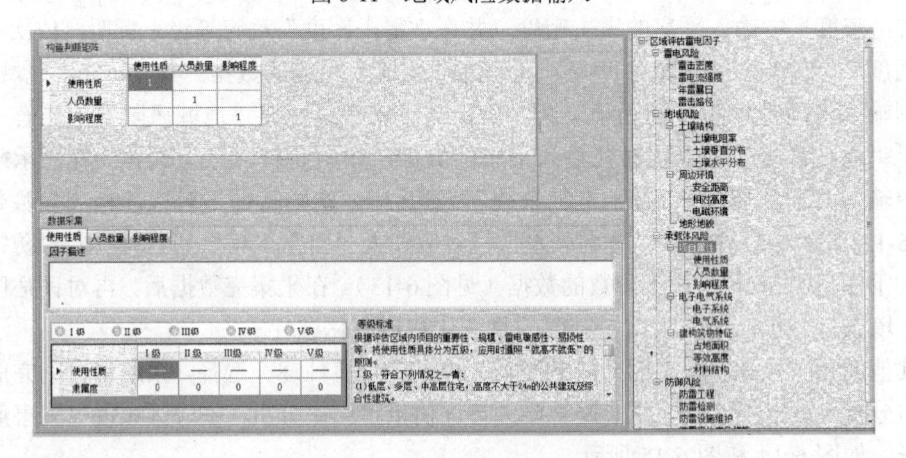

图 6-12　项目属性相关数据输入

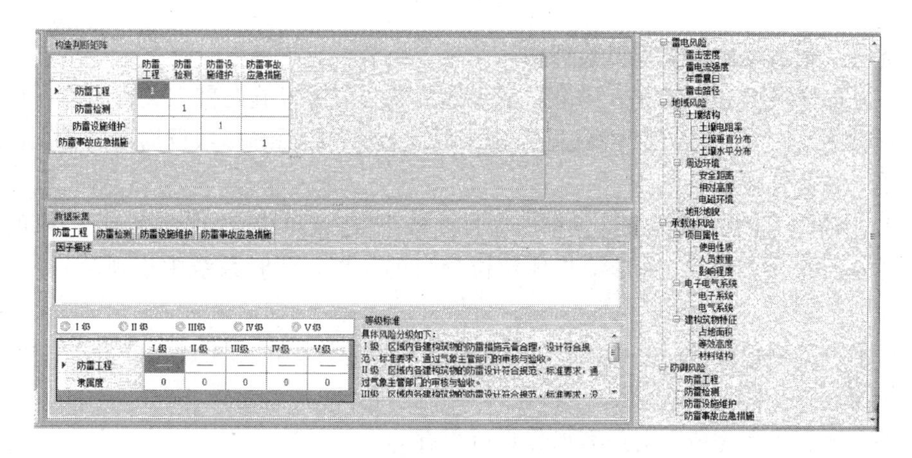

图 6-13　防御风险相关数据输入

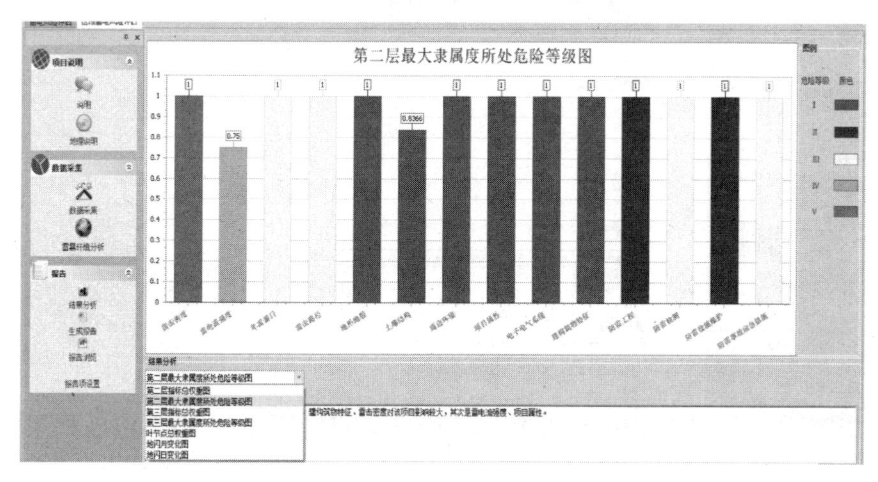

图 6-14　计算结果输出

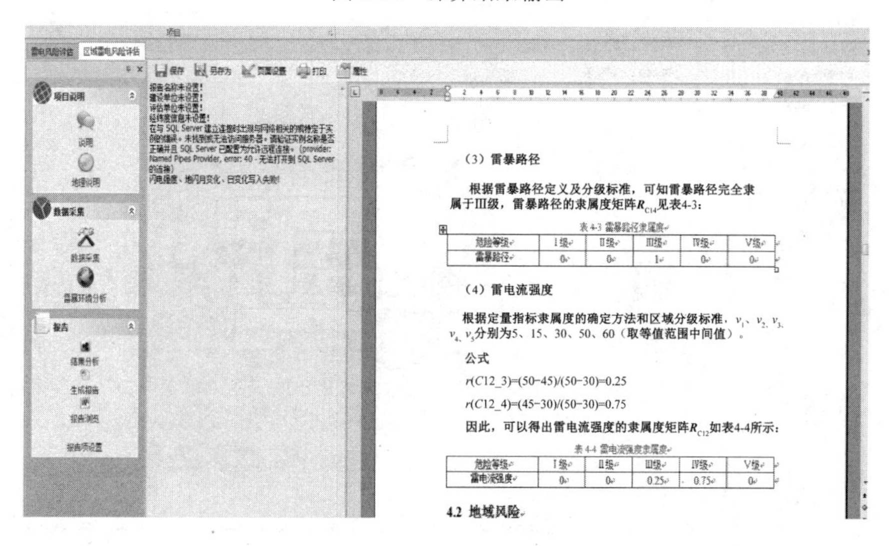

图 6-15　评估报告生成与输出

案例三：建筑物雷电灾害风险评估

本部分程序根据 IEC 62305-2 编写，满足建筑物与服务设施的雷电灾害风险评估要求。

打开程序，在“新建项目”对话框中输入项目名称，然后选择项目构建，可以选择“建筑物”或“服务设施”。

输入评估项目的具体信息，包括“项目名称”“建设单位”“评估单位”“地理位置”等（见图 6-16）；也可以在图形中具体定位项目的位置，此时系统中出现项目所在地的地图信息。

对雷暴环境进行分析，生成风险评估方案，对风险评估的结果进行分析，生成相应的报告，如图 6-16～图 6-19 所示。

此外，所有步骤完成后对所有操作进行保存。

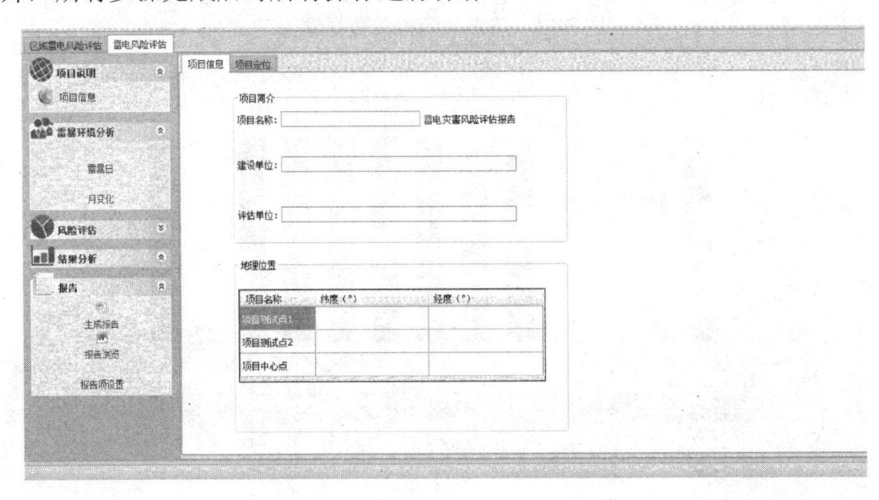

图 6-16　项目基本信息输入界面

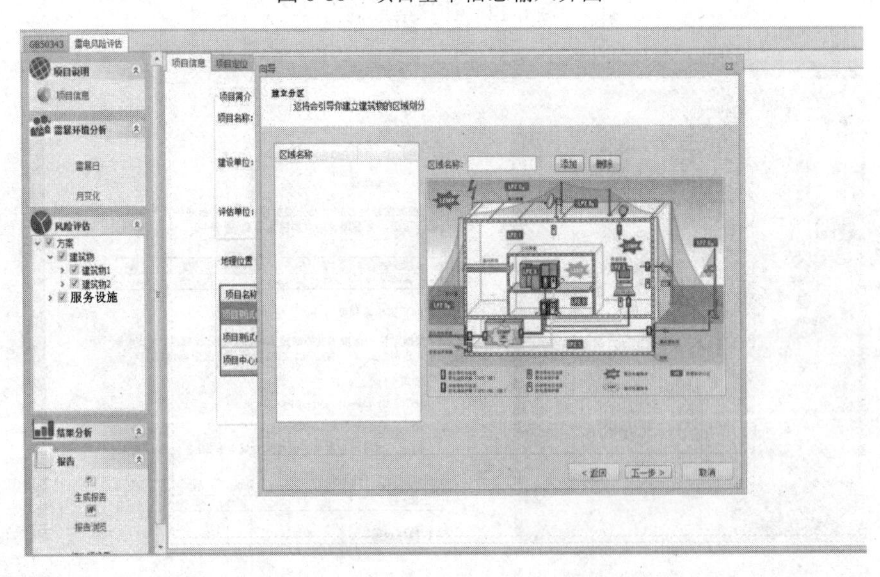

图 6-17　建立雷电分区的参考提示界面

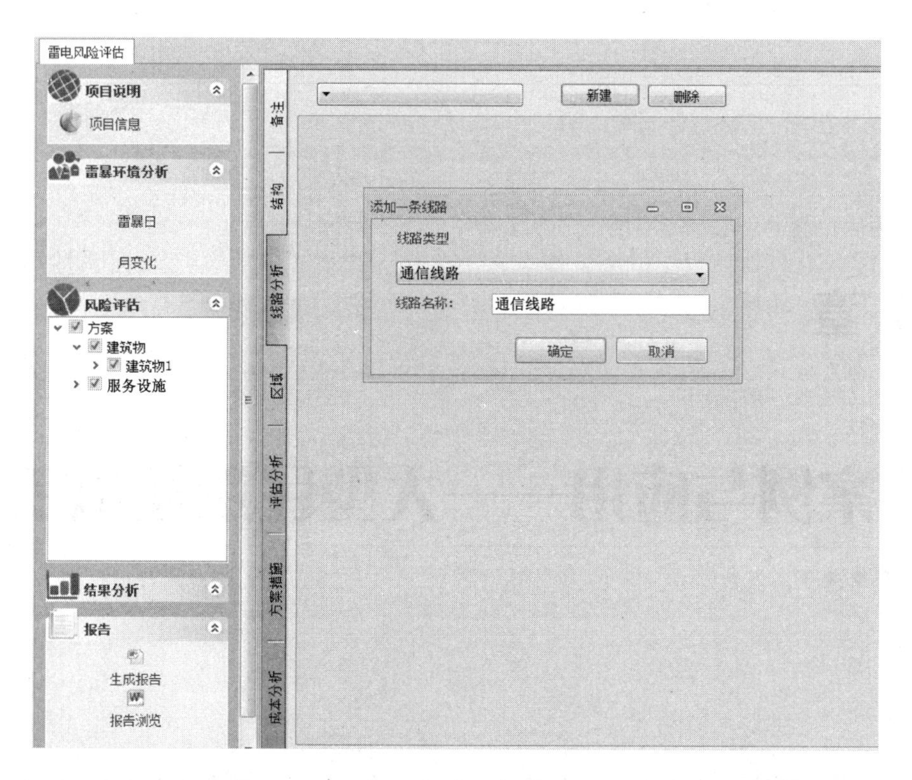

图 6-18　基于建筑物与服务设施的评估界面

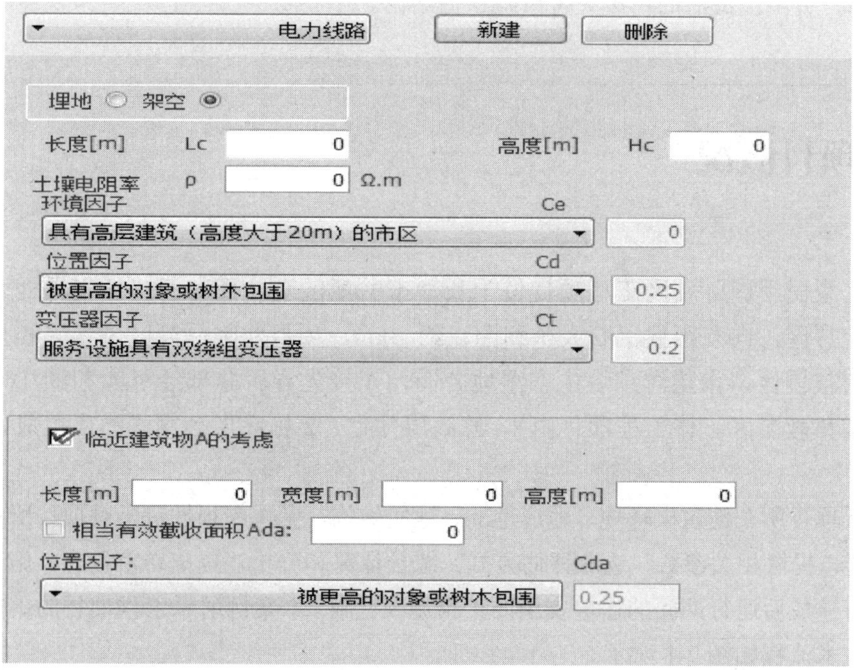

图 6-19　增加线路等服务设施的界面

第 7 章

案例与应用——大型民用建筑工程

本章以某大型民用国际社区工程为例，详细介绍了如何进行现场采集数据及数据的处理和计算，并给出最后的雷电灾害风险评估结论。

7.1 项目概况

某大型民用国际社区工程项目位于长沙市岳麓区南二环与西二环交界处西南方向的洋湖垸片区，向东距猴子石大桥和湘江约 3km。项目北临岳麓区风景区和岳麓山国家大学科技园区，南望洋湖垸生态湿地公园，东接先导区总部经济园和湘江风光带，西连含浦科教园区。该工程项目由 14 栋高层住宅、2 栋高层公寓式酒店组成，区位条件优越。

分析项目所在地雷电环境、地形地貌、地质结构、受体易损性等，对项目所在地土壤进行采样，提取相关参数，选取评估方式，综合计算和分析，提出防雷设计、施工期间及工程项目建成后运行期间的雷电安全防护措施及建议。本案例所示工程项目的雷电灾害风险评估技术流程如图 7-1 所示。

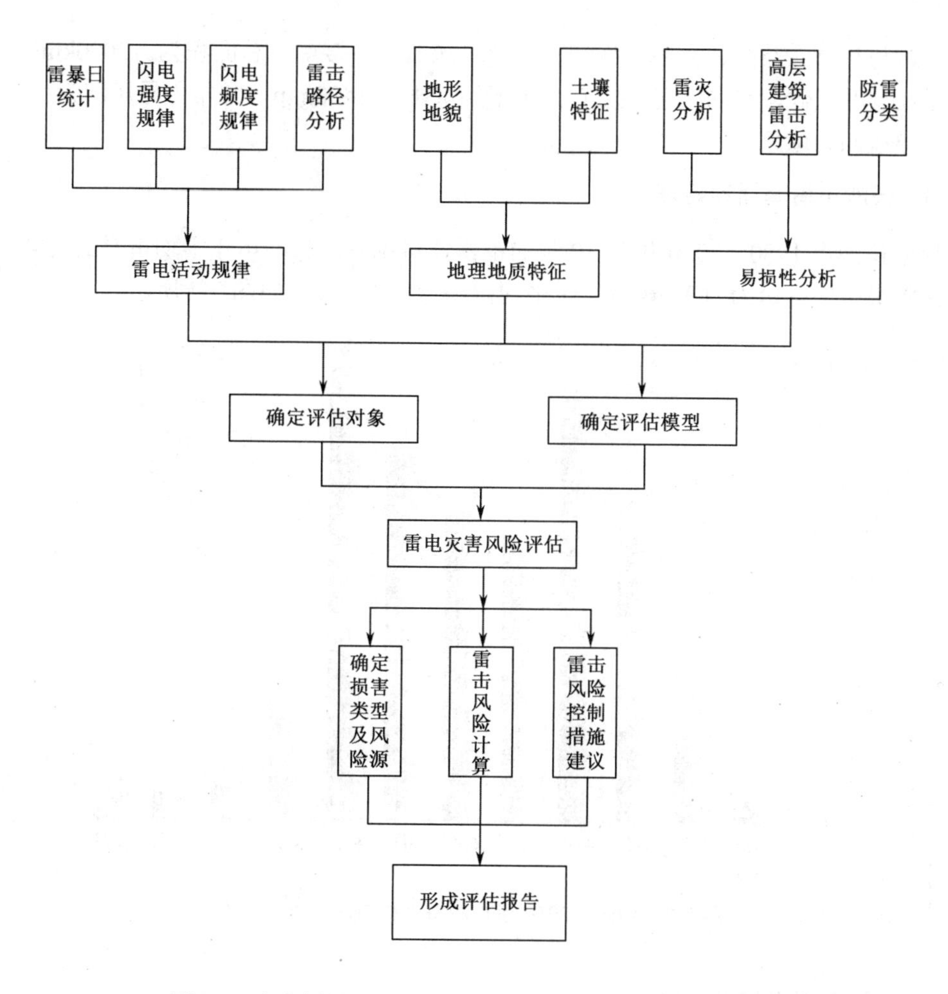

图 7-1　本案例所示工程项目的雷电灾害风险评估技术流程

7.2　项目所在地雷电活动规律分析

7.2.1　雷暴活动特征分析

1．湖南省雷暴活动特征

项目所在地湖南省雷暴活动空间分布为，雷暴分布湘南多于湘北，湘西多于湘东。由于雷暴活动与地形关系密切，山地多于丘陵，丘陵多于平原，因此湖南省雷暴最强活动带在南岭北部一线，次强活动带与雪峰山脉平行，并基本与山脉走向一致。

2．长沙市气候概况

长沙市位于长江以南，在湖南省的东部偏北，地处洞庭湖平原南端向湘中丘陵盆地过渡地带，与岳阳、益阳、娄底、株洲、湘潭和江西萍乡接壤，总面积为 12000km²，属亚热带季风湿润气候，平均气温 18.2℃，年平均降雨量 1400mm，常年主导风向为西北风，夏季主导风向为南风。

3. 长沙市雷暴活动特征

根据长沙市 1980—2010 年共 30 年的雷暴资料统计，长沙市年平均雷暴日为 47 天，雷击次数最多的月份为为 3—8 月，月平均雷暴日为 6.3 天，如图 7-2 所示。

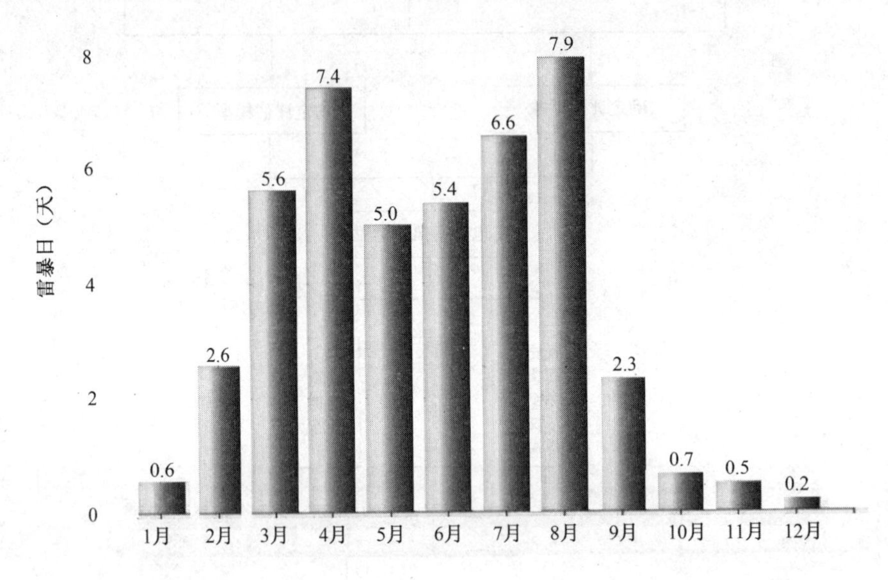

图 7-2　1980—2010 年长沙市平均雷暴日逐月分布

7.2.2　闪电活动特征分析

1. 湖南省地闪密度分布

对湖南省 2007—2011 年闪电监测资料进行统计可知，湖南省共监测到 2070777 条地闪。其中，正闪 104247 条，占总闪数的 5.034%；负闪 1966530 条，占总闪数的 94.966%。

2. 年平均雷击密度及其变化规律

对湖南省 2007—2011 年闪电监测资料进行统计得知，2007 年、2008 年、2009 年、2010、2011 年项目中心位置（112.92° E，28.14° N）半径 5km 区域范围内的落雷次数分别为 27 次、91 次、3 次、70 次、41 次。因此，2007 年、2008 年、2009 年、2010 年、2011 年的雷击密度分别为

$$N_{\mathrm{r}}=\frac{27}{\pi\times5^2}=0.34\text{次}/(\mathrm{km}^2\cdot\mathrm{a}) \tag{7.1}$$

$$N_{\mathrm{r}}=\frac{91}{\pi\times5^2}=1.16\text{次}/(\mathrm{km}^2\cdot\mathrm{a}) \tag{7.2}$$

$$N_r = \frac{3}{\pi \times 5^2} = 0.04\text{次}/(\mathrm{km}^2 \cdot \mathrm{a}) \tag{7.3}$$

$$N_r = \frac{70}{\pi \times 5^2} = 0.89\text{次}/(\mathrm{km}^2 \cdot \mathrm{a}) \tag{7.4}$$

$$N_r = \frac{41}{\pi \times 5^2} = 0.52\text{次}/(\mathrm{km}^2 \cdot \mathrm{a}) \tag{7.5}$$

从统计结果可以看到，近年来某大型国际社区二期一区工程项目区域雷击密度变化没有明显规律，其中 2008 年的雷击密度最大，达到了 1.16 次/($\mathrm{km}^2 \cdot \mathrm{a}$)，其他年份均有不同程度的雷击。近几年工程项目区域半径 5km 范围内共发生 232 次雷击，平均每年达 46.4 次。

图 7-3 所示为 2007—2010 年某大型国际社区二期一区工程周边 5km 内闪电示意。

图 7-3　2007—2010 年某大型国际社区二期一区工程周边 5km 内闪电示意

表 7-1 所示为某大型国际社区二期一区工程所在地年均雷击密度统计。

表 7-1　某大型国际社区二期一区工程所在地年均雷击密度统计

年　　份	2007 年	2008 年	2009 年	2010 年	2011 年
雷击密度（次/($\mathrm{km}^2 \cdot \mathrm{a}$)）	0.34	1.16	0.04	0.89	0.52

图 7-4 所示为 2007—2011 年雷击密度变化趋势。

按《雷电防护第 2 部分：风险管理》（GB/T 21714.2-2008/IEC 62305-2）给出的公式，雷暴日换算为雷击密度的公式为 $0.1 \times T_d$=4.7 次/($\mathrm{km}^2 \cdot \mathrm{a}$)，将计算结果与近年闪电监测资料进行比较，选取 N_g=4.7 次/($\mathrm{km}^2 \cdot \mathrm{a}$)进行后续的雷击次数计算。

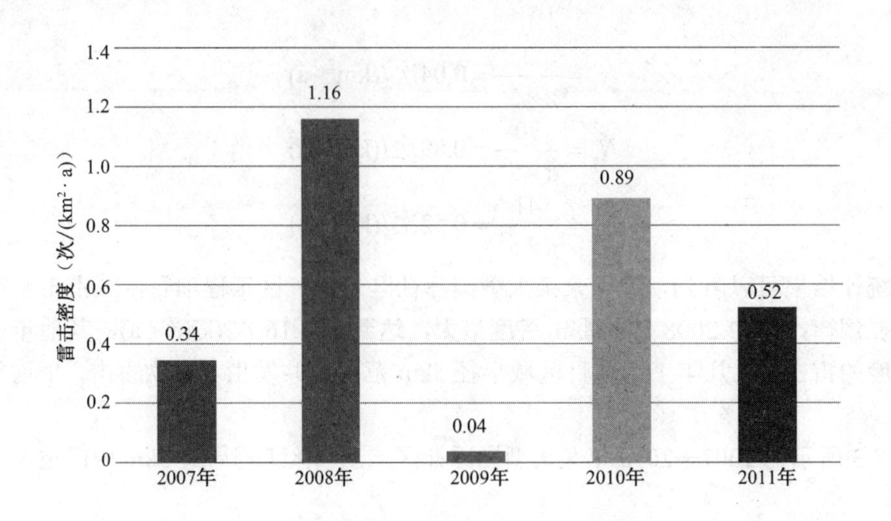

图 7-4　2007—2011 年雷击密度变化趋势

3．雷电流强度分布

统计项目区域范围内 2007—2011 年的所有地闪，可以得到如表 7-2 所示的雷电流强度分布，通过对项目区域内雷电流强度分段统计可知，雷电流强度主要集中在 20～40kA，占总雷击次数的 41.38%，最大雷电流强度为 182.9kA，最小雷电流强度为 3.9kA。雷电流幅值概率分布如图 7-5 所示。

表 7-2　不同雷电流强度发生频次

强度区间（kA）	0～10	10～20	20～40	40～60	60～100	100～200	>200
发生次数（次）	10	29	96	55	31	11	0
总雷击次数比例	4.31%	12.50%	41.38%	23.71%	13.36%	4.74%	0

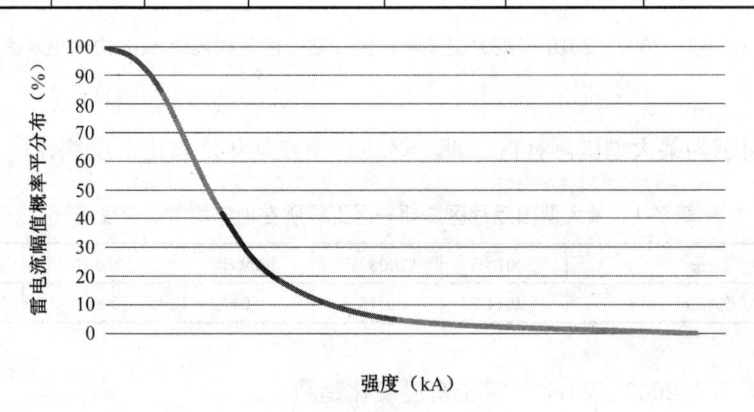

图 7-5　雷电流幅值概率分布

4．闪电频数变化特征

根据湖南省闪电监测网提供的 2007—2011 年的闪电定位资料，逐月、逐时进行统计分析，结果如图 7-6 和图 7-7 所示。

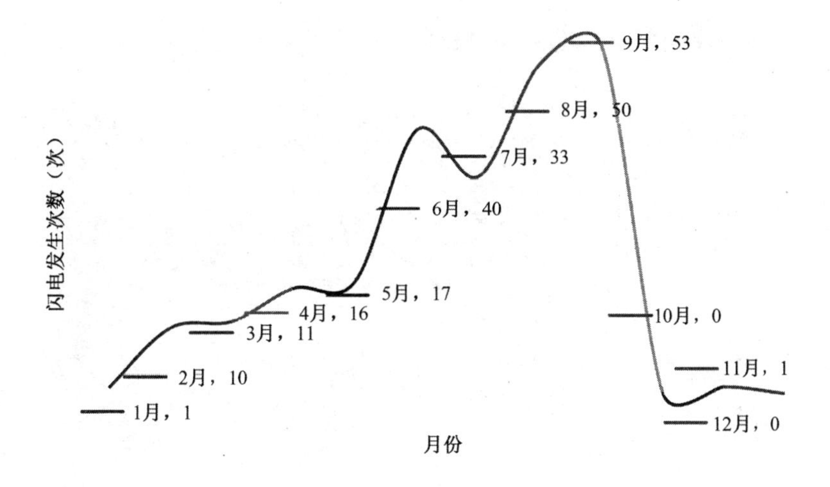

图 7-6　2007—2011 年闪电频数逐月变化曲线

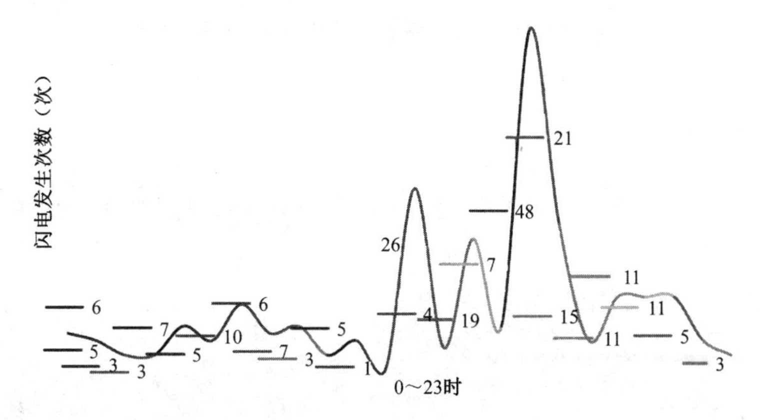

图 7-7　2007—2011 年闪电频数逐时变化曲线

闪电频数逐月变化曲线结果表明，项目工程区域内闪电的高发期集中在 6—9 月，6—9 月发生闪电次数达到全年闪电发生总次数的 75.9%；从闪电频数逐时变化曲线可以看出，闪电呈现双峰分布，峰值为每天的 15 时、17 时，13 时也是闪电的高发时段。

7.3　数据采集与计算分析

7.3.1　地形地貌

本项目位于长沙市岳麓区五星村，如图 7-8 所示。项目场地内多为拆迁留下的建筑、生活垃圾和菜地等，地势总体北高南低、起伏较大。本项目场地地貌属湘江一级阶地。

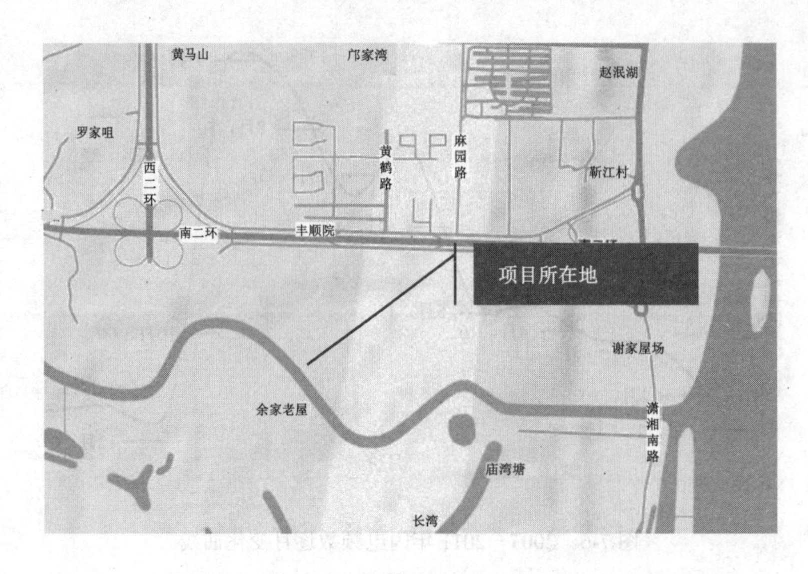

图 7-8　本项目大型国际社区二期一区工程地形示意

7.3.2　土壤电阻率勘测与分析

2012 年 2 月初，本项目技术人员对现场的土壤电阻率进行了测量，如图 7-9 所示。测量结果如表 7-3 所示。

图 7-9　现场实况及测量仪器

表 7-3　土壤电阻率测量值

测量点	桩间距 5m	桩间距 8m	桩间距 10m
分区（南北方向）	116.2Ω · m	130.6Ω · m	138.1Ω · m

根据现场测量点的土壤电阻率，计算土壤电阻率平均值为

$$\rho_1 = \frac{116.2 + 130.6 + 138.1}{3} = 128.3 \tag{7.6}$$

根据 GB/T 21431-2008，现场土壤含砂砾比较多，因为测量之前下过雨，土壤含水率

较高，因此，取季节修正系数 ψ=1.3。

基于此， $\rho=\rho_0\psi=128.3\times1.3=166.8\Omega\cdot m$。

7.3.3 地下水水质分析

根据《岩土工程勘察规范》（GB 50021-2001）和湖南大学设计研究院有限责任公司撰写的《某大型国际社区二期一区工程初步设计》，结合地层特点及场地环境类型进行分析，结果显示场地地下水对混凝土具有微腐蚀性，对钢筋混凝土结构中的钢筋也具有微腐蚀性。

7.3.4 周边环境

本项目场地东侧为正在兴建的坪塘大道靳江河大桥，南侧紧邻荆江河，西侧为本项目 053 号地块，北侧紧邻南二环，如图 7-10 所示。

图 7-10 某大型国际社区二期一区工程项目周边环境

7.4 确定评估指标的隶属度

根据风险评估采集的相关数据，可以依次计算各指标因子的隶属度。

7.4.1 雷电风险各指标隶属度的确定

1. 雷击密度

根据定量指标隶属度的确定方法和区域年雷击密度分级标准，令 v_1、v_2、v_3、v_4、v_5 分别为 0.5、1.5、2.5、3.5、10（取等级范围中间值）。

根据资料统计，项目周边地区雷击密度为 4.7 次/(km^2 · a)，根据极小型隶属函数处理

方法，有

$$\mu_{v_4}(v_4)=\frac{10-4.7}{10-3.5}=0.82 \tag{7.7}$$

$$\mu_{v_5}(v_5)=\frac{4.7-3.5}{10-3.5}=0.18 \tag{7.8}$$

因此，可以得出雷击密度隶属度如表 7-4 所示。

表 7-4 雷击密度隶属度

危险等级	Ⅰ级	Ⅱ级	Ⅲ级	Ⅳ级	Ⅴ级
雷击密度	0	0	0	0.82	0.18

2. 雷电流强度

依据项目所在区域雷电流强度统计结果可知，从雷电流强度幅值概率分布可得出雷电流强度隶属度，如表 7-5 所示。

表 7-5 雷电流强度隶属度

危险等级	Ⅰ级	Ⅱ级	Ⅲ级	Ⅳ级	Ⅴ级
雷电流强度	0.043	0.125	0.414	0.237	0.181

7.4.2 地域风险各指标隶属度的确定

1. 土壤结构

1）土壤电阻率

根据定量指标隶属度的确定方法和土壤电阻率分级标准，令 v_1、v_2、v_3、v_4、v_5 分别为 4000、2000、650、200、50（取等级范围中间值）。

依据“就高不就低”的原则，采用土壤电阻率为 128.3Ω · m，根据极小型隶属函数处理方法，有

$$\mu_{v_4}(v_4)=\frac{200-128.3}{200-50}=0.522 \tag{7.9}$$

$$\mu_{v_5}(v_5)=\frac{128.3-50}{200-50}=0.478 \tag{7.10}$$

因此，本项目土壤电阻率隶属度如表 7-6 所示。

表 7-6 土壤电阻率隶属度

危险等级	Ⅰ级	Ⅱ级	Ⅲ级	Ⅳ级	Ⅴ级
土壤电阻率	0	0	0	0.522	0.478

2）土壤垂直分层

勘察段地质条件较简单，地层较均匀，基岩面起伏小，通过查阅地质勘察报告，取 $\Delta\rho$=128.3Ω · m。

根据定量指标隶属度的确定方法和土壤垂直分层分级标准，令 v_1、v_2、v_3、v_4、v_5 分别为 5、20、65、200、1150（取等级范围中间值），根据极小型隶属函数处理方法，有

$$\mu_{v_3}(v_3)=\frac{200-128.3}{200-65}=0.531 \tag{7.11}$$

$$\mu_{v_4}(v_4)=\frac{128.3-65}{200-65}=0.469 \tag{7.12}$$

因此，本项目区域的土壤垂直分层隶属度如表 7-7 所示。

表 7-7　土壤垂直分层隶属度

危险等级	Ⅰ级	Ⅱ级	Ⅲ级	Ⅳ级	Ⅴ级
土壤垂直分层	0	0	0.531	0.469	0

3）土壤水平分层

本项目区域地层主要由第四系人工堆积物、河流冲积物（粉砂、粉质黏土、细砂、圆砾）和残积粉质黏土组成，下伏基岩为元古界冷家溪群板岩。参考地质勘察报告及 GB 21431，$\Delta\rho$ 取 341.25Ω · m。

根据定量指标隶属度的确定方法和土壤水平分层分级标准，令 v_1、v_2、v_3、v_4、v_5 分别为 50、200、650、2000、5000（取等级范围中间值），根据极小型隶属函数处理方法，有

$$\mu_{v_2}(v_2)=\frac{650-341.25}{650-200}=0.575 \tag{7.13}$$

$$\mu_{v_3}(v_3)=\frac{341.25-200}{650-200}=0.425 \tag{7.14}$$

因此，本项目区域的土壤水平分层隶属度如表 7-8 所示。

表 7-8　土壤水平分层隶属度

危险等级	Ⅰ级	Ⅱ级	Ⅲ级	Ⅳ级	Ⅴ级
土壤水平分层	0	0.575	0.425	0	0

2．地形地貌

勘查场地的地貌单元为河流侵蚀地貌，地势较平坦。因此，根据地形地貌分级标准，可明显判断地形地貌的隶属度，如表 7-9 所示。

表 7-9　地形地貌隶属度

危险等级	Ⅰ级	Ⅱ级	Ⅲ级	Ⅳ级	Ⅴ级
地形地貌	0	0	0	1	0

3．周边环境

1）安全距离

根据现场勘测，项目周边 1km 范围内没有影响评估项目的危化、危爆、易燃、油气、

化工等危险场所或建（构）筑物。因此，结合安全距离分级标准，可判断出安全距离隶属度为Ⅰ级，如表 7-10 所示。

表 7-10　安全距离隶属度

危险等级	Ⅰ级	Ⅱ级	Ⅲ级	Ⅳ级	Ⅴ级
安全距离	1	0	0	0	0

2）相对高度

本项目周边为该国际社区的其他小区，其建筑物高度与本项目国际社区建筑物高度类似。所以，可近似认为本项目区域外局部地区有雷击接闪点，如表 7-11 所示。

表 7-11　相对高度隶属度

危险等级	Ⅰ级	Ⅱ级	Ⅲ级	Ⅳ级	Ⅴ级
相对高度	0	0	1	0	0

3）电磁环境

根据现场勘测，本项目与周边高点的最近距离为 100m。所以，根据公式求出周边最近高点一旦遭受 150kA 的雷电流所对应的电磁强度 B_0 为

$$B_0 = 0.3/S_a = 0.3/0.1 = 3\text{Gs}$$

则它对本评估区域产生 3Gs 的电磁影响。

根据定量指标隶属度的确定方法和电磁影响分级标准，令 v_1、v_2、v_3、v_4、v_5 分别为 0.015、0.39、1.575、3.6、12（取等级范围中间值），则有

$$\mu_{v_3}(v_3) = \frac{6-3}{6-1.575} = 0.678 \tag{7.15}$$

$$\mu_{v_4}(v_4) = \frac{3-1.575}{6-1.575} = 0.322 \tag{7.16}$$

因此，电磁环境隶属度如表 7-12 所示。

表 7-12　电磁环境隶属度

危险等级	Ⅰ级	Ⅱ级	Ⅲ级	Ⅳ级	Ⅴ级
电磁环境	0	0	0.678	0.322	0

7.4.3　承灾体风险各指标隶属度的确定

1. 项目属性

1）使用性质

本项目属于民居建筑物，结合使用性质分级标准，判断出使用性质完全隶属于Ⅲ级，具体如表 7-13 所示。

表 7-13　使用性质隶属度

危险等级	Ⅰ级	Ⅱ级	Ⅲ级	Ⅳ级	Ⅴ级
使用性质	0	0	1	0	0

2）人员数量

本项目为住宅小区，合计 1718 户，按照一户 3 人估计，本项目区域常住人口为 5154 人，根据定量指标隶属度的确定方法和区域内项目人员定额分级标准，令 v_1、v_2、v_3、v_4、v_5 分别为 50、200、650、2000、6500（取等级范围中间值），根据极小型隶属函数处理方法，有

$$\mu_{v_4}(v_4)=\frac{6500-5154}{6500-2000}=0.299 \tag{7.17}$$

$$\mu_{v_5}(v_5)=\frac{5154-2000}{6500-2000}=0.701 \tag{7.18}$$

因此，人员数量隶属度如表 7-14 所示。

表 7-14　人员数量隶属度

危险等级	Ⅰ级	Ⅱ级	Ⅲ级	Ⅳ级	Ⅴ级
人员数量	0	0	0	0.299	0.701

3）影响程度

本项目区域一旦遭受雷电灾害，一般不会产生危及区域外的爆炸或火灾危险。结合影响程度分级标准，本项目影响程度完全隶属于Ⅰ级，如表 7-15 所示。

表 7-15　影响程度隶属度

危险等级	Ⅰ级	Ⅱ级	Ⅲ级	Ⅳ级	Ⅴ级
影响程度	1	0	0	0	0

2．建（构）筑物特征

1）占地面积

根据设计图纸，本项目总建筑面积为 60698m^2。根据定量指标隶属度的确定方法和占地面积分级标准，令 v_1、v_2、v_3、v_4、v_5 分别为 1250、3750、6250、8750、30000（取等级范围中间值），则判定本项目占地面积完全隶属于Ⅴ级，如表 7-16 所示。

表 7-16　占地面积隶属度

危险等级	Ⅰ级	Ⅱ级	Ⅲ级	Ⅳ级	Ⅴ级
占地面积	0	0	0	0	1

2）材料结构

根据本项目提供的资料，可知本项目的建（构）筑物材料结构为钢筋混凝土形式，因此，可以得出本项目的材料结构完全隶属于Ⅳ级，如表 7-17 所示。

表 7-17　材料结构隶属度

危险等级	Ⅰ级	Ⅱ级	Ⅲ级	Ⅳ级	Ⅴ级
材料结构	0	0	0	1	0

3）等效高度

项目建筑物等效高度为 111m，根据定量指标隶属度的确定方法和等效高度分级标准，令 v_1、v_2、v_3、v_4、v_5 分别为 15、37.5、52.5、80、150（取等级范围中间值）。根据极小型隶属函数处理方法，有

$$\mu_{v_4}(v_4)=\frac{150-111}{150-80}=0.557 \tag{7.19}$$

$$\mu_{v_5}(v_5)=\frac{111-80}{150-80}=0.443 \tag{7.20}$$

因此，等效高度隶属度如表 7-18 所示。

表 7-18　等效高度隶属度

危险等级	Ⅰ级	Ⅱ级	Ⅲ级	Ⅳ级	Ⅴ级
等效高度	0	0	0	0.557	0.443

3．电子电气系统

1）电子系统

本项目主要配备了安全防范监控系统、火灾自动报警及消防联动控制系统设计等电子系统。结合电子系统的分级标准，本项目的电子系统完全隶属于Ⅱ级，电子系统隶属度如表 7-19 所示。

表 7-19　电子系统隶属度

危险等级	Ⅰ级	Ⅱ级	Ⅲ级	Ⅳ级	Ⅴ级
电子系统	0	1	0	0	0

2）电气系统

根据本项目的设计资料，本项目主要电气系统为照明系统，且有三级负荷。结合电气系统分级标准可知，本项目的电气系统完全隶属于Ⅰ级，如表 7-20 所示。

表 7-20　电气系统隶属度

危险等级	Ⅰ级	Ⅱ级	Ⅲ级	Ⅳ级	Ⅴ级
电气系统	1	0	0	0	0

7.5　三层综合评价

根据层次分析法（AHP）的原理，结合前面各章节关于雷电环境、地域特征、项目属性等资料的综合分析，项目组将第一级、第二级、第三级指标的权重设定如下。

7.5.1　第三级指标的综合评价

1. 土壤结构的综合评价

土壤结构隶属度如表 7-21 所示。

表 7-21　土壤结构隶属度

土壤结构	Ⅰ级	Ⅱ级	Ⅲ级	Ⅳ级	Ⅴ级
土壤电阻率	0	0	0	0.522	0.478
土壤垂直分层	0	0	0.531	0.469	0
土壤水平分层	0	0.575	0.425	0	0

结合土壤结构隶属度矩阵及相关历史资料，土壤结构的判断矩阵及对应的权重如表 7-22 所示。

表 7-22　土壤结构的判断矩阵及对应的权重

土壤结构	土壤电阻率	土壤垂直分层	土壤水平分层	权　重
土壤电阻率	1	3/2	2	0.4615
土壤垂直分层	2/3	1	4/3	0.3077
土壤水平分层	1/2	3/4	1	0.2308
$\lambda_{\max}=3.0$	CI=0	CR= 0　通过一致性验证		

其中，进行判断矩阵的一致性检验，需要计算一致性指标，有

$$\mathrm{CI}=\frac{\lambda_{\max}-n}{n-1}=\frac{3-3}{3-1}=0 \tag{7.21}$$

另外，平均随机一致性指标由表 3-2 得到，RI=0.52，则随机一致性比率为

$$\mathrm{CR}=\frac{\mathrm{CI}}{\mathrm{RI}}=\frac{0}{0.52}=0 \tag{7.22}$$

分析土壤结构的三个下属指标的隶属度及权重，可知土壤电阻率对土壤结构的影响最大，土壤垂直分层和土壤水平分层对土壤结构的影响程度相差不多，土壤垂直分层影响稍大。

同时，根据上述隶属度与权重，依据 $\boldsymbol{B}=\boldsymbol{W}\cdot\boldsymbol{R}$，计算土壤结构的综合评价矩阵 $\boldsymbol{B}$ 如表 7-23 所示。

表 7-23　土壤结构的综合评价矩阵

危险等级	Ⅰ级	Ⅱ级	Ⅲ级	Ⅳ级	Ⅴ级
土壤结构	0	0.1327	0.2615	0.3852	0.2206

2．周边环境的综合评价

周边环境的隶属度如图 7-24 所示。

表 7-24　周边环境的隶属度

周边环境	Ⅰ级	Ⅱ级	Ⅲ级	Ⅳ级	Ⅴ级
安全距离	1	0	0	0	0
相对高度	0	0	1	0	0
电磁环境	0	0	0.678	0.322	0

结合周边环境隶属度矩阵及相关历史资料，周边环境的判断矩阵及对应的权重结果如表 7-25 所示。

表 7-25　周边环境的判断矩阵及对应的权重

周边环境	安全距离	相对高度	电磁环境	权　重
安全距离	1	1/3	1	0.2000
相对高度	3	1	3	0.6000
电磁环境	1	1/3	1	0.2000
$\lambda_{max}=3.0$	CI= 0	CR=0<0.1　通过一致性验证		

分析周边环境的三个下属指标的隶属度及权重，可知相对高度对周边环境的影响最大，其次是电磁环境，安全距离的影响最小。

同时，根据上述隶属度与权重，计算出周边环境的综合评价矩阵如表 7-26 所示。

表 7-26　周边环境的综合评价矩阵

危险等级	Ⅰ级	Ⅱ级	Ⅲ级	Ⅳ级	Ⅴ级
周边环境	0.2000	0	0.7356	0.0644	0

3．项目属性的综合评价

项目属性的隶属度如表 7-27 所示。

表 7-27　项目属性的隶属度

项目属性	Ⅰ级	Ⅱ级	Ⅲ级	Ⅳ级	Ⅴ级
使用性质	0	0	1	0	0
人员数量	0	0	0	0.299	0.701
影响程度	1	0	0	0	0

结合项目属性隶属度矩阵及相关历史资料，项目属性的判断矩阵及对应的权重如表 7-28 所示。

表 7-28　项目属性的判断矩阵及对应的权重

项目属性	使用性质	人员数量	影响程度	权　重
使用性质	1	1/2	2	0.2857
人员数量	2	1	4	0.5714
影响程度	1/2	1/4	1	0.1429
$\lambda_{max}=3$	CI=0	CR= 0 通过一致性验证		

分析项目属性的三个下属指标的隶属度及权重，可知人员数量对项目属性的影响最大，其次是使用性质，影响程度的影响最小。

同时，根据上述隶属度与权重，计算出项目属性的综合评价矩阵如表 7-29 所示。

表 7-29　项目属性的综合评价矩阵

危险等级	Ⅰ级	Ⅱ级	Ⅲ级	Ⅳ级	Ⅴ级
项目属性	0.1429	0	0.2857	0.1709	0.4005

4．建（构）筑物特征的综合评价

建（构）筑物特征的隶属度如表 7-30 所示。

表 7-30　建（构）筑物特征的隶属度

建（构）筑物特征	Ⅰ级	Ⅱ级	Ⅲ级	Ⅳ级	Ⅴ级
占地面积	0	0	0	0	1
材料结构	0	0	0	1	0
等效高度	0	0	0	0.5571	0.4429

结合建（构）筑物特征隶属度矩阵及相关历史资料，建（构）筑物特征的判断矩阵及对应的权重如表 7-31 所示。

表 7-31　建（构）筑物特征的判断矩阵及对应的权重

建（构）筑物特征	占地面积	材料结构	等效高度	权　重
占地面积	1	3	3/2	0.5000
材料结构	1/3	1	1/2	0.1667
等效高度	2/3	2	1	0.3333
$\lambda_{max}=3$	CI=0	CR=0<0.1　通过一致性验证		

分析建（构）筑物特征的三个下属指标的隶属度及权重，可知占地面积对建（构）筑物特征的影响最大，其次是等效高度和材料结构。

同时，根据上述隶属度与权重，计算出建（构）筑物特征的综合评价矩阵如表 7-32 所示。

表 7-32 建（构）筑物特征的综合评价矩阵

危险等级	Ⅰ级	Ⅱ级	Ⅲ级	Ⅳ级	Ⅴ级
建（构）筑物特征	0	0	0	0.3524	0.6476

5. 电子电气系统的综合评价

电子电气系统的隶属度如表 7-33 所示。

表 7-33 电子电气系统的隶属度

电子电气系统	Ⅰ级	Ⅱ级	Ⅲ级	Ⅳ级	Ⅴ级
电子系统	0	1	0	0	0
电气系统	1	0	0	0	0

结合电子电气系统隶属度矩阵及相关历史资料，电子电气系统的判断矩阵及对应的权重如表 7-34 所示。

表 7-34 电子电气系统的判断矩阵及对应的权重

电子电气系统	电子系统	电气系统	权 重
电子系统	1	2/3	0.4000
电气系统	3/2	1	0.6000
$\lambda_{max}=2.00$	CI=0	CR=0<0.1 通过一致性验证	

分析电子电气系统的两个下属指标的隶属度及权重，可知电气系统对电子电气系统的影响较大，而电子系统的影响相对小一些。

同时，根据上述的隶属度与权重，计算出电子电气系统的综合评价矩阵如表 7-35 所示。

表 7-35 电子电气系统的综合评价矩阵

危险等级	Ⅰ级	Ⅱ级	Ⅲ级	Ⅳ级	Ⅴ级
电子电气系统	0.6000	0.4000	0	0	0

6. 小结

结合第三级指标的隶属度及其权重，可得出表 7-36。

表 7-36 第三级指标对第二级指标的影响排序

第二级指标	第三级指标对第二级指标的影响排序
土壤结构	土壤电阻率＞土壤垂直分层＞土壤水平分层
周边环境	相对高度＞安全距离≥电磁影响
项目属性	人员数量＞使用性质＞影响程度
建（构）筑物特征	占地面积＞等效高度＞材料结构
电子电气系统	电气系统＞电子系统

7.5.2　第二级指标的综合评价

1. 雷电危险的综合评价

雷电风险的隶属度如表 7-37 所示。

表 7-37　雷电风险的隶属度

雷电风险	Ⅰ级	Ⅱ级	Ⅲ级	Ⅳ级	Ⅴ级
雷击密度	0	0	0	0.82	0.18
雷电流强度	0.043	0.125	0.414	0.237	0.181

结合雷电风险隶属度矩阵及相关历史资料，雷电风险的判断矩阵及对应的权重如表 7-38 所示。

表 7-38　雷电风险的判断矩阵及对应的权重

雷电风险	雷击密度	雷电流强度	权　重
雷击密度	1	3/2	0.6000
雷电流强度	2/3	1	0.4000
$\lambda_{max}=2.00$	CI=0	CR=0＜0.1 通过一致性验证	

分析雷电风险的两个下属指标的隶属度及权重，可知雷电流强度和雷击密度的影响几乎相同，雷击密度的影响稍大。

同时，根据上述隶属度与权重，计算出雷电风险的综合评价矩阵如表 7-39 所示。

表 7-39　雷电风险的综合评价矩阵

危险等级	Ⅰ级	Ⅱ级	Ⅲ级	Ⅳ级	Ⅴ级
雷电风险	0.0172	0.0500	0.1656	0.5868	0.1804

2. 地域风险的综合评价

地域风险的隶属度矩阵如表 7-40 所示。

表 7-40　地域风险的隶属度矩阵

地域风险	Ⅰ级	Ⅱ级	Ⅲ级	Ⅳ级	Ⅴ级
土壤结构	0	0.1327	0.2615	0.3852	0.2206
地形地貌	0	0	0	1	0
周边环境	0.2000	0	0.7356	0.0644	0

结合地域风险隶属度矩阵及相关历史资料，地域风险的判断矩阵及对应的权重如表 7-41 所示。

表 7-41　地域风险的判断矩阵及对应的权重

地域风险	土壤结构	地形地貌	周边环境	权　重
土壤结构	1	5/4	5/3	0.4167
地形地貌	4/5	1	4/3	0.3333
周边环境	3/5	3/4	1	0.2500
$\lambda_{max}=3$	CI=0	CR=0＜0.1 通过一致性验证		

分析地域风险的三个下属指标的隶属度及权重，可知土壤结构对地域风险的影响最大，其次是地形地貌，影响最小的是周边环境。

同时，根据上述隶属度与权重，计算出地域风险的综合评价矩阵如表 7-42 所示。

表 7-42　地域风险的综合评价矩阵

危险等级	Ⅰ级	Ⅱ级	Ⅲ级	Ⅳ级	Ⅴ级
地域风险	0.0500	0.0553	0.2929	0.5099	0.0919

3．承灾体风险的综合评价

承灾体风险的隶属度如表 7-43 所示。

表 7-43　承灾体风险的隶属度

承灾体风险	Ⅰ级	Ⅱ级	Ⅲ级	Ⅳ级	Ⅴ级
项目属性	0.1429	0	0.2857	0.1709	0.4005
建（构）筑物特征	0	0	0	0.3524	0.6476
电子电气系统	0.6000	0.4000	0	0	0

结合承灾体风险隶属度矩阵及相关历史资料，承灾体风险的判断矩阵及对应的权重如表 7-44 所示。

表 7-44　承灾体风险的判断矩阵及对应的权重

承灾体风险	项目属性	建（构）筑物特征	电子电气系统	权　重
项目属性	1	4/5	4	0.4000
建（构）筑物特征	5/4	1	5	0.5000
电子电气系统	1/4	1/5	1	0.1000
$\lambda_{max}=3$	CI=0	CR=0 通过一致性验证		

分析承灾体风险的三个下属指标的隶属度及权重，可知建（构）筑物特征对承灾体风险的影响较大，其次是项目属性，影响最小的是电子电气系统。

同时，根据上述的隶属度与权重，计算出承灾体风险的综合评价矩阵如表 7-45 所示。

表 7-45　承灾体风险的综合评价矩阵

危险等级	Ⅰ级	Ⅱ级	Ⅲ级	Ⅳ级	Ⅴ级
承灾体风险	0.1172	0.0400	0.1143	0.2446	0.4840

4．小结

结合第二级指标的隶属度及其权重，可得出表 7-46。

表 7-46　第二级指标对第一级指标的影响排序

第一级指标	第二级指标对第一级指标的影响排序
雷电风险	雷击密度＞雷电流强度
地域风险	土壤结构＞地形地貌＞周边环境
承灾体风险	建（构）筑物特征＞项目属性＞电子电气系统

7.5.3　第一级指标的综合评价

1．第一级指标的隶属度及综合评价

第一级指标的隶属度如表 7-47 所示。

表 7-47　第一级指标的隶属度

区域雷电灾害风险	Ⅰ级	Ⅱ级	Ⅲ级	Ⅳ级	Ⅴ级
雷电风险	0.0172	0.0500	0.1656	0.5868	0.1804
地域风险	0.0500	0.0553	0.2929	0.5099	0.0919
承灾体风险	0.1172	0.0400	0.1143	0.2446	0.4840

结合第一级指标的隶属度矩阵及相关历史资料，第一级指标的判断矩阵及对应的权重如表 7-48 所示。

表 7-48　第一级指标的判断矩阵及对应的权重

第一级指标	雷电风险	地域风险	承灾体风险	权　重
雷电风险	1	4/3	8/9	0.3478
地域风险	3/4	1	2/3	0.2609
承灾体风险	9/8	3/2	1	0.3913
$\lambda_{max}=3.00$	CI=0	CR=0 通过一致性验证		

同时，根据上述隶属度与权重，计算出第一级指标的综合评价矩阵如表 7-49 所示。

表 7-49　第一级指标的综合评价矩阵

危险等级	Ⅰ级	Ⅱ级	Ⅲ级	Ⅳ级	Ⅴ级
区域雷电灾害风险	0.0649	0.0475	0.1787	0.4328	0.2761

2. 小结

结合区域雷电灾害风险的三大风险指标的隶属度及其权重可知，承灾体风险对区域雷电灾害风险影响最大，其次是雷电风险，地域风险的影响最小。

7.6 区域雷电灾害风险评估结论

7.6.1 风险等级

区域雷电灾害风险隶属度如表 7-50 所示。

表 7-50 区域雷电灾害风险隶属度

危险等级	Ⅰ级	Ⅱ级	Ⅲ级	Ⅳ级	Ⅴ级
区域雷电灾害风险	0.0649	0.0475	0.1787	0.4328	0.2761

根据表 7-50 所示区域雷电灾害风险隶属度，结合最终计算得到的区域雷电灾害风险Ⅰ级、Ⅱ级、Ⅲ级、Ⅳ级、Ⅴ级的隶属度 b_1、b_2、b_3、b_4、b_5，可根据综合评价 $g = b_1 + 3b_2 + 5b_3 + 7b_4 + 9b_5$，求得 g=6.6154。

因此，本评估项目雷电灾害风险处于危险等级Ⅳ级，且主要风险来自承灾体风险，次要风险来自雷电风险与地域风险。

7.6.2 影响因子（第二级）雷电灾害风险评估结论

第二级指标相对总目标的权重如表 7-51 所示。

表 7-51 第二级指标相对总目标权重

第二级指标	第一级指标权重	第二级指标权重	第二级指标相对总目标权重
雷击密度	0.3478	0.6	0.20868
雷电流强度		0.4	0.13912
土壤结构	0.2609	0.4167	0.10872
地形地貌		0.3333	0.08696
周边环境		0.25	0.06523
项目属性	0.3913	0.4	0.15652
建（构）筑物特征		0.5	0.19565
电子电气系统		0.1	0.03913

根据第二级指标相对总目标权重，绘制第二级指标相对总目标权重图（见图 7-11），以更直观地反映第二级指标之间影响力的大小。

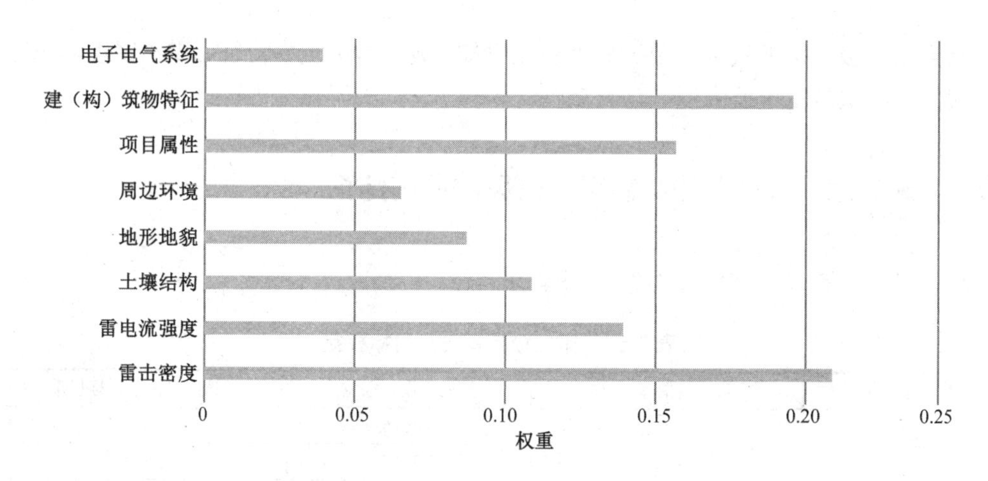

图 7-11　第二级指标相对总目标权重

同时，本项目汇总了第二级指标隶属度，如表 7-52 所示。另外，结合隶属度汇总情况给出了第二级指标最大隶属度及对应的危险等级图，如图 7-12 所示。

表 7-52　第二级指标隶属度汇总

第二级指标	危险等级				
	Ⅰ级	Ⅱ级	Ⅲ级	Ⅳ级	Ⅴ级
雷击密度	0	0	0	0.82	0.18
雷电流强度	0.043	0.125	0.414	0.237	0.181
土壤结构	0	0.1327	0.2615	0.3852	0.2206
地形地貌	0	0	0	1	0
周边环境	0.2	0	0.7356	0.0644	0
项目属性	0.1429	0	0.2857	0.1709	0.4005
建（构）筑物特征	0	0	0	0.3524	0.6476
电子电气系统	0.6	0.4	0	0	0

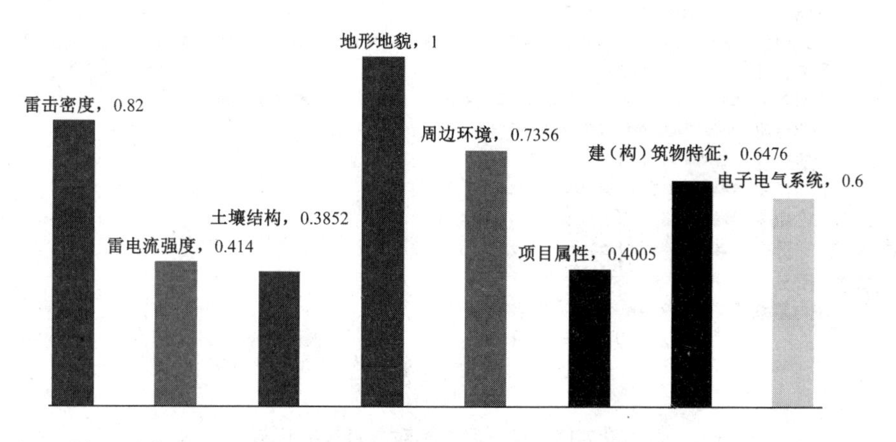

注：图中由黑到灰五种色度分别表示危险等级为Ⅴ级、Ⅳ级、Ⅲ级、Ⅱ级、Ⅰ级。

图 7-12　第二级指标的最大隶属度及所处危险等级

结合第二级指标的权重图及隶属度图表可知，建（构）筑物特征、雷击密度对该项目影响较大，其次是雷电流强度、项目属性。

7.6.3 影响因子（第三级）雷电灾害风险评估结论

第三级指标占总目标权重如表7-53所示。

表7-53 第三级指标占总目标权重

第三级指标	第二级指标权重	第三级指标权重	第三级占总目标权重
土壤电阻率	0.10872	0.4615	0.05017
土壤垂直分层		0.3077	0.03345
土壤水平分层		0.2308	0.02509
安全距离	0.06523	0.2	0.01305
相对高度		0.6	0.03914
电磁环境		0.2	0.01305
使用性质	0.15652	0.2857	0.04472
人员数量		0.5714	0.08944
影响程度		0.1429	0.02237
占地面积	0.19565	0.5	0.09783
材料结构		0.1667	0.03261
等效高度		0.3333	0.06521
电子系统	0.03913	0.4	0.01565
电气系统		0.6	0.02348

根据第三级指标权重表，绘制第三级指标对总目标的权重图，如图7-13所示。

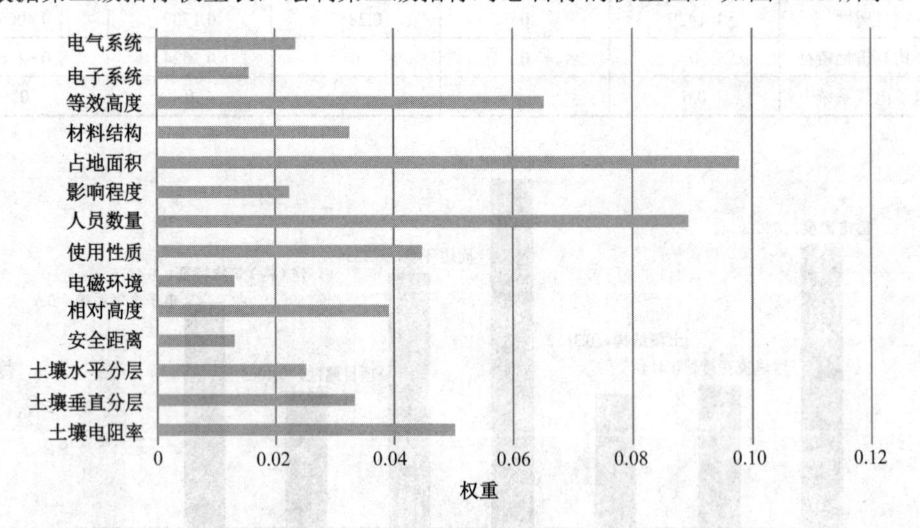

图7-13 第三级指标对总目标的权重

由图7-13可知，第三级指标对总目标的权重大小，以上权重也体现了各影响因素在总目标中的作用大小。第三级指标隶属度汇总如表 7-54 所示。

表 7-54 第三级指标隶属度汇总

第三级指标	危险等级				
	Ⅰ级	Ⅱ级	Ⅲ级	Ⅳ级	Ⅴ级
土壤电阻率	0	0	0	0.522	0.478
土壤垂直分层	0	0	0.5311	0.4689	0
土壤水平分层	0	0.575	0.425	0	0
安全距离	1	0	0	0	0
相对高度	0	0	1	0	0
电磁环境	0	0	0.678	0.322	0
使用性质	0	0	1	0	0
人员数量	0	0	0	0.2991	0.7009
影响程度	1	0	0	0	0
占地面积	0	0	0	0	1
材料结构	0	0	0	1	0
等效高度	0	0	0	0.5571	0.4429
电子系统	0	1	0	0	0
电气系统	1	0	0	0	0

综合以上分析，根据第三级指标综合评价得出，第三级指标最大隶属度及所处危险等级如图 7-14 所示。

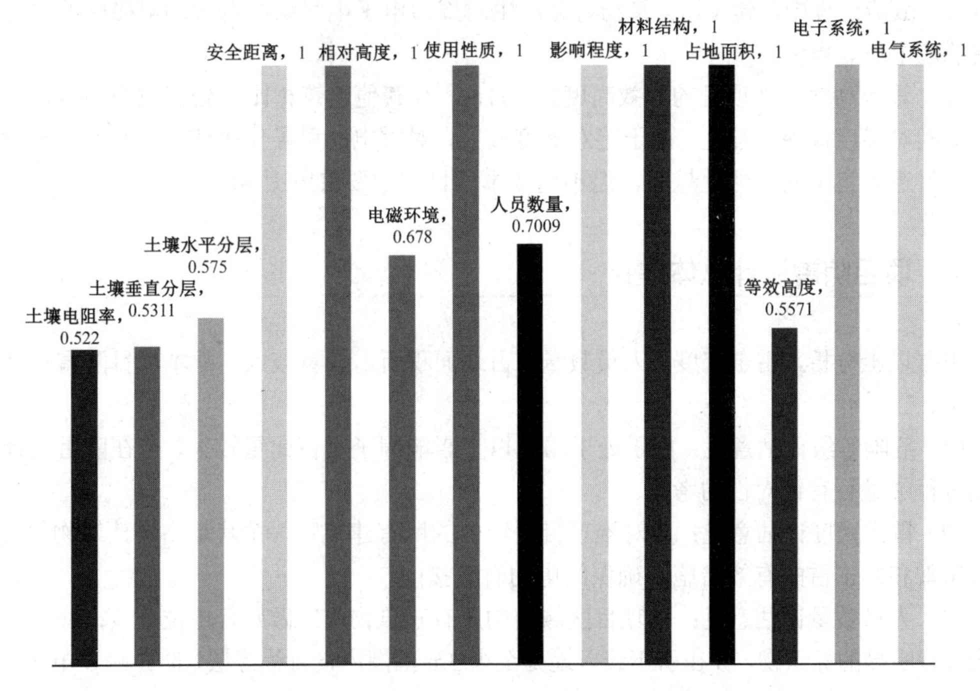

注：图中由黑到灰五种色度分别表示危险等级为Ⅴ级、Ⅳ级、Ⅲ级、Ⅱ级、Ⅰ级。

图 7-14 第三级指标最大隶属度及所处危险等级

从图 7-14 中可以看出，处于低危险等级Ⅱ级、Ⅰ级的第三级指标有 5 个，而其余第三级指标所处的危险等级均在Ⅲ级及以上。

结合第三级指标的权重及隶属度来看，主要影响因子为占地面积、人员数量；次要影响因子为材料结构、等效高度等，而其他因子影响较小。

7.6.4 雷电灾害主要风险分析

（1）雷击密度：本项目所在区域年平均雷击密度为 4.7 次/km^2，雷击密度较大，意味着该区域每年的落雷次数较多，造成雷击后果的概率较大。

（2）占地面积：根据设计图纸，本项目总建筑面积 60698m^2，占地面积极大，且所处位置为河流周边，属于易遭雷击地点。

（3）人员数量：根据项目图纸估算，区域内人员为 5154 人，均为常住人口，因此，本项目区域内的人口密度相当大，雷击造成人员伤亡的概率非常高。

7.6.5 雷电灾害次要风险分析

（1）材料结构：本项目采用成熟且广泛应用的钢混材料为建（构）筑物主体材料。钢混材料对雷电的接闪性能较好，散流通畅，但这也提高了建（构）筑物自身的接闪次数。另外，在散流过程中，建（构）筑物将会产生对周边电子电气系统有害的电磁脉冲辐射及电磁感应电压、电流。

（2）等效高度：本项目的等效高度为 111m，与其他建筑相比，处在适中高度，没有突出的相对高度体现。但是，由于绝对高度较大，对雷电的引导作用依然明显。该高度越大，项目遭受雷击的可能性越大，但不构成本项目的主要雷电因素。

7.6.6 项目防雷设计总体建议

根据以上分析，雷击密度、人员数量、占地面积所占权重较大，故本项目防雷设计建议如下。

（1）危险等级评估意见：由于处于Ⅲ级以上影响因子所占比重较大，应在防雷设计和规划过程中进行有针对性的考虑。

（2）雷击密度评估意见：应对本项目区域内的所有建筑物，尤其是高层建筑物，做好防直击雷和侧击雷的有效措施，确保闪电的有效接闪。

（3）人员数量评估意见：本项目区域内的所有建筑物内应做好等电位连接，在引下线处应设置明显的标识物，并在引下线入地处至少 3m 范围内设置绝缘层，防止跨步电压，必要时应增加均压措施。

（4）材料结构评估意见：本项目高层建筑物为钢混结构建筑物，因此，应根据《建筑物的防雷设计规范》（GB 50057-2010）做好接地，并保证定期检测。同时，在工程实施过程中，可利用建筑物本身主钢筋作为引下线。为了保证引下线的分流均衡，在防雷设计中等电位连接非常重要。等电位连接必须考虑各种进出管道线路的位置和布局，否则会因过电压侵入和反击造成设备损害和人员伤亡。

整体来看，建议本项目做好综合防雷设计，并在项目建成以后接受相关部门定期防雷装置安全检测，做好雷电防护应急预案，加强防雷管理。

第 8 章

案例与应用——石油化工项目工程

本章以某油库项目工程为例，详细介绍了如何对具有爆炸危险性质的项目工程进行现场采集数据、数据处理和计算，以及给出最后的雷电风险评估结论。

8.1 项目概况

本油库项目位于长沙市望城区铜官循环经济工业基地，规划区位于长沙市开福区北部，属望城区铜官镇管辖，位置示意如图 8-1 所示。

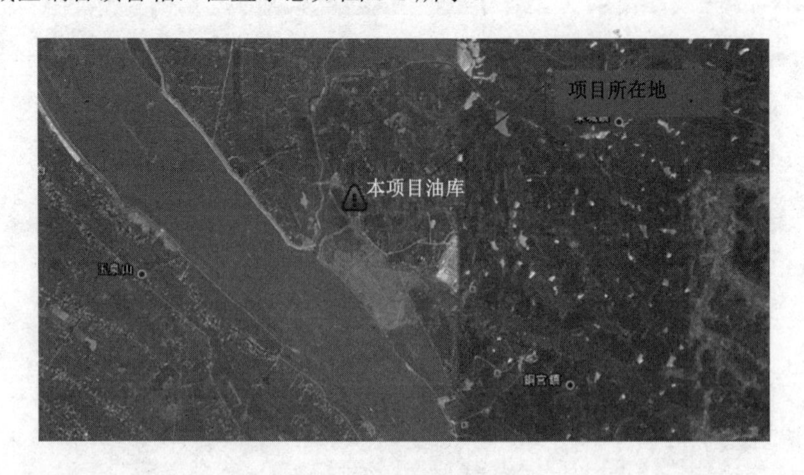

图 8-1 本项目油库位置示意

8.2　区域雷电灾害风险评估对象分析

本项目库区拟存放柴油和 90#、93#、97#汽油等燃料，预计到 2020 年本项目油库区总罐容增至 $40×10^4m^3$。

经查阅文献柴油的燃点为 220℃，汽油的燃点为 427℃。另外，资料显示本项目油库不仅有铁路油品装卸区、汽车油罐车装卸区，还有卸油码头，油品存储和周转量大，油品装卸操作频繁。在油品装卸、经营、设备检修等过程中势必存在油气泄漏，这些气体一旦和空气混合达到可燃气体敏感体积浓度的 2.0%～7.0%，仅需 0.2～0.9MJ 的火花能量就足以点燃，引起火灾爆炸事故。

大量观测数据表明，一次闪电放电电荷 Q 可为不到 1 库仑到 1000 库仑以上，这些能量在不到几十微秒的时间内释放，导致雷击点温度骤然升高，温升瞬间可达 6000～10000℃。

若本项目区域在常温下被雷电击中，则雷击点温度会骤然升高，并超过燃点，很有可能引起存储物燃烧或者爆炸。

根据本项目各功能区使用性质、建（构）筑物特征、电子电气系统及雷击后果等特点，本评估将项目区域分为六大区域，如图 8-2 所示。

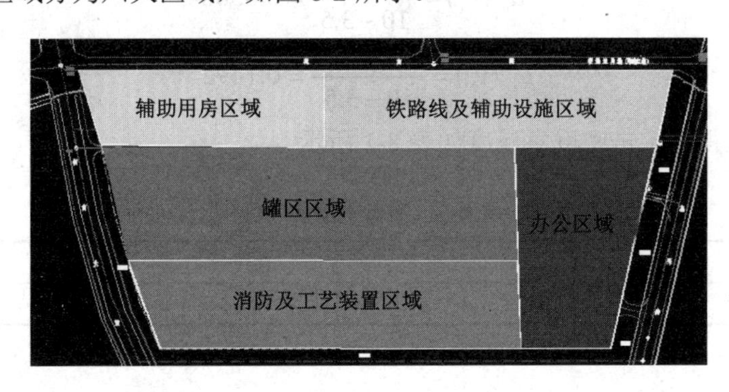

图 8-2　项目区域划分

（1）罐区区域：该区域占地面积为 $85067.3m^2$，包括 $30000m^3$ 柴油罐 8 座、$30000m^3$ 93#汽油罐 4 座、$10000m^3$ 柴油罐 2 座、$5000m^3$ 93#汽油罐 4 座。区域内建（构）筑物最高高度 19.80m。

（2）办公区域：该区域占地面积 $43480.27m^2$，包括中心化验室、综合办公室、营业控制室、停车区域等建筑物，区域内建（构）筑物最高高度 11.8m。

（3）消防及工艺装置区域：该区域占地面积 $61123.63m^2$，包括消防水池、UPS 及 I/O 间、控制室、计量装置区、配电室、输油泵棚等建筑物，区域内建（构）筑物最高高度 3.55m。

（4）铁路线及辅助设施区域：该区域占地面积 $48814.53m^2$，包括栈桥防雨棚、铁路值班室、铁路线等建筑物，区域内建（构）筑物最高高度 3.2m。

（5）辅助用房区域：该区域占地面积 33040.80m²，包括消防车库及宿舍、消防泵房及配电室等建筑物，区域内建筑物最高高度 11.8m。

（6）码头区域：根据设计图纸，该区域占地面积不大，但所占水域辽阔，区域内主要建筑物为装卸码头，区域内建筑物最高高度 15.8m（以河底为基准面）。

8.3 确定评估指标的隶属度

8.3.1 雷电风险各指标隶属度的确定

1. 雷击密度

根据定量指标隶属度的确定方法和区域年雷击密度分级标准，令 v_1、v_2、v_3、v_4、v_5 分别为 0.5、1.5、2.5、3.5、10（取等级范围中间值）。

根据资料统计，本项目周边地区雷击密度为 4.47 次/(km² · a)，因此，根据极小型隶属函数处理方法，有

$$\mu_{v_4}(v_4)=\frac{10-4.47}{10-3.5}=0.8508 \tag{8.1}$$

$$\mu_{v_5}(v_5)=\frac{4.47-3.5}{10-3.5}=0.1492 \tag{8.2}$$

因此，可以得出雷击密度隶属度如表 8-1 所示。

表 8-1 雷击密度隶属度

危险等级	Ⅰ级	Ⅱ级	Ⅲ级	Ⅳ级	Ⅴ级
雷击密度	0	0	0	0.8508	0.1492

2. 雷电流强度

依据本项目区域雷电流强度统计数据可知，雷电流强度隶属度如表 8-2 所示。

表 8-2 雷电流强度隶属度

危险等级	Ⅰ级	Ⅱ级	Ⅲ级	Ⅳ级	Ⅴ级
雷电流强度	0.1386	0.1928	0.4413	0.1687	0.0482

8.3.2 地域风险各指标隶属度的确定

1. 土壤结构

1）土壤电阻率

根据定量指标隶属度的确定方法和土壤电阻率分级标准，令 v_1、v_2、v_3、v_4、v_5 分别

为 4000、2000、650、200、50（取等级范围中间值）。

本项目区域 0～5m 平均土壤电阻率为 288.99Ω · m，5～10m 平均土壤电阻率为 142.22Ω · m。其中，罐区区域的接地极设置在地面 5m 以下，除码头区域外的其余区域的接地极设置为 0～5m。另外，码头区域的土壤电阻率为 147.7Ω · m。根据极小型隶属函数处理方法，各区域土壤电阻率隶属度。

对于罐区区域，有

$$\mu_{v_3}(v_3)=\frac{750-288.99}{750-200}=0.8382 \tag{8.3}$$

$$\mu_{v_2}(v_2)=\frac{288.99-200}{750-200}=0.1618 \tag{8.4}$$

对于除罐区区域、码头区域外的其余区域，有

$$\mu_{v_2}(v_2)=\frac{200-142.22}{200-50}=0.3852 \tag{8.5}$$

$$\mu_{v_1}(v_1)=\frac{142.22-50}{200-50}=0.6148 \tag{8.6}$$

对于码头区域，有

$$\mu_{v_2}(v_2)=\frac{200-147.7}{200-50}=0.3487 \tag{8.7}$$

$$\mu_{v_1}(v_1)=\frac{147.7-50}{200-50}=0.6513 \tag{8.8}$$

因此，本项目土壤电阻率平均隶属度如表 8-3 所示。

表 8-3　土壤电阻率平均隶属度表

危险等级	Ⅰ级	Ⅱ级	Ⅲ级	Ⅳ级	Ⅴ级
罐区区域	0.6148	0.3852	0	0	0
办公区域	0	0.1618	0.8382	0	0
消防及工艺装置区域	0	0.1618	0.8382	0	0
辅助用房区域	0	0.1618	0.8382	0	0
铁路线及辅助设施区域	0	0.1618	0.8382	0	0
码头区域	0.6513	0.3487	0	0	0

2）土壤垂直分层

因本项目区域场地平整，且土壤类型基本一致，故不存在垂直分层，取隶属度等级为Ⅰ级，如表 8-4 所示。

表 8-4　土壤垂直分层隶属度

危险等级	Ⅰ级	Ⅱ级	Ⅲ级	Ⅳ级	Ⅴ级
土壤垂直分层	1	0	0	0	0

3）土壤水平分层

本项目区域勘查段地质条件较为简单，地层较均匀，基岩面起伏小，通过查阅地质勘查报告，对比现场采样数据，取 $\Delta\rho$=289.99−142.22=147.7Ω · m。根据定量指标隶属度的确定方法和土壤水平分层分级标准，令 v_1、v_2、v_3、v_4、v_5 分别为 5、20、65、200、1150（取等级范围中间值），并根据极小型隶属函数处理方法，有

$$\mu_{v_3}(v_3)=\frac{147.7-65}{200-65}=0.6131 \tag{8.9}$$

$$\mu_{v_4}(v_4)=\frac{200-147.7}{200-65}=0.3869 \tag{8.10}$$

因此，该项目的区域土壤水平分层隶属度如表 8-5 所示。

表 8-5 土壤水平分层隶属度

危险等级	Ⅰ级	Ⅱ级	Ⅲ级	Ⅳ级	Ⅴ级
土壤水平分层	0	0	0.6131	0.3869	0

2．地形地貌

勘测场地的地貌单元为河流侵蚀地貌，地势经整平后较为平坦。因此，根据地形地貌分级标准，可明显判断出本项目地形地貌隶属度，如表 8-6 所示。

表 8-6 地形地貌隶属度

危险等级	Ⅰ级	Ⅱ级	Ⅲ级	Ⅳ级	Ⅴ级
地形地貌	0	0	0	1	0

3．周边环境

1）安全距离

根据现场勘测，项目周边 1km 范围内没有影响评估项目的危化、危爆、易燃、油气、化工等危险场所或建（构）筑物。从六个分区来看，除罐区区域具有易燃、易爆危险外，其余区域均不存在易燃、易爆危险。因此，结合安全距离分级标准，各分区安全距离隶属度如表 8-7 所示。

表 8-7 各分区安全距离隶属度

危险等级	Ⅰ级	Ⅱ级	Ⅲ级	Ⅳ级	Ⅴ级
罐区区域	0	1	0	0	0
办公区域	0	0	0	0	1
消防及工艺装置区域	0	0	0	0	1
辅助用房区域	0	0	0	0	1
铁路线及辅助设施区域	0	0	0	0	1
码头区域	0	0	0	0	1

2）相对高度

根据现场勘测，项目东侧毗邻长沙华电电厂，其高度远远高于本项目区域内所有建筑物。所以，可近似地认为项目区域外局部地区有雷击接闪点，相对高度隶属度如表 8-8 所示。

表 8-8　相对高度隶属度

危险等级	Ⅰ级	Ⅱ级	Ⅲ级	Ⅳ级	Ⅴ级
相对高度	0	1	0	0	0

3）电磁环境

根据现场勘测，该项目与周边高点的最近距离约为 500m，根据公式可以求出，周边最近高点一旦遭受 200kA 的雷电流产生的电磁强度 B_0，则它对该评估区域产生 0.6Gs 的电磁影响。

根据定量指标隶属度的确定方法和电磁环境分级标准，令 v_1、v_2、v_3、v_4、v_5 分别为 0.015、0.39、1.575、3.6、12（取等级范围中间值）。

$$\mu_{v_2}(v_2)=\frac{1-0.6}{1-0.39}=0.656 \tag{8.11}$$

$$\mu_{v_3}(v_3)=\frac{0.6-0.39}{1-0.39}=0.344 \tag{8.12}$$

因此，电磁环境隶属度如表 8-9 所示。

表 8-9　电磁环境隶属度

危险等级	Ⅰ级	Ⅱ级	Ⅲ级	Ⅳ级	Ⅴ级
电磁环境	0	0.656	0.344	0	0

8.3.3　承灾体风险各指标隶属度的确定

1. 项目属性

1）使用性质

结合使用性质分级标准，判断出本项目的各分区使用性质的隶属度，如表 8-10 所示。

表 8-10　各分区使用性质隶属度

危险等级	Ⅰ级	Ⅱ级	Ⅲ级	Ⅳ级	Ⅴ级
罐区区域	0	0	0	0	1
办公区域	1	0	0	0	0
消防及工艺装置区域	0	0	0	1	0
辅助用房区域	1	0	0	0	0
铁路线及辅助设施区域	0	0	0	1	0
码头区域	0	0	0	1	0

2）人员数量

本项目区域内总定员人数为 44 人，其中，码头区域定员 12 人，其他区域共定员 32 人。所有区域人员不超过 50 人，根据定量指标隶属度的确定方法和区域项目人员定额分级标准，令 v_1、v_2、v_3、v_4、v_5 分别为 50、200、650、2000、6500（取等级范围中间值），则判定人员数量完全隶属于 I 级。因此，人员数量隶属度如表 8-11 所示。

表 8-11　人员数量隶属度

危险等级	Ⅰ级	Ⅱ级	Ⅲ级	Ⅳ级	Ⅴ级
人员数量	1	0	0	0	0

3）影响程度

本项目各分区一旦遭受雷电灾害，产生的后果均不一样，其中，罐区区域最为严重。结合影响程度分级标准，判断各分区影响程度隶属度，具体如表 8-12 所示。

表 8-12　各分区影响程度隶属度

危险等级	Ⅰ级	Ⅱ级	Ⅲ级	Ⅳ级	Ⅴ级
罐区区域	0	0	0	0	1
办公区域	1	0	0	0	0
消防及工艺装置区域	0	0	0	1	0
辅助用房区域	1	0	0	0	0
铁路线及辅助设施区域	1	0	0	0	0
码头区域	1	0	0	0	0

2．建（构）筑物特征

1）占地面积

根据设计图纸，罐区区域总占地面积为 85067.35m^2，办公区域总占地面积为 43480.27m^2，消防及工艺装置区域总占地面积为 61123.63m^2，辅助用房区域总占地面积为 33040.80m^2，铁路线及辅助设施区域总占地面积为 48814.52m^2，码头区域占地面积虽小，但其所占水域面积极大，超过 10000m^2。根据定量指标隶属度的确定方法和占地面积分级标准，令 v_1、v_2、v_3、v_4、v_5 分别为 1250、3750、6250、8750、30000（取等级范围中间值）。判定所有区域占地面积完全隶属于Ⅴ级，具体如表 8-13 所示。

表 8-13　占地面积隶属度

危险等级	Ⅰ级	Ⅱ级	Ⅲ级	Ⅳ级	Ⅴ级
占地面积	0	0	0	0	1

2）材料结构

根据本项目提供的资料，可知各分区内建（构）筑物的材料结构为钢筋混凝土结构或钢结构，因此材料结构隶属度如表 8-14 所示。

表 8-14 各分区材料结构隶属度

危险等级	Ⅰ级	Ⅱ级	Ⅲ级	Ⅳ级	Ⅴ级
罐区区域	0	1	0	0	1
办公区域	0	0	0	1	0
消防及工艺装置区域	0	0	0	0	1
辅助用房区域	0	0	0	1	0
铁路线及辅助设施区域	0	0	0	0	1
码头区域	0	0	0	0	1

3）等效高度

本项目区域内高度最高的建（构）筑物为储罐，高度为 19.8m，其余建筑物均低于 15m。根据定量指标隶属度的确定方法和等效高度分级标准，令 v_1、v_2、v_3、v_4、v_5 分别为 15、37.5、52.5、80、150（取等级范围中间值）。因此，各分区等效高度隶属度如表 8-15 所示。

表 8-15 各分区等效高度隶属度

危险等级	Ⅰ级	Ⅱ级	Ⅲ级	Ⅳ级	Ⅴ级
罐区区域	0.7867	0.2133	0	0	0
办公区域	1	0	0	0	0
消防及工艺装置区域	1	0	0	0	0
辅助用房区域	1	0	0	0	0
铁路线及辅助设施区域	1	0	0	0	0
码头区域	1	0	0	0	0

3. 电子电气系统

1）电子系统

本项目各区域内电子系统繁多，分布也非常复杂，主要集中于罐区区域、消防及工艺装置区域，其次是办公区域，辅助用房区域、铁路线及辅助设施区域，码头区域电子系统分布较少。根据具体情况，各分区电子系统隶属度如表 8-16 所示。

表 8-16 各分区电子系统隶属度

危险等级	Ⅰ级	Ⅱ级	Ⅲ级	Ⅳ级	Ⅴ级
罐区区域	0	0	0	1	0
办公区域	0	1	0	0	0
消防及工艺装置区域	0	0	1	0	0
辅助用房区域	1	0	0	0	0
铁路线及辅助设施区域	1	0	0	0	0
码头区域	1	0	0	0	0

2）电气系统

根据本项目设计资料，本项目油库消防负荷为一级；部分汽车发油、铁路卸油、输油等生产用电负荷等级为二级，其他为三级；自控 PLC 系统、火灾报警系统、通信系统、安防系统等电信系统为重要负荷；场地的线路走线均为埋地。结合电气系统分级标准可知，各分区电气系统隶属度如表 8-17 所示。

表 8-17　各分区电气系统隶属度

危险等级	Ⅰ级	Ⅱ级	Ⅲ级	Ⅳ级	Ⅴ级
罐区区域	0	0	1	0	0
办公区域	0	0	1	0	0
消防及工艺装置区域	0	0	1	0	0
辅助用房区域	1	0	0	0	0
铁路线及辅助设施区域	0	0	1	0	0
码头区域	1	0	0	0	0

8.4　三层综合评价

8.4.1　第三级指标的综合评价

1. 土壤结构的综合评价

1）罐区区域土壤结构的综合评价

罐区区域土壤结构的隶属度矩阵如表 8-18 所示。

表 8-18　罐区区域土壤结构的隶属度矩阵

土壤结构	Ⅰ级	Ⅱ级	Ⅲ级	Ⅳ级	Ⅴ级
土壤电阻率	0.6148	0.3852	0	0	0
土壤垂直分层	1	0	0	0	0
土壤水平分层	0	0	0.6131	0.3869	0

结合罐区区域土壤结构隶属度矩阵及相关历史资料，土壤结构的判断矩阵及对应的权重如表 8-19 所示。

表 8-19　罐区土壤结构的判断矩阵及对应的权重

土壤结构	土壤电阻率	土壤垂直分层	土壤水平分层	权　重
土壤电阻率	1	4/3	4/6	0.3077
土壤垂直分层	3/4	1	3/6	0.2308
土壤水平分层	6/4	6/3	1	0.4615
$\lambda_{max}=3.0$	$CI=2.220\times10^{-16}$	$CR=4.2701\times10^{-16}<0.1$ 通过一致性验证		

需要对判断矩阵进行一致性检验，即

$$CI=\frac{\lambda_{max}-n}{n-1}=\frac{3-3}{3-1}=0 \tag{8.13}$$

平均随机一致性指标 RI =0.520（见表 8-20），则随机一致性比率为

$$CR=\frac{CI}{RI}=\frac{2.2204\times10^{-16}}{0.52}=4.2701\times10^{-16}<0.1 \tag{8.14}$$

因此，该判断矩阵通过一致性验证。后续各指标的判断矩阵设定之后，其一致性检验方法与此一致，不再详述，仅直接将结果写入判断矩阵表格中。另外，将判断矩阵求取的权重也直接写入表格。

表 8-20　平均随机一致性指标

矩阵阶数	1	2	3	4	5	6	7
n	0	0	0.52	0.9	1.12	1.26	1.36

分析罐区区域土壤结构三个下属指标的隶属度及权重，可知土壤水平分层对土壤结构的影响最大，土壤电阻率次之，土壤垂直分层影响最小。

同时，根据上述隶属度与权重，依据 $\boldsymbol{B}=\boldsymbol{W}\cdot\boldsymbol{R}$，计算罐区区域土壤结构的综合评价矩阵 $\boldsymbol{B}$，如表 8-21 所示。

表 8-21　罐区区域土壤结构的综合评价矩阵

危险等级	Ⅰ级	Ⅱ级	Ⅲ级	Ⅳ级	Ⅴ级
土壤结构	0.4200	0.1185	0.2829	0.1786	0

2）办公区域土壤结构的综合评价

办公区域土壤结构的隶属度矩阵如表 8-22 所示。

表 8-22　办公区域土壤结构的隶属度矩阵

土壤结构	Ⅰ级	Ⅱ级	Ⅲ级	Ⅳ级	Ⅴ级
土壤电阻率	0	0.1618	0.08382	0	0
土壤垂直分层	1	0	0	0	0
土壤水平分层	0	0	0.6131	0.3869	0

结合办公区域土壤结构隶属度矩阵及相关历史资料，土壤结构的判断矩阵及对应权重如表 8-23 所示。

表 8-23　办公区域土壤结构的判断矩阵及对应权重

土壤结构	土壤电阻率	土壤垂直分层	土壤水平分层	权　重
土壤电阻率	1	5/2	5/6	0.3846
土壤垂直分层	2/5	1	2/6	0.1538
土壤水平分层	6/5	6/2	1	0.4615
$\lambda_{max}=3.0$	$CI=2.2204\times10^{-16}$	$CR=4.2701\times10^{-16}<0.1$ 通过一致性验证		

分析办公区域土壤结构三个下属指标的隶属度及权重，可知土壤水平分层对土壤结构的影响最大，土壤电阻率次之，土壤垂直分层的影响最小。

同时，根据上述隶属度与权重，依据 $\boldsymbol{B}=\boldsymbol{W}\cdot\boldsymbol{R}$，计算办公区域土壤结构的综合评价矩阵 $\boldsymbol{B}$，如表 8-24 所示。

表 8-24　办公区域土壤结构的综合评价矩阵

危险等级	Ⅰ级	Ⅱ级	Ⅲ级	Ⅳ级	Ⅴ级
土壤结构	0.1538	0.0622	0.3152	0.1786	0

3）消防及工艺装置区域土壤结构的综合评价

消防及工艺装置区域土壤结构的隶属度矩阵如表 8-25 所示。

表 8-25　消防及工艺装置区域土壤结构的隶属度矩阵

土壤结构	Ⅰ级	Ⅱ级	Ⅲ级	Ⅳ级	Ⅴ级
土壤电阻率	0	0.1618	0.8382	0	0
土壤垂直分层	1	0	0	0	0
土壤水平分层	0	0	0.6131	0.3869	0

结合消防及工艺装置区域土壤结构隶属度矩阵及相关历史资料，土壤结构的判断矩阵及对应的权重如表 8-26 所示。

表 8-26　消防及工艺装置区域土壤结构的判断矩阵及对应的权重

土壤结构	土壤电阻率	土壤垂直分层	土壤水平分层	权　重
土壤电阻率	1	5/2	5/6	0.3846
土壤垂直分层	2/5	1	2/6	0.1538
土壤水平分层	6/5	6/2	1	0.4615
$\lambda_{max}=3.0$	$CI=2.2204\times10^{-16}$	$CR=4.2701\times10^{-16}<0.1$ 通过一致性验证		

分析消防及工艺装置区域土壤结构三个下属指标的隶属度及权重，可知土壤水平分层对土壤结构的影响最大，土壤电阻率次之，土壤垂直分层的影响最小。

同时，根据上述隶属度与权重，依据 $\boldsymbol{B}=\boldsymbol{W}\cdot\boldsymbol{R}$，计算消防及工艺装置区域土壤结构的综合评价矩阵 $\boldsymbol{B}$ 如表 8-27 所示。

表 8-27　消防及工艺装置区域土壤结构的综合评价矩阵

危险等级	Ⅰ级	Ⅱ级	Ⅲ级	Ⅳ级	Ⅴ级
土壤结构	0.1538	0.0622	0.3152	0.1786	0

4）铁路线及辅助设施区域土壤结构的综合评价

铁路线及辅助设施区域土壤结构的隶属度矩阵如表 8-28 所示。

表 8-28　铁路线及辅助设施区域土壤结构的隶属度矩阵

土壤结构	Ⅰ级	Ⅱ级	Ⅲ级	Ⅳ级	Ⅴ级
土壤电阻率	0	0.1618	0.8382	0	0
土壤垂直分层	1	0	0	0	0
土壤水平分层	0	0	0.6131	0.3869	0

结合铁路线及辅助设施区域土壤结构隶属度矩阵及相关历史资料，土壤结构的判断矩阵及对应的权重如表 8-29 所示。

表 8-29　铁路线及辅助设施区域土壤结构的判断矩阵及对应的权重

土壤结构	土壤电阻率	土壤垂直分层	土壤水平分层	权　重
土壤电阻率	1	5/2	5/6	0.3846
土壤垂直分层	2/5	1	2/6	0.1538
土壤水平分层	6/5	6/2	1	0.4615
$\lambda_{max}=3.0$	$CI = 2.2204\times10^{-16}$	$CR = 4.2701\times10^{-16}<0.1$ 通过一致性验证		

分析铁路线及辅助设施区域土壤结构三个下属指标的隶属度及权重可知，土壤水平分层对土壤结构的影响最大，土壤电阻率次之，土壤垂直分层的影响最小。

同时，根据上述隶属度与权重，依据 ***B***=***W*** · ***R***，计算铁路线及辅助设施区域土壤结构的综合评价矩阵 ***B*** 如表 8-30 所示。

表 8-30　铁路线及辅助设施区域土壤结构的综合评价矩阵

危险等级	Ⅰ级	Ⅱ级	Ⅲ级	Ⅳ级	Ⅴ级
土壤结构	0.1538	0.0622	0.3152	0.1786	0

5）辅助用房区域土壤结构的综合评价

辅助用房区域土壤结构的隶属度矩阵如表 8-31 所示。

表 8-31　辅助用房区域土壤结构的隶属度矩阵

土壤结构	Ⅰ级	Ⅱ级	Ⅲ级	Ⅳ级	Ⅴ级
土壤电阻率	0	0.1618	0.8382	0	0
土壤垂直分层	1	0	0	0	0
土壤水平分层	0	0	0.6131	0.3869	0

结合辅助用房区域土壤结构隶属度矩阵及相关历史资料，辅助用房区域土壤结构的判断矩阵及对应的权重如表 8-32 所示。

表 8-32　辅助用房区域土壤结构的判断矩阵及对应的权重

土壤结构	土壤电阻率	土壤垂直分层	土壤水平分层	权　重
土壤电阻率	1	5/2	5/6	0.3846
土壤垂直分层	2/5	1	2/6	0.1538
土壤水平分层	6/5	6/2	1	0.4615
λ_{max} =3.0	CI = 2.2204×10^{-16}	CR = 4.2701×10^{-16}＜0.1 通过一致性验证		

分析辅助用房区域土壤结构三个下属指标的隶属度及权重可知，土壤水平分层对土壤结构的影响最大，土壤电阻率次之，土壤垂直分层的影响最小。

同时，根据上述隶属度与权重，依据 $\boldsymbol{B}=\boldsymbol{W}\cdot\boldsymbol{R}$，计算辅助用房区域土壤结构的综合评价矩阵 $\boldsymbol{B}$ 如表 8-33 所示。

表 8-33　辅助用房区域土壤结构的综合评价矩阵

危险等级	Ⅰ级	Ⅱ级	Ⅲ级	Ⅳ级	Ⅴ级
土壤结构	0.1538	0.0622	0.3152	0.1786	0

6）码头区域土壤结构的综合评价

码头区域土壤结构的隶属度矩阵如表 8-34 所示。

表 8-34　码头区域土壤结构的隶属度矩阵

土壤结构	Ⅰ级	Ⅱ级	Ⅲ级	Ⅳ级	Ⅴ级
土壤电阻率	0.6513	0.3487	0	0	0
土壤垂直分层	1	0	0	0	0
土壤水平分层	0	0	0.6131	0.3869	0

结合码头区域土壤结构隶属度矩阵及相关历史资料，码头区域土壤结构的判断矩阵及对应的权重如表 8-35 所示。

表 8-35　码头区域土壤结构的判断矩阵及对应的权重

土壤结构	土壤电阻率	土壤垂直分层	土壤水平分层	权　重
土壤电阻率	1	4/3	4/6	0.3077
土壤垂直分层	3/4	1	3/6	0.2308
土壤水平分层	6/4	6/3	1	0.4615
λ_{max} =3.0	CI =2.2204×10^{-16}	CR =4.2701×10^{-16}＜0.1 通过一致性验证		

分析码头区域土壤结构三个下属指标的隶属度及权重可知，土壤水平分层对土壤结构的影响最大，土壤电阻率次之，土壤垂直分层的影响最小。

同时，根据上述隶属度与权重，依据 $\boldsymbol{B}=\boldsymbol{W}\cdot\boldsymbol{R}$，计算码头区域土壤结构的综合评价矩阵 $\boldsymbol{B}$ 如表 8-36 所示。

表 8-36　码头区域土壤结构的综合评价矩阵

危险等级	Ⅰ级	Ⅱ级	Ⅲ级	Ⅳ级	Ⅴ级
土壤结构	0.1538	0.0622	0.3152	0.1786	0

2．周边环境的综合评价

1）罐区区域周边环境的综合评价

罐区区域周边环境的隶属度矩阵如表 8-37 所示。

表 8-37　罐区区域周边环境的隶属度矩阵

周边环境	Ⅰ级	Ⅱ级	Ⅲ级	Ⅳ级	Ⅴ级
安全距离	0	1	0	0	0
相对高度	1	0	0	0	0
电磁环境	0	0.656	0.344	0	0

结合罐区区域周边环境隶属度矩阵及相关历史资料，则周边环境的判断矩阵及对应的权重如表 8-38 所示。

表 8-38　罐区区域周边环境的判断矩阵及对应的权重

周边环境	安全距离	相对高度	电磁环境	权　重
安全距离	1	5/2	5/7	0.3571
相对高度	2/5	1	2/7	0.1429
电磁环境	7/5	7/2	1	0.5000
$\lambda_{max}=3.0$	CI =0	CR =0＜0.1 通过一致性验证		

分析罐区区域周边环境三个下属指标的隶属度及权重可知，电磁环境对周边环境的影响最大，其次是安全距离，相对高度的影响最小。

同时，根据上述隶属度及权重，计算出罐区区域周边环境的综合评价矩阵如表 8-39 所示。

表 8-39　罐区区域周边环境的综合评价矩阵

危险等级	Ⅰ级	Ⅱ级	Ⅲ级	Ⅳ级	Ⅴ级
周边环境	0.1429	0.6851	0.1720	0	0

2）办公区域周边环境的综合评价

办公区域周边环境的隶属度矩阵如表 8-40 所示。

表 8-40　办公区域周边环境的隶属度矩阵

周边环境	Ⅰ级	Ⅱ级	Ⅲ级	Ⅳ级	Ⅴ级
安全距离	0	0	0	0	1
相对高度	1	0	0	0	0
电磁环境	0	0.656	0.344	0	0

结合办公区域周边环境隶属度矩阵及相关历史资料，办公区域周边环境的判断矩阵及对应的权重如表 8-41 所示。

表 8-41　办公区域周边环境的判断矩阵及对应的权重

周边环境	安全距离	相对高度	电磁环境	权　重
安全距离	1	10/7	10/2	0.5063
相对高度	7/10	1	7/2	0.3684
电磁环境	2/10	2/7	1	0.1053
λ_{max} =3.0	CI = 0	CR =0＜0.1 通过一致性验证		

分析办公区域周边环境三个下属指标的隶属度及权重可知，安全距离对周边环境的影响最大，其次是相对高度，电磁环境的最小。

同时，根据上述隶属度与权重，计算出周边环境的综合评价矩阵如表 8-42 所示。

表 8-42　办公区域周边环境的综合评价矩阵

危险等级	Ⅰ级	Ⅱ级	Ⅲ级	Ⅳ级	Ⅴ级
周边环境	0.3684	0.0691	0.0362	0	0.5263

3）消防及工艺装置区域周边环境的综合评价

消防及工艺装置区域周边环境的隶属度矩阵如表 8-43 所示。

表 8-43　消防及工艺装置区域周边环境的隶属度矩阵

周边环境	Ⅰ级	Ⅱ级	Ⅲ级	Ⅳ级	Ⅴ级
安全距离	0	0	0	0	1
相对高度	1	0	0	0	0
电磁环境	0	0.656	0.344	0	0

结合消防及工艺装置区域周边环境隶属度矩阵及相关历史资料，消防及工艺装置区域周边环境的判断矩阵及对应的权重如表 8-44 所示。

表 8-44　消防及工艺装置区域周边环境的判断矩阵及对应的权重

周边环境	安全距离	相对高度	电磁环境	权　重
安全距离	1	10/7	10/2	0.5063
相对高度	7/10	1	7/2	0.3684
电磁环境	2/10	2/7	1	0.1053
λ_{max} =3.0	CI =0	CR =0<0.1 通过一致性验证		

分析消防及工艺装置区域周边环境三个下属指标的隶属度及权重可知，安全距离对周边环境的影响最大，其次是相对高度，电磁环境的影响最小。

同时，根据上述隶属度与权重，计算消防及工艺装置区域周边环境的综合评价矩阵如表 8-45 所示。

表 8-45　消防及工艺装置区域周边环境的综合评价矩阵

危险等级	Ⅰ级	Ⅱ级	Ⅲ级	Ⅳ级	Ⅴ级
周边环境	0.3684	0.0691	0.0362	0	0.5263

4）铁路线及辅助设施区域周边环境的综合评价

铁路线及辅助设施区域周边环境的隶属度矩阵如表 8-46 所示。

表 8-46　铁路线及辅助设施区域周边环境的隶属度矩阵

周边环境	Ⅰ级	Ⅱ级	Ⅲ级	Ⅳ级	Ⅴ级
安全距离	0	0	0	0	1
相对高度	1	0	0	0	0
电磁环境	0	0.656	0.344	0	0

结合铁路线及辅助设施区域周边环境隶属度矩阵及相关历史资料，铁路线及辅助设施区域周边环境的判断矩阵及对应的权重如表 8-47 所示。

表 8-47　铁路线及辅助设施区域周边环境的判断矩阵及对应的权重

周边环境	安全距离	相对高度	电磁环境	权　重
安全距离	1	10/7	10/2	0.5063
相对高度	7/10	1	7/2	0.3684
电磁环境	2/10	2/7	1	0.1053
λ_{max} =3.0	CI =0	CR =0<0.1 通过一致性验证		

分析铁路线及辅助设施区域周边环境三个下属指标的隶属度及权重可知，安全距离对周边环境的影响最大，其次是相对高度，电磁环境的影响最小。

同时，根据上述隶属度与权重，计算铁路线及辅助设施区域周边环境的综合评价矩阵如表 8-48 所示。

表 8-48　铁路线及辅助设施区域周边环境的综合评价矩阵

危险等级	Ⅰ级	Ⅱ级	Ⅲ级	Ⅳ级	Ⅴ级
周边环境	0.3684	0.0691	0.0362	0	0.5263

5）辅助用房区域周边环境的综合评价

辅助用房区域周边环境的隶属度矩阵如表 8-49 所示。

表 8-49　辅助用房区域周边环境的隶属度矩阵

周边环境	Ⅰ级	Ⅱ级	Ⅲ级	Ⅳ级	Ⅴ级
安全距离	0	0	0	0	1
相对高度	1	0	0	0	0
电磁环境	0	0.656	0.344	0	0

结合辅助用房区域周边环境隶属度矩阵及相关历史资料，辅助用房区域周边环境的判断矩阵及对应的权重如表 8-50 所示。

表 8-50　辅助用房区域周边环境的判断矩阵及对应的权重

周边环境	安全距离	相对高度	电磁环境	权　重
安全距离	1	10/7	10/2	0.5063
相对高度	7/10	1	7/2	0.3684
电磁环境	2/10	2/7	1	0.1053
λ_{max} =3.0	CI =0	CR =0＜0.1 通过一致性验证		

分析辅助用房区域周边环境三个下属指标的隶属度及权重可知，安全距离对周边环境的影响最大，其次是相对高度，电磁环境的影响最小。

同时，根据上述隶属度与权重，计算出辅助用房区域周边环境的综合评价矩阵如表 8-51 所示。

表 8-51　辅助用房区域周边环境的综合评价矩阵

危险等级	Ⅰ级	Ⅱ级	Ⅲ级	Ⅳ级	Ⅴ级
周边环境	0.3684	0.0691	0.0362	0	0.5263

6）码头区域周边环境的综合评价

码头区域周边环境的隶属度矩阵如表 8-52 所示。

表 8-52 码头区域周边环境的隶属度矩阵

周边环境	Ⅰ级	Ⅱ级	Ⅲ级	Ⅳ级	Ⅴ级
安全距离	0	0	0	0	1
相对高度	1	0	0	0	0
电磁环境	0	0.656	0.344	0	0

结合码头区域周边环境隶属度矩阵及相关历史资料，码头区域周边环境的判断矩阵及对应的权重如表 8-53 所示。

表 8-53 码头区域周边环境的判断矩阵及对应的权重

周边环境	安全距离	相对高度	电磁环境	权 重
安全距离	1	10/7	10/2	0.5063
相对高度	7/10	1	7/2	0.3684
电磁环境	2/10	2/7	1	0.1053
$\lambda_{max}=3.0$	CI =0	CR =0<0.1 通过一致性验证		

分析码头区域周边环境三个下属指标的隶属度及权重可知，安全距离对周边环境的影响最大，其次是相对高度，电磁环境的影响最小。

同时，根据上述隶属度与权重，计算码头区域周边环境的综合评价矩阵如表 8-54 所示。

表 8-54 码头区域周边环境的综合评价矩阵

危险等级	Ⅰ级	Ⅱ级	Ⅲ级	Ⅳ级	Ⅴ级
周边环境	0.3684	0.0691	0.0362	0	0.5263

3. 项目属性的综合评价

1）罐区项目属性的综合评价

罐区区域项目属性的隶属度矩阵如表 8-55 所示。

表 8-55 罐区区域项目属性的隶属度矩阵

项目属性	Ⅰ级	Ⅱ级	Ⅲ级	Ⅳ级	Ⅴ级
使用性质	0	0	0	0	1
人员数量	1	0	0	0	0
影响程度	0	0	0	0	1

结合罐区区域项目属性隶属度矩阵及相关历史资料，罐区区域项目属性的判断矩阵及对应的权重如表 8-56 所示。

表 8-56　罐区区域项目属性的判断矩阵及对应的权重

项目属性	使用性质	人员数量	影响程度	权　重
使用性质	1	5/1	1	0.4545
人员数量	1/5	1	1/5	0.0909
影响程度	1	5/1	1	0.4545
$\lambda_{max}=3$	$CI=-4.4\times10^{-16}$	$CR=-8.5402\times10^{-16}<0.1$ 通过一致性验证		

分析罐区区域项目属性三个下属指标的隶属度及权重可知，影响程度、使用性质对项目属性的影响最大，两者的影响能力几乎相同，人员数量的影响能力最小。

同时，根据上述隶属度与权重，计算罐区区域项目属性的综合评价矩阵如表 8-57 所示。

表 8-57　罐区区域项目属性的综合评价矩阵

危险等级	Ⅰ级	Ⅱ级	Ⅲ级	Ⅳ级	Ⅴ级
项目属性	0.0909	0	0	0	0.9090

2）办公区域项目属性的综合评价

办公区域项目属性的隶属度矩阵如表 8-58 所示。

表 8-58　办公区域项目属性的隶属度矩阵

项目属性	Ⅰ级	Ⅱ级	Ⅲ级	Ⅳ级	Ⅴ级
使用性质	1	0	0	0	0
人员数量	1	0	0	0	0
影响程度	1	0	0	0	0

结合办公区域项目属性隶属度矩阵及相关历史资料，项目属性的判断矩阵及对应的权重如表 8-59 所示。

表 8-59　办公区域项目属性的判断矩阵及对应的权重

项目属性	使用性质	人员数量	影响程度	权　重
使用性质	1	1	1	0.3333
人员数量	1	1	1	0.3333
影响程度	1	1	1	0.3333
$\lambda_{max}=3$	$CI=-4.4\times10^{-16}$	$CR=-8.5402\times10^{-16}<0.1$ 通过一致性验证		

分析办公区域项目属性三个下属指标的隶属度及权重可知，影响程度、使用性质、人员数量对项目属性的影响能力几乎相同。

同时，根据上述隶属度与权重，计算办公区域项目属性的综合评价矩阵如表 8-60 所示。

表 8-60　办公区域项目属性的综合评价矩阵

危险等级	Ⅰ级	Ⅱ级	Ⅲ级	Ⅳ级	Ⅴ级
项目属性	1	0	0	0	0

3）消防及工艺装置区域项目属性的综合评价

消防及工艺装置区域项目属性的隶属度矩阵如表 8-61 所示。

表 8-61　消防及工艺装置区域项目属性的隶属度矩阵

项目属性	Ⅰ级	Ⅱ级	Ⅲ级	Ⅳ级	Ⅴ级
使用性质	0	0	0	1	0
人员数量	1	0	0	0	0
影响程度	0	0	0	1	0

结合消防及工艺装置区域项目属性隶属度矩阵及相关历史资料，消防及工艺装置区域项目属性的判断矩阵及对应的权重如表 8-62 所示。

表 8-62　消防及工艺装置区域项目属性的判断矩阵

项目属性	使用性质	人员数量	影响程度	权　重
使用性质	1	4	1	0.4444
人员数量	1/4	1	1/4	0.1111
影响程度	1	4	1	0.4444
$\lambda_{max}=3$	$CI=-4.4\times10^{-16}$	$CR=-8.5402\times10^{-16}<0.1$ 通过一致性验证		

分析消防及工艺装置区域项目属性的三个下属指标的隶属度及权重可知，影响程度、使用性质对项目属性的影响能力几乎相同，人员数量次之。

同时，根据上述隶属度与权重，计算消防及工艺装置区域项目属性的综合评价矩阵如表 8-63 所示。

表 8-63　消防及工艺装置区域项目属性的综合评价矩阵

危险等级	Ⅰ级	Ⅱ级	Ⅲ级	Ⅳ级	Ⅴ级
项目属性	0.1111	0	0	0.8888	0

4）铁路线及辅助设施区域项目属性的综合评价

铁路线及辅助设施区域项目属性的隶属度矩阵如表 8-64 所示。

表 8-64 铁路线及辅助设施区域项目属性的隶属度矩阵

项目属性	Ⅰ级	Ⅱ级	Ⅲ级	Ⅳ级	Ⅴ级
使用性质	0	0	0	1	0
人员数量	1	0	0	0	0
影响程度	1	0	0	0	0

结合铁路线及辅助设施区域项目属性隶属度矩阵及相关历史资料，铁路线及辅助设施区域项目属性的判断矩阵及对应的权重如表 8-65 所示。

表 8-65 铁路线及辅助设施区域项目属性的判断矩阵及对应的权重

项目属性	使用性质	人员数量	影响程度	权 重
使用性质	1	4	4	0.7214
人员数量	1/4	1	1/4	0.1393
影响程度	1/4	1/4	1	0.1393
$\lambda_{max}=3$	$CI=-4.4\times10^{-16}$	$CR=-8.5402\times10^{-16}<0.1$ 通过一致性验证		

分析铁路线及辅助设施区域项目属性三个下属指标的隶属度及权重可知，影响程度、使用性质对项目属性的影响能力几乎相同，人员数量次之。

同时，根据上述隶属度与权重，计算铁路线及辅助设施区域项目属性的综合评价矩阵如表 8-66 所示。

表 8-66 铁路线及辅助设施区域项目属性的综合评价矩阵

危险等级	Ⅰ级	Ⅱ级	Ⅲ级	Ⅳ级	Ⅴ级
项目属性	0.2786	0	0	0.7214	0

5）辅助用房区域项目属性的综合评价

辅助用房区域项目属性的隶属度矩阵如表 8-67 所示。

表 8-67 辅助用房区域项目属性的隶属度矩阵

项目属性	Ⅰ级	Ⅱ级	Ⅲ级	Ⅳ级	Ⅴ级
使用性质	1	0	0	0	0
人员数量	1	0	0	0	0
影响程度	1	0	0	0	0

结合辅助用房区域项目属性隶属度矩阵及相关历史资料，辅助用房区域项目属性的判断矩阵及对应的权重如表 8-68 所示。

表 8-68　辅助用房区域项目属性的判断矩阵

项目属性	使用性质	人员数量	影响程度	权　重
使用性质	1	1	1	0.3333
人员数量	1	1	1	0.3333
影响程度	1	1	1	0.3333
$\lambda_{max}=3$	$CI=-4.4\times10^{-16}$	$CR=-8.5402\times10^{-16}<0.1$ 通过一致性验证		

分析辅助用房区域项目属性三个下属指标的隶属度及权重可知，影响程度、使用性质、人员数量对项目属性的影响能力几乎相同。

同时，根据上述隶属度与权重，计算辅助用房区域项目属性的综合评价矩阵如表 8-69 所示。

表 8-69　辅助用房区域项目属性的综合评价矩阵

危险等级	Ⅰ级	Ⅱ级	Ⅲ级	Ⅳ级	Ⅴ级
项目属性	1	0	0	0	0

6）码头区域项目属性的综合评价

码头区域项目属性的隶属度矩阵如表 8-70 所示。

表 8-70　码头区域项目属性的隶属度矩阵

项目属性	Ⅰ级	Ⅱ级	Ⅲ级	Ⅳ级	Ⅴ级
使用性质	0	0	0	1	0
人员数量	1	0	0	0	0
影响程度	1	0	0	0	0

结合码头区域项目属性隶属度矩阵及相关历史资料，码头区域项目属性的判断矩阵及对应的权重如表 8-71 所示。

表 8-71　码头区域项目属性的判断矩阵

项目属性	使用性质	人员数量	影响程度	权　重
使用性质	1	4	4	0.7214
人员数量	1/4	1	1/4	0.1393
影响程度	1/4	1/4	1	0.1393
$\lambda_{max}=3$	$CI=-4.4\times10^{-16}$	$CR=-8.5402\times10^{-16}<0.1$ 通过一致性验证		

分析码头区域项目属性三个下属指标的隶属度及权重可知，影响程度、使用性质对项目属性的影响能力几乎相同，人员数量次之。

同时，根据上述隶属度与权重，计算码头区域项目属性的综合评价矩阵如表 8-72 所示。

表 8-72　码头区域项目属性的综合评价矩阵

危险等级	Ⅰ级	Ⅱ级	Ⅲ级	Ⅳ级	Ⅴ级
项目属性	0.2786	0	0	0.7214	0

4. 建（构）筑物特征的综合评价

1）罐区区域建（构）筑物特征的综合评价

罐区区域建（构）筑物特征的隶属度矩阵如表 8-73 所示。

表 8-73　罐区区域建（构）筑物特征的隶属度矩阵

建（构）筑物特征	Ⅰ级	Ⅱ级	Ⅲ级	Ⅳ级	Ⅴ级
占地面积	0	0	0	0	1
材料结构	0	0	0	0	1
等效高度	0.7867	0.2133	0	0	0

结合罐区区域建（构）筑物特征隶属度矩阵及相关历史资料，建（构）筑物特征的判断矩阵及对应的权重如表 8-74 所示。

表 8-74　罐区区域建（构）筑物特征的判断矩阵

建（构）筑物特征	占地面积	材料结构	等效高度	权　重
占地面积	1	1	10/3	0.4348
材料结构	1	1	10/3	0.4348
等效高度	3/10	3/10	1	0.1304
$\lambda_{max}=3$	CI =0	CR =0＜0.1 通过一致性验证		

分析罐区区域建（构）筑物特征的三个下属指标的隶属度及权重可知，占地面积和材料结构对建（构）筑物特征的影响最大，其次是等效高度。

根据上述隶属度与权重，计算出罐区区域建（构）筑物特征的综合评价矩阵如表 8-75 所示。

表 8-75　罐区区域建（构）筑物特征的综合评价矩阵

危险等级	Ⅰ级	Ⅱ级	Ⅲ级	Ⅳ级	Ⅴ级
建（构）筑物特征	0.1026	0.0278	0	0	0.8696

2）办公区域建（构）筑物特征的综合评价

办公区域建（构）筑物特征的隶属度矩阵如表 8-76 所示。

表 8-76　办公区域建（构）筑物特征的隶属度矩阵

建（构）筑物特征	Ⅰ级	Ⅱ级	Ⅲ级	Ⅳ级	Ⅴ级
占地面积	0	0	0	0	1
材料结构	0	0	0	1	0
等效高度	1	0	0	0	0

结合办公区域建（构）筑物特征隶属度矩阵及相关资料，办公区域建（构）筑物判断矩阵及对应的权重如表 8-77 所示。

表 8-77　办公区域建（构）筑物特征的判断矩阵

建（构）筑物特征	占地面积	材料结构	等效高度	权　重
占地面积	1	5/4	5/1	0.5000
材料结构	4/5	1	4/1	0.4000
等效高度	1/5	1/4	1	0.1000
$\lambda_{max}=3$	CI =0	CR=0＜0.1 通过一致性验证		

分析办公区域建（构）筑物特征的三个下属指标的隶属度及权重可知，占地面积对建（构）筑物特征的影响最大，材料结构次之，等效高度的影响最小。

根据上述隶属度与权重，计算出办公区域建（构）筑物特征的综合评价矩阵如表 8-78 所示。

表 8-78　办公区域建（构）筑物特征的综合评价矩阵

危险等级	Ⅰ级	Ⅱ级	Ⅲ级	Ⅳ级	Ⅴ级
建（构）筑物特征	0.1000	0	0	0.4000	0.5000

3）消防及工艺装置区域建（构）筑物特征的综合评价

消防及工艺装置区域建（构）筑物特征的隶属度矩阵如表 8-79 所示。

表 8-79　消防及工艺装置区域建（构）筑物特征的隶属度矩阵

建（构）筑物特征	Ⅰ级	Ⅱ级	Ⅲ级	Ⅳ级	Ⅴ级
占地面积	0	0	0	0	1
材料结构	0	0	0	0	1
等效高度	1	0	0	0	0

结合消防及工艺装置区域建（构）筑物特征隶属度矩阵及相关历史资料，消防及工艺装置区域建（构）筑物特征的判断矩阵及对应的权重如表 8-80 所示。

表 8-80　消防及工艺装置区域建（构）筑物特征的判断矩阵及对应的权重

建（构）筑物特征	占地面积	材料结构	等效高度	权　重
占地面积	1	1	5	0.4545
材料结构	1	1	5	0.4545
等效高度	1/5	1/5	1	0.0909
λ_{max} =3	CI =0	CR =0＜0.1 通过一致性验证		

分析消防及工艺装置区域建（构）筑物特征的三个下属指标的隶属度及权重可知，占地面积和材料结构对建（构）筑物特征的影响最大，其次是等效高度。

同时，根据上述隶属度与权重，计算出罐区区域建（构）筑物特征的综合评价矩阵如表 8-81 所示。

表 8-81　消防及工艺装置区域建（构）筑物特征的综合评价矩阵

危险等级	Ⅰ级	Ⅱ级	Ⅲ级	Ⅳ级	Ⅴ级
建（构）筑物特征	0.0909	0	0	0	0.9090

4）铁路线及辅助设施区域建（构）筑物特征的综合评价

铁路线及辅助设施区域建（构）筑物特征的隶属度矩阵如表 8-82 所示。

表 8-82　铁路线及辅助设施区域建（构）筑物特征的隶属度矩阵

建（构）筑物特征	Ⅰ级	Ⅱ级	Ⅲ级	Ⅳ级	Ⅴ级
占地面积	0	0	0	0	1
材料结构	0	0	0	0	1
等效高度	1	0	0	0	0

结合铁路线及辅助设施区域建（构）筑物特征隶属度矩阵及相关历史资料，建（构）筑物特征的判断矩阵及对应的权重如表 8-83 所示。

表 8-83　铁路线及辅助设施区域建（构）筑物特征的判断矩阵及对应的权重

建（构）筑物特征	占地面积	材料结构	等效高度	权　重
占地面积	1	1	5	0.4545
材料结构	1	1	5	0.4545
等效高度	1/5	1/5	1	0.0909
λ_{max} =3	CI =0	CR =0＜0.1 通过一致性验证		

分析铁路线及辅助设施用房区域建（构）筑物特征的三个下属指标的隶属度及权重可知，占地面积和材料结构对建（构）筑物特征的影响最大，其次是等效高度。

同时，根据上述隶属度与权重，计算铁路线及辅助设施区域建（构）筑物特征的综合评价矩阵如表 8-84 所示。

表 8-84 铁路线及辅助设施区域建（构）筑物特征的综合评价矩阵

危险等级	Ⅰ级	Ⅱ级	Ⅲ级	Ⅳ级	Ⅴ级
建（构）筑物特征	0.0909	0	0	0	0.9090

5）辅助用房区域建（构）筑物特征的综合评价

辅助用房区域建（构）筑物特征的隶属度矩阵如表 8-85 所示。

表 8-85 辅助用房区域建（构）筑物特征的隶属度矩阵

建（构）筑物特征	Ⅰ级	Ⅱ级	Ⅲ级	Ⅳ级	Ⅴ级
占地面积	0	0	0	0	1
材料结构	0	0	0	1	0
等效高度	1	0	0	0	0

结合辅助用房区域建(构)筑物特征隶属度矩阵及相关历史资料，辅助用房区域建(构)筑物特征的判断矩阵及对应的权重如表 8-86 所示。

表 8-86 辅助用房区域建（构）筑物特征的判断矩阵及对应的权重

建（构）筑物特征	占地面积	材料结构	等效高度	权　重
占地面积	1	5/4	5/1	0.5000
材料结构	4/5	1	4/1	0.4000
等效高度	1/5	1/4	1	0.1000
$\lambda_{max}=3$	CI =0	CR =0＜0.1 通过一致性验证		

分析辅助用房区域建（构）筑物特征的三个下属指标的隶属度及权重可知，占地面积对建（构）筑物特征的影响最大，材料结构次之，等效高度的影响最小。

同时，根据上述隶属度与权重，计算辅助用房区域建（构）筑物特征的综合评价矩阵如表 8-87 所示。

表 8-87 辅助用房区域建（构）筑物特征的综合评价矩阵

危险等级	Ⅰ级	Ⅱ级	Ⅲ级	Ⅳ级	Ⅴ级
建(构)筑物特征	0.1026	0.0278	0	0	0.8696

6）码头区域建（构）筑物特征的综合评价

码头区域建（构）筑物特征的隶属度矩阵如表 8-88 所示。

表 8-88　码头区域建（构）筑物特征的隶属度矩阵

建（构）筑物特征	Ⅰ级	Ⅱ级	Ⅲ级	Ⅳ级	Ⅴ级
占地面积	0	0	0	0	1
材料结构	0	0	0	0	1
等效高度	1	0	0	0	0

结合码头区域建（构）筑物特征隶属度矩阵及相关历史资料，码头区域建（构）筑物特征的判断矩阵及对应的权重如表 8-89 所示。

表 8-89　码头区域建（构）筑物特征的判断矩阵及对应的权重

建（构）筑物特征	占地面积	材料结构	等效高度	权　重
占地面积	1	1	5	0.4545
材料结构	1	1	5	0.4545
等效高度	1/5	1/5	1	0.0909
$\lambda_{max}=3$	CI=0	CR =0<0.1 通过一致性验证		

分析码头区域建（构）筑物特征的三个下属指标的隶属度及权重可知，占地面积和材料结构对建（构）筑物特征的影响最大，其次是等效高度。

同时，根据上述隶属度与权重，计算码头区域建（构）筑物特征的综合评价矩阵如表 8-90 所示。

表 8-90　码头区域建（构）筑物特征的综合评价矩阵

危险等级	Ⅰ级	Ⅱ级	Ⅲ级	Ⅳ级	Ⅴ级
建（构）筑物特征	0.0909	0	0	0	0.9090

5. 电子电气系统的综合评价

1）罐区区域电子电气系统的综合评价

罐区区域电子电气系统的隶属度矩阵如表 8-91 所示。

表 8-91　罐区区域电子电气系统的隶属度矩阵

电子电气系统	Ⅰ级	Ⅱ级	Ⅲ级	Ⅳ级	Ⅴ级
电子系统	0	0	0	1	0
电气系统	0	0	1	0	0

结合罐区区域电子电气系统隶属度矩阵及相关历史资料，罐区区域电子电气系统的判断矩阵及对应的权重如表 8-92 所示。

表 8-92 罐区区域电子电气系统的判断矩阵及对应的权重

电子电气系统	电子系统	电气系统	权 重
电子系统	1	4/3	0.5714
电气系统	3/4	1	0.4286
λ_{max} =2.00	CI =0	CR =0<0.1 通过一致性验证	

分析罐区区域电子电气系统两个下属指标的隶属度及权重可知，电子系统对电子电气系统的影响较大，而电气系统的影响相对较小。

同时，根据上述隶属度与权重，计算罐区区域电子电气系统的综合评价矩阵如表 8-93 所示。

表 8-93 罐区区域电子电气系统的综合评价矩阵

危险等级	Ⅰ级	Ⅱ级	Ⅲ级	Ⅳ级	Ⅴ级
电子电气系统	0	0	0.4286	0.5714	0

2）办公区域电子电气系统的综合评价

办公区域电子电气系统的隶属度矩阵如表 8-94 所示。

表 8-94 办公区域电子电气系统的隶属度矩阵

电子电气系统	Ⅰ级	Ⅱ级	Ⅲ级	Ⅳ级	Ⅴ级
电子系统	0	1	0	0	0
电气系统	0	0	1	0	0

结合办公区域电子电气系统隶属度矩阵及相关历史资料，办公区域电子电气系统的判断矩阵及对应的权重如表 8-95 所示。

表 8-95 办公区域电子电气系统的判断矩阵及对应的权重

电子电气系统	电子系统	电气系统	权 重
电子系统	1	2/3	0.4000
电气系统	3/2	1	0.6000
λ_{max} =2.00	CI =0	CR =0<0.1 通过一致性验证	

分析办公区域电子电气系统两个下属指标的隶属度及权重可知，电气系统对电子电气系统的影响较大，而电子系统的影响相对较小。

同时，根据上述隶属度与权重，计算办公区域电子电气系统的综合评价矩阵如表 8-96 所示。

表 8-96　办公区域电子电气系统的综合评价矩阵

危险等级	Ⅰ级	Ⅱ级	Ⅲ级	Ⅳ级	Ⅴ级
电子电气系统	0	0.4000	0.6000	0	0

3）消防及工艺装置区域电子电气系统的综合评价

消防及工艺装置区域电子电气系统的隶属度矩阵如表 8-97 所示。

表 8-97　消防及工艺装置区域电子电气系统的隶属度矩阵

电子电气系统	Ⅰ级	Ⅱ级	Ⅲ级	Ⅳ级	Ⅴ级
电子系统	0	0	1	0	0
电气系统	0	0	1	0	0

结合消防及工艺装置区域电子电气系统隶属度矩阵及相关历史资料，消防及工艺装置区域电子电气系统的判断矩阵及对应的权重如表 8-98 所示。

表 8-98　消防及工艺装置区域电子电气系统的判断矩阵及对应的权重

电子电气系统	电子系统	电气系统	权　重
电子系统	1	1	0.5000
电气系统	1	1	0.5000
λ_{max} =2.00	CI =0	CR =0<0.1 通过一致性验证	

分析消防及工艺装置区域电子电气系统两个下属指标的隶属度及权重可知，电子系统和电气系统对电子电气系统的影响几乎相同。

同时，根据上述隶属度与权重，计算消防及工艺装置区域电子电气系统的综合评价矩阵如表 8-99 所示。

表 8-99　消防及工艺装置区域电子电气系统的综合评价矩阵

危险等级	Ⅰ级	Ⅱ级	Ⅲ级	Ⅳ级	Ⅴ级
电子电气系统	0	0	1	0	0

4）铁路线及辅助设施区域电子电气系统的综合评价

铁路线及辅助设施区域电子电气系统的隶属度矩阵如表 8-100 所示。

表 8-100　铁路线及辅助设施区域电子电气系统的隶属度矩阵

电子电气系统	Ⅰ级	Ⅱ级	Ⅲ级	Ⅳ级	Ⅴ级
电子系统	1	0	0	0	0
电气系统	0	0	1	0	0

结合铁路线及辅助设施区域电子电气系统隶属度矩阵及相关历史资料，铁路线及辅助设施区域电子电气系统的判断矩阵及对应的权重如表 8-101 所示。

表 8-101　铁路线及辅助设施区域电子电气系统的判断矩阵及对应的权重

电子电气系统	电子系统	电气系统	权　重
电子系统	1	1/3	0.2500
电气系统	3/1	1	0.7500
λ_{max} =2.00	CI =0	CR =0<0.1 通过一致性验证	

分析铁路线及辅助设施区域电子电气系统的两个下属指标的隶属度及权重可知，电气系统对电子电气系统的影响较大，而电子系统的影响相对小一些。

同时，根据上述隶属度与权重，计算出铁路线及辅助设施区域电子电气系统的综合评价矩阵如表 8-102 所示。

表 8-102　铁路线及辅助设施区域电子电气系统的综合评价矩阵

危险等级	Ⅰ级	Ⅱ级	Ⅲ级	Ⅳ级	Ⅴ级
电子电气系统	0.2500	0	0.7500	0	0

5）辅助用房区域电子电气系统的综合评价

辅助用房区域电子电气系统的隶属度矩阵如表 8-103 所示。

表 8-103　辅助用房区域电子电气系统的隶属度矩阵

电子电气系统	Ⅰ级	Ⅱ级	Ⅲ级	Ⅳ级	Ⅴ级
电子系统	1	0	0	0	0
电气系统	1	0	0	0	0

结合辅助用房区域电子电气系统隶属度矩阵及相关历史资料，辅助用房区域电子电气系统的判断矩阵及对应的权重如表 8-104 所示。

表 8-104　辅助用房区域电子电气系统的判断矩阵及对应的权重

电子电气系统	电子系统	电气系统	权　重
电子系统	1	1	0.5000
电气系统	1	1	0.5000
λ_{max} =2.00	CI =0	CR =0<0.1 通过一致性验证	

分析辅助用房区域电子电气系统两个下属指标的隶属度及权重可知，电子系统和电气系统对电子电气系统的影响几乎相同。

同时，根据上述隶属度与权重，计算出辅助用房区域电子电气系统的综合评价矩阵如表 8-105 所示。

表 8-105　辅助用房区域电子电气系统的综合评价矩阵

危险等级	Ⅰ级	Ⅱ级	Ⅲ级	Ⅳ级	Ⅴ级
电子电气系统	1	0	0	0	0

6）码头区域电子电气系统的综合评价

码头区域电子电气系统的隶属度矩阵如表 8-106 所示。

表 8-106　码头区域电子电气系统的隶属度矩阵

电子电气系统	Ⅰ级	Ⅱ级	Ⅲ级	Ⅳ级	Ⅴ级
电子系统	1	0	0	0	0
电气系统	1	0	0	0	0

结合码头区域电子电气系统隶属度矩阵及相关历史资料，码头区域电子电气系统的判断矩阵及对应的权重如表 8-107 所示。

表 8-107　码头区域电子电气系统的判断矩阵及对应的权重

电子电气系统	电子系统	电气系统	权　重
电子系统	1	1	0.5000
电气系统	1	1	0.5000
$\lambda_{max}=2.00$	CI =0	CR =0＜0.1 通过一致性验证	

分析码头区域电子电气系统两个下属指标的隶属度及权重可知，电子系统和电气系统的影响几乎相同。

同时，根据上述隶属度与权重，计算出码头区域电子电气系统的综合评价矩阵如表 8-108 所示。

表 8-108　码头区域电子电气系统的综合评价矩阵

危险等级	Ⅰ级	Ⅱ级	Ⅲ级	Ⅳ级	Ⅴ级
电子电气系统	1	0	0	0	0

8.4.2　第二级指标的综合评价

1. 雷电风险的综合评价

1）罐区区域雷电风险的综合评价

罐区区域雷电风险的隶属度矩阵如表 8-109 所示。

表 8-109　罐区区域雷电风险的隶属度矩阵

雷电风险	Ⅰ级	Ⅱ级	Ⅲ级	Ⅳ级	Ⅴ级
雷击密度	0	0	0	0.8508	0.1492
雷电流强度	0.1386	0.1928	0.4413	0.1687	0.0482

结合罐区区域雷电风险隶属度矩阵及相关历史资料，罐区区域雷电风险的判断矩阵及对应的权重如表 8-110 所示。

表 8-110　罐区区域雷电风险的判断矩阵及对应的权重

雷电风险	雷击密度	雷电流强度	权　重
雷击密度	1	9/10	0.4737
雷电流强度	10/9	1	0.5263
λ_{max} =2.00	CI =0	CR =0<0.1 通过一致性验证	

分析罐区区域雷电风险两个下属指标的隶属度及权重可知，雷电流强度和雷击密度的影响几乎相同，雷电流强度的影响稍大。

同时，根据上述隶属度与权重，计算罐区区域雷电风险的综合评价矩阵如表 8-111 所示。

表 8-111　罐区区域雷电风险的综合评价矩阵

危险等级	Ⅰ级	Ⅱ级	Ⅲ级	Ⅳ级	Ⅴ级
雷电风险	0.0729	0.1015	0.2323	0.4918	0.0960

2）办公区域雷电危险的综合评价

办公区域雷电风险的隶属度矩阵如表 8-112 所示。

表 8-112　办公区域雷电风险的隶属度矩阵

雷电风险	Ⅰ级	Ⅱ级	Ⅲ级	Ⅳ级	Ⅴ级
雷击密度	0	0	0	0.8508	0.1492
雷电流强度	0.1386	0.1928	0.4413	0.1687	0.0482

结合办公区域雷电风险隶属度矩阵及相关历史资料，办公区域雷电风险的判断矩阵及对应的权重如表 8-113 所示。

表 8-113　办公区域雷电风险的判断矩阵及对应的权重

雷电风险	雷击密度	雷电流强度	权　重
雷击密度	1	9/10	0.4737
雷电流强度	10/9	1	0.5263
λ_{max} =2.00	CI =0	CR =0<0.1 通过一致性验证	

分析办公区域雷电风险两个下属指标的隶属度及权重可知，雷电流强度和雷击密度的影响几乎相同，雷电流强度的影响稍大。

同时，根据上述隶属度与权重，计算办公区域雷电风险的综合评价矩阵如表 8-114 所示。

表 8-114　办公区域雷电风险的综合评价矩阵

危险等级	Ⅰ级	Ⅱ级	Ⅲ级	Ⅳ级	Ⅴ级
雷电风险	0.0729	0.1015	0.2323	0.4918	0.0960

3）消防及工艺装置区域雷电危险的综合评价

消防及工艺装置区域雷电风险的隶属度矩阵如表 8-115 所示。

表 8-115　消防及工艺装置区域雷电风险的隶属度矩阵

雷电风险	Ⅰ级	Ⅱ级	Ⅲ级	Ⅳ级	Ⅴ级
雷击密度	0	0	0	0.8508	0.1492
雷电流强度	0.1386	0.1928	0.4413	0.1687	0.0482

结合消防及工艺装置区域雷电风险隶属度矩阵及相关历史资料，消防及工艺装置区域雷电风险的判断矩阵及对应的权重如表 8-116 所示。

表 8-116　消防及工艺装置区域雷电风险的判断矩阵及对应的权重

雷电风险	雷击密度	雷电流强度	权　重
雷击密度	1	9/10	0.4737
雷电流强度	10/9	1	0.5263
λ_{max} =2.00	CI =0	CR =0＜0.1 通过一致性验证	

分析消防及工艺装置区域雷电风险两个下属指标的隶属度及权重可知，雷电流强度和雷击密度的影响几乎相同，雷电流强度的影响稍大。

同时，根据上述隶属度与权重，计算消防及工艺装置区域雷电风险的综合评价矩阵如表 8-117 所示。

表 8-117　消防及工艺装置区域雷电风险的综合评价矩阵

危险等级	Ⅰ级	Ⅱ级	Ⅲ级	Ⅳ级	Ⅴ级
雷电风险	0.0729	0.1015	0.2323	0.4918	0.0960

4）铁路线及辅助设施区域雷电危险的综合评价

铁路线及辅助设施区域雷电风险的隶属度矩阵如表 8-118 所示。

表 8-118　铁路线及辅助设施区域雷电风险的隶属度矩阵

雷电风险	Ⅰ级	Ⅱ级	Ⅲ级	Ⅳ级	Ⅴ级
雷击密度	0	0	0	0.8508	0.1492
雷电流强度	0.1386	0.1928	0.4413	0.1687	0.0482

结合铁路线及辅助设施区域雷电风险隶属度矩阵及相关历史资料，铁路线及辅助设施

区域雷电风险的判断矩阵及对应的权重如表 8-119 所示。

表 8-119　铁路线及辅助设施区域雷电风险的判断矩阵及对应的权重

雷电风险	雷击密度	雷电流强度	权　重
雷击密度	1	9/10	0.4737
雷电流强度	10/9	1	0.5263
λ_{max}=2.00	CI=0	CR=0＜0.1 通过一致性验证	

分析铁路线及辅助设施区域雷电风险两个下属指标的隶属度及权重可知，雷电流强度和雷击密度的影响几乎相同，雷电流强度的影响稍大。

同时，根据上述隶属度与权重，计算铁路线及辅助设施区域雷电风险的综合评价矩阵如表 8-120 所示。

表 8-120　铁路线及辅助设施区域雷电风险的综合评价矩阵

危险等级	Ⅰ级	Ⅱ级	Ⅲ级	Ⅳ级	Ⅴ级
雷电风险	0.0729	0.1015	0.2323	0.4918	0.0960

5）辅助用房区域雷电危险的综合评价

辅助用房区域雷电风险的隶属度矩阵如表 8-121 所示。

表 8-121　辅助用房区域雷电风险的隶属度矩阵

雷电风险	Ⅰ级	Ⅱ级	Ⅲ级	Ⅳ级	Ⅴ级
雷击密度	0	0	0	0.8508	0.1492
雷电流强度	0.1386	0.1928	0.4413	0.1687	0.0482

结合辅助用房区域雷电风险隶属度矩阵及相关历史资料，辅助用房区域雷电风险的判断矩阵及对应的权重如表 8-122 所示。

表 8-122　辅助用房区域雷电风险的判断矩阵及对应的权重

雷电风险	雷击密度	雷电流强度	权　重
雷击密度	1	9/10	0.4737
雷电流强度	10/9	1	0.5263
λ_{max}=2.00	CI=0	CR=0＜0.1 通过一致性验证	

分析辅助用房区域雷电风险两个下属指标的隶属度及权重可知，雷电流强度和雷击密度的影响几乎相同，雷电流强度的影响稍大。

同时，根据上述隶属度与权重，计算辅助用房区域雷电风险的综合评价矩阵如表 8-123 所示。

表 8-123　辅助用房区域雷电风险的综合评价矩阵

危险等级	Ⅰ级	Ⅱ级	Ⅲ级	Ⅳ级	Ⅴ级
雷电风险	0.0729	0.1015	0.2323	0.4918	0.0960

6）码头区域雷电危险的综合评价

码头区域雷电风险的隶属度矩阵如表 8-124 所示。

表 8-124　码头区域雷电风险的隶属度矩阵

雷电风险	Ⅰ级	Ⅱ级	Ⅲ级	Ⅳ级	Ⅴ级
雷击密度	0	0	0	0.8508	0.1492
雷电流强度	0.1386	0.1928	0.4413	0.1687	0.0482

结合码头区域雷电风险隶属度矩阵及相关历史资料，码头区域雷电风险的判断矩阵及对应的权重如表 8-125 所示。

表 8-125　码头区域雷电风险的判断矩阵及对应的权重

雷电风险	雷击密度	雷电流强度	权　重
雷击密度	1	9/10	0.4737
雷电流强度	10/9	1	0.5263
$\lambda_{\max}=2.00$	CI=0	CR=0＜0.1 通过一致性验证	

分析码头区域雷电风险两个下属指标的隶属度及权重可知，雷电流强度和雷击密度的影响几乎相同，雷电流强度的影响稍大。

同时，根据上述隶属度与权重，计算码头区域雷电风险的综合评价矩阵如表 8-126 所示。

表 8-126　码头区域雷电风险的综合评价矩阵

危险等级	Ⅰ级	Ⅱ级	Ⅲ级	Ⅳ级	Ⅴ级
雷电风险	0.0729	0.1015	0.2323	0.4918	0.0960

2．地域风险的综合评价

1）罐区区域地域风险的综合评价

罐区区域地域风险的隶属度矩阵如表 8-127 所示。

表 8-127　罐区区域地域风险的隶属度矩阵

地域风险	Ⅰ级	Ⅱ级	Ⅲ级	Ⅳ级	Ⅴ级
土壤结构	0.4200	0.1185	0.2829	0.1786	0
地形地貌	0	0	0	1	0
周边环境	0.1429	0.6851	0.1720	0	0

结合罐区区域地域风险隶属度矩阵及相关历史资料，罐区区域地域风险的判断矩阵及对应的权重如表 8-128 所示。

表 8-128　罐区区域地域风险的判断矩阵及对应的权重

地域风险	土壤结构	地形地貌	周边环境	权　重
土壤结构	1	6/9	6/4	0.3158
地形地貌	9/6	1	9/4	0.4737
周边环境	4/6	4/9	1	0.2105
$\lambda_{max}=3.00$	CI=0	CR=0<0.1 通过一致性验证		

分析罐区区域地域风险三个下属指标的隶属度及权重可知，地形地貌对地域风险的影响最大，其次是土壤结构，周边环境的影响最小。

同时，根据上述隶属度与权重，计算罐区区域地域风险的综合评价矩阵如表 8-129 所示。

表 8-129　罐区区域地域风险的综合评价矩阵

危险等级	Ⅰ级	Ⅱ级	Ⅲ级	Ⅳ级	Ⅴ级
地域风险	0.1627	0.1816	0.1255	0.5301	0

2）办公区域地域风险的综合评价

办公区域地域风险的隶属度矩阵如表 8-130 所示。

表 8-130　办公区域地域风险的隶属度矩阵

地域风险	Ⅰ级	Ⅱ级	Ⅲ级	Ⅳ级	Ⅴ级
土壤结构	0.1538	0.0622	0.3152	0.1786	0
地形地貌	0	0	0	1	0
周边环境	0.3684	0.0691	0.0362	0	0.5263

结合办公区域地域风险隶属度矩阵及相关历史资料，办公区域地域风险的判断矩阵及对应的权重如表 8-131 所示。

表 8-131　办公区域地域风险的判断矩阵及对应的权重

地域风险	土壤结构	地形地貌	周边环境	权　重
土壤结构	1	7/9	7/10	0.2692
地形地貌	9/7	1	9/10	0.3462
周边环境	10/7	10/9	1	0.3846
$\lambda_{max}=3.00$	CI=0	CR=0<0.1 通过一致性验证		

分析办公区域地域风险三个下属指标的隶属度及权重可知，周边环境对地域风险的影

响最大，其次是地形地貌，土壤结构的影响最小。

同时，根据上述隶属度与权重，计算办公区域地域风险的综合评价矩阵如表 8-132 所示。

表 8-132 办公区域地域风险的综合评价矩阵

危险等级	Ⅰ级	Ⅱ级	Ⅲ级	Ⅳ级	Ⅴ级
地域风险	0.1831	0.0433	0.0988	0.3943	0.2024

3）消防及工艺装置区域地域风险的综合评价

消防及工艺装置区域地域风险的隶属度矩阵如表 8-133 所示。

表 8-133 消防及工艺装置区域地域风险的隶属度矩阵

地域风险	Ⅰ级	Ⅱ级	Ⅲ级	Ⅳ级	Ⅴ级
土壤结构	0.1538	0.0622	0.3152	0.1786	0
地形地貌	0	0	0	1	0
周边环境	0.3684	0.0691	0.0362	0	0.5263

结合消防及工艺装置区域地域风险隶属度矩阵及相关历史资料，消防及工艺装置区域地域风险的判断矩阵及对应的权重如表 8-134 所示。

表 8-134 消防及工艺装置区域地域风险的判断矩阵及对应的权重

地域风险	土壤结构	地形地貌	周边环境	权 重
土壤结构	1	7/9	7/10	0.2692
地形地貌	9/7	1	9/10	0.3462
周边环境	10/7	10/9	1	0.3846
$\lambda_{max}=3.00$	CI=0	CR=0＜0.1 通过一致性验证		

分析消防及工艺装置区域地域风险三个下属指标的隶属度及权重可知，周边环境对地域风险的影响最大，其次是地形地貌，土壤结构的影响最小。

同时，根据上述隶属度与权重，计算消防及工艺装置区域地域风险的综合评价矩阵如表 8-135 所示。

表 8-135 消防及工艺装置区域地域风险的综合评价矩阵

危险等级	Ⅰ级	Ⅱ级	Ⅲ级	Ⅳ级	Ⅴ级
地域风险	0.1831	0.0433	0.0988	0.3943	0.2024

4）铁路线及辅助设施区域地域风险的综合评价

铁路线及辅助设施区域地域风险的隶属度矩阵如表 8-136 所示。

表 8-136　铁路线及辅助设施区域地域风险的隶属度矩阵

地域风险	Ⅰ级	Ⅱ级	Ⅲ级	Ⅳ级	Ⅴ级
土壤结构	0.1538	0.0622	0.3152	0.1786	0
地形地貌	0	0	0	1	0
周边环境	0.3684	0.0691	0.0362	0	0.5263

结合铁路线及辅助设施区域地域风险隶属度矩阵及相关历史资料，铁路线及辅助设施区域地域风险的判断矩阵及对应的权重如表 8-137 所示。

表 8-137　铁路线及辅助设施区域地域风险的判断矩阵及对应的权重

地域风险	土壤结构	地形地貌	周边环境	权　重
土壤结构	1	7/9	7/10	0.2692
地形地貌	9/7	1	9/10	0.3462
周边环境	10/7	10/9	1	0.3846
λ_{max} =3.00	CI=0	CR=0＜0.1 通过一致性验证		

分析铁路线及辅助设施区域地域风险三个下属指标的隶属度及权重可知，周边环境对地域风险的影响最大，其次是地形地貌，土壤结构的影响最小。

同时，根据上述隶属度与权重，计算铁路线及辅助设施区域地域风险的综合评价矩阵如表 8-138 所示。

表 8-138　铁路线及辅助设施区域地域风险的综合评价矩阵

危险等级	Ⅰ级	Ⅱ级	Ⅲ级	Ⅳ级	Ⅴ级
地域风险	0.1831	0.0433	0.0988	0.3943	0.2024

5）辅助用房区域地域风险的综合评价

辅助用房区域地域风险的隶属度矩阵如表 8-139 所示。

表 8-139　辅助用房区域地域风险的隶属度矩阵

地域风险	Ⅰ级	Ⅱ级	Ⅲ级	Ⅳ级	Ⅴ级
土壤结构	0.1538	0.0622	0.3152	0.1786	0
地形地貌	0	0	0	1	0
周边环境	0.3684	0.0691	0.0362	0	0.5263

结合辅助用房区域地域风险隶属度矩阵及相关历史资料，辅助用房区域地域风险的判断矩阵及对应的权重如表 8-140 所示。

表 8-140　辅助用房区域地域风险的判断矩阵及对应的权重

地域风险	土壤结构	地形地貌	周边环境	权　重
土壤结构	1	7/9	7/10	0.2692
地形地貌	9/7	1	9/10	0.3462
周边环境	10/7	10/9	1	0.3846
λ_{max} =3.00	CI=0	CR=0<0.1 通过一致性验证		

分析辅助用房区域地域风险三个下属指标的隶属度及权重可知，周边环境对地域风险的影响最大，其次是地形地貌，土壤结构的影响最小。

同时，根据上述隶属度与权重，计算辅助用房区域地域风险的综合评价矩阵如表 8-141 所示。

表 8-141　辅助用房区域地域风险的综合评价矩阵

危险等级	Ⅰ级	Ⅱ级	Ⅲ级	Ⅳ级	Ⅴ级
地域风险	0.1831	0.0433	0.0988	0.3943	0.2024

6）码头区域地域风险的综合评价

码头区域地域风险的隶属度矩阵如表 8-142 所示。

表 8-142　码头区域地域风险的隶属度矩阵

地域风险	Ⅰ级	Ⅱ级	Ⅲ级	Ⅳ级	Ⅴ级
土壤结构	0.1538	0.0622	0.3152	0.1786	0
地形地貌	0	0	0	1	0
周边环境	0.3684	0.0691	0.0362	0	0.5263

结合码头区域地域风险隶属度矩阵及相关资料，码头区域地域风险判断矩阵及对应的权重如表 8-143 所示。

表 8-143　码头区域地域风险的判断矩阵及对应的权重

地域风险	土壤结构	地形地貌	周边环境	权　重
土壤结构	1	7/9	7/10	0.2692
地形地貌	9/7	1	9/10	0.3462
周边环境	10/7	10/9	1	0.3846
λ_{max} =3	CI=0	CR=0<0.1 通过一致性验证		

分析码头区域地域风险三个下属指标的隶属度及权重可知，周边环境对地域风险的影响最大，其次是地形地貌，土壤结构的影响最小。

同时，根据上述隶属度与权重，计算码头区域地域风险的综合评价矩阵如表 8-144 所示。

表 8-144　码头区域地域风险的综合评价矩阵

危险等级	Ⅰ级	Ⅱ级	Ⅲ级	Ⅳ级	Ⅴ级
地域风险	0.1831	0.0433	0.0988	0.3943	0.2024

3．承灾体风险的综合评价

1）罐区区域承灾体风险的综合评价

罐区区域承灾体风险的隶属度矩阵如表 8-145 所示。

表 8-145　罐区区域承灾体风险的隶属度矩阵

承灾体风险	Ⅰ级	Ⅱ级	Ⅲ级	Ⅳ级	Ⅴ级
项目（属性）	0.0909	0	0	0	0.9090
建（构）筑物特征	0.1026	0.0278	0	0	0.8696
电子电气系统	0	0	0.4286	0.5714	0

结合罐区区域承灾体风险隶属度矩阵及相关历史资料，罐区区域承灾体风险的判断矩阵及对应的权重如表 8-146 所示。

表 8-146　罐区区域承灾体风险的判断矩阵及对应的权重

承灾体风险	项目属性	建（构）筑物特征	电子电气系统	权　重
项目属性	1	9/8	9/7	0.3750
建（构）筑物特征	8/9	1	8/7	0.3333
电子电气系统	7/9	7/8	1	0.2917
λ_{max} =3.00	CI=2.22×10^{-16}	CR= 4.2701×10^{-16}<0.1 通过一致性验证		

分析罐区区域承灾体风险三个下属指标的隶属度及权重可知，项目属性对承灾体风险的影响较大，其次是建（构）筑物特征，影响最小的是电子电气系统。

同时，根据上述隶属度与权重，计算出罐区区域承灾体风险的综合评价矩阵如表 8-147 所示。

表 8-147　罐区区域承灾体风险的综合评价矩阵

危险等级	Ⅰ级	Ⅱ级	Ⅲ级	Ⅳ级	Ⅴ级
承灾体风险	0.0683	0.0093	0.1250	0.1667	0.6307

2）办公区域承灾体风险的综合评价

办公区域承灾体风险的隶属度矩阵如表 8-148 所示。

表 8-148　办公区域承灾体风险的隶属度矩阵

承灾体风险	Ⅰ级	Ⅱ级	Ⅲ级	Ⅳ级	Ⅴ级
项目属性	1	0	0	0	0
建（构）筑物特征	0.1000	0	0	0.4000	0.5000
电子电气系统	0	0.4000	0.6000	0	0

结合办公区域承灾体风险隶属度矩阵及相关历史资料，办公区域承灾体风险的判断矩阵如表 8-149 所示。

表 8-149　办公区域承灾体风险的判断矩阵

承灾体风险	项目属性	建（构）筑物特征	电子电气系统	权　重
项目属性	1	2/10	2/7	0.1053
建（构）筑物特征	10/2	1	10/7	0.5263
电子电气系统	7/2	7/10	1	0.3684
$\lambda_{max}=3$	CI=2.22×10^{-16}	CR= $4.2701\times10^{-16}<0.1$ 通过一致性验证		

分析办公区域承灾体风险三个下属指标的隶属度及权重可知，建（构）筑物特征对承灾体风险的影响较大，其次是电子电气系统，影响最小的是项目属性。

同时，根据上述隶属度与权重，计算办公区域承灾体风险的综合评价矩阵如表 8-150 所示。

表 8-150　办公区域承灾体风险的综合评价矩阵

危险等级	Ⅰ级	Ⅱ级	Ⅲ级	Ⅳ级	Ⅴ级
承灾体风险	0.1579	0.1474	0.2210	0.2105	0.2632

3）消防及工艺装置区域承灾体风险的综合评价

消防及工艺装置区域承灾体风险的隶属度矩阵如表 8-151 所示。

表 8-151　消防及工艺装置区域承灾体风险的隶属度矩阵

承灾体风险	Ⅰ级	Ⅱ级	Ⅲ级	Ⅳ级	Ⅴ级
项目属性	0.1111	0	0	0.8888	0
建（构）筑物特征	0.0909	0	0	0	0.9090
电子电气系统	0	0	1	0	0

结合消防及工艺装置区域承灾体风险隶属度矩阵及相关历史资料，消防及工艺装置区域承灾体风险的判断矩阵及对应的权重如表 8-152 所示。

表 8-152　消防及工艺装置区域承灾体风险的判断矩阵及对应的权重

承灾体风险	项目属性	建（构）筑物特征	电子电气系统	权　重
项目属性	1	8/9	8/5	0.3636
建（构）筑物特征	9/8	1	9/5	0.4091
电子电气系统	5/8	5/9	1	0.2273
λ_{max} =3	CI=2.22×10^{-16}	CR=4.2701×10^{-16}<0.1 通过一致性验证		

分析消防及工艺装置区域承灾体风险三个下属指标的隶属度及权重可知，建（构）筑物特征对承灾体风险的影响较大，其次是项目属性，影响最小的是电子电气系统。

同时，根据上述隶属度与权重，计算消防及工艺装置区域承灾体风险的综合评价矩阵如表 8-153 所示。

表 8-153　消防及工艺装置区域承灾体风险的综合评价矩阵

危险等级	Ⅰ级	Ⅱ级	Ⅲ级	Ⅳ级	Ⅴ级
承灾体风险	0.0776	0	0.2273	0.3232	0.3719

4）铁路线及辅助设施区域承灾体风险的综合评价

铁路线及辅助设施区域承灾体风险的隶属度矩阵如表 8-154 所示。

表 8-154　铁路线及辅助设施区域承灾体风险的隶属度矩阵

承灾体风险	Ⅰ级	Ⅱ级	Ⅲ级	Ⅳ级	Ⅴ级
项目属性	0.2786	0	0	0.7214	0
建（构）筑物特征	0.0909	0	0	0	0.9090
电子电气系统	0	0	1	0	0

结合铁路线及辅助设施区域承灾体风险隶属度矩阵及相关历史资料，铁路线及辅助设施区域承灾体风险的判断矩阵及对应的权重如表 8-155 所示。

表 8-155　铁路线及辅助设施区域承灾体风险的判断矩阵及对应的权重

承灾体风险	项目属性	建（构）筑物特征	电子电气系统	权　重
项目属性	1	7/9	7/5	0.3333
建（构）筑物特征	9/7	1	9/5	0.4286
电子电气系统	5/7	5/9	1	0.2381
λ_{max} =3.00	CI=2.22×10^{-16}	CR=4.2701×10^{-16}<0.1 通过一致性验证		

分析铁路线及辅助设施区域承灾体风险三个下属指标的隶属度及权重，可知建（构）筑物特征对承灾体风险的影响较大，其次是项目属性，影响最小的是电子电气系统。

同时，根据上述的隶属度与权重，计算铁路线及辅助设施区域承灾体风险的综合评价矩阵如表 8-156 所示。

表 8-156 铁路线及辅助设施区域承灾体风险的综合评价矩阵

危险等级	Ⅰ级	Ⅱ级	Ⅲ级	Ⅳ级	Ⅴ级
承灾体风险	0.1318	0	0.2381	0.2404	0.3896

5）辅助用房区域承灾体风险的综合评价

辅助用房区域承灾体风险的隶属度矩阵如表 8-157 所示。

表 8-157 辅助用房区域承灾体风险的隶属度矩阵

承灾体风险	Ⅰ级	Ⅱ级	Ⅲ级	Ⅳ级	Ⅴ级
项目属性	1	0	0	0	0
建（构）筑物特征	0.1026	0.0278	0	0	0.8696
电子电气系统	1	0	0	0	0

结合辅助用房区域承灾体风险隶属度矩阵及相关历史资料，辅助用房区域承灾体风险的判断矩阵及对应的权重如表 8-158 所示。

表 8-158 辅助用房区域承灾体风险的判断矩阵及对应的权重

承灾体风险	项目属性	建（构）筑物特征	电子电气系统	权 重
项目属性	1	2/9	1	0.1538
建（构）筑物特征	9/2	1	9/2	0.6923
电子电气系统	1	2/9	1	0.1538
$\lambda_{max}=3.00$	$CI=2.22\times10^{-16}$	$CR=4.2701\times10^{-16}<0.1$ 通过一致性验证		

分析辅助用房区域承灾体风险三个下属指标的隶属度及权重可知，建（构）筑物特征对承灾体风险的影响较大，其次是项目属性和电子电气系统。

同时，根据上述隶属度与权重，计算出辅助用房区域承灾体风险的综合评价矩阵如表 8-159 所示。

表 8-159 辅助用房区域承灾体风险的综合评价矩阵

危险等级	Ⅰ级	Ⅱ级	Ⅲ级	Ⅳ级	Ⅴ级
承灾体风险	0.3786	0.0192	0	0	0.6020

6）码头区域承灾体风险的综合评价

码头区域承灾体风险的隶属度矩阵如表 8-160 所示。

表 8-160　码头区域承灾体风险的隶属度矩阵

承灾体风险	Ⅰ级	Ⅱ级	Ⅲ级	Ⅳ级	Ⅴ级
项目属性	0.2786	0	0	0.7214	0
建（构）筑物特征	0.0909	0	0	0	0.9090
电子电气系统	1	0	0	0	0

结合码头区域承灾体风险隶属度矩阵及相关历史资料，码头区域承灾体风险的判断矩阵及对应的权重如表 8-161 所示。

表 8-161　码头区域承灾体风险的判断矩阵及对应的权重

承灾体风险	项目属性	建（构）筑物特征	电子电气系统	权　重
项目属性	1	7/9	7/2	0.3889
建（构）筑物特征	9/7	1	9/2	0.5000
电子电气系统	2/7	2/9	1	0.1111
λ_{max} =3.00	$CI=2.22\times10^{-16}$	$CR=4.2701\times10^{-16}<0.1$ 通过一致性验证		

分析码头区域承灾体风险三个下属指标的隶属度及权重可知，建（构）筑物特征对承灾体风险的影响较大，其次是项目属性，影响最小的是电子电气系统。

同时，根据上述的隶属度与权重，计算出码头区域承灾体风险的综合评价矩阵如表 8-162 所示。

表 8-162　码头区域承灾体风险的综合评价矩阵

危险等级	Ⅰ级	Ⅱ级	Ⅲ级	Ⅳ级	Ⅴ级
承灾体风险	0.2649	0	0	0.2806	0.4545

8.4.3　第一级指标的综合评价

1. 罐区区域第一级指标的综合评价

罐区区域第一级指标的隶属度矩阵如表 8-163 所示。

表 8-163　罐区区域第一级指标的隶属度矩阵

雷电风险	0.0729	0.1015	0.2323	0.4918	0.0960
地域风险	0.1627	0.1816	0.1255	0.5301	0
承灾体风险	0.0683	0.0093	0.1250	0.1667	0.6307

结合罐区区域第一级指标的隶属度矩阵及相关历史资料，罐区区域第一级指标的判断矩阵及对应的权重如表 8-164 所示。

表 8-164　罐区第一级指标的判断矩阵及对应的权重

第一级指标	雷电风险	地域风险	承灾体风险	权　重
雷电风险	1	9/7	9/8	0.3750
地域风险	7/9	1	7/8	0.2917
承灾体风险	8/9	8/7	1	0.3333
λ_{max} =3.00	CI=4.49×10^{-16}	CR=8.5402×10^{-16}<0.1 通过一致性验证		

同时，根据上述隶属度与权重，计算出罐区区域雷电灾害风险的综合评价矩阵如表 8-165 所示。

表 8-165　罐区区域雷电灾害风险的综合评价矩阵

危险等级	Ⅰ级	Ⅱ级	Ⅲ级	Ⅳ级	Ⅴ级
区域雷电灾害风险	0.0976	0.0941	0.1654	0.3946	0.2462

2．办公区域第一级指标的综合评价

办公区域第一级指标的隶属度矩阵如表 8-166 所示。

表 8-166　办公区域第一级指标的隶属度矩阵

雷电风险	0.0729	0.1015	0.2323	0.4918	0.0960
地域风险	0.1831	0.0433	0.0988	0.3943	0.2024
承灾体风险	0.1579	0.1474	0.2210	0.2105	0.2632

结合办公区域第一级指标隶属度矩阵及相关历史资料，办公区域第一级指标的判断矩阵及对应的权重如表 8-167 所示。

表 8-167　办公区域第一级指标的判断矩阵及对应的权重

第一级指标	雷电风险	地域风险	承灾体风险	权　重
雷电风险	1	7/9	7/10	0.2692
地域风险	9/7	1	9/10	0.3462
承灾体风险	10/7	10/9	1	0.3846
λ_{max} =3.00	CI=4.49×10^{-16}	CR=8.5402×10^{-16}<0.1 通过一致性验证		

同时，根据上述隶属度与权重，计算出办公区域雷电灾害风险的综合评价矩阵如表 8-168 所示。

表 8-168　办公区域雷电灾害风险的综合评价矩阵

危险等级	Ⅰ级	Ⅱ级	Ⅲ级	Ⅳ级	Ⅴ级
区域雷电灾害风险	0.1437	0.0990	0.1817	0.3499	0.1971

3．消防与工艺装置区域第一级指标的综合评价

消防与工艺装置区域第一级指标的隶属度矩阵如表 8-169 所示。

表 8-169　消防与工艺装置区域第一级指标的隶属度矩阵

雷电风险	0.0729	0.1015	0.2323	0.4918	0.0960
地域风险	0.1831	0.0433	0.0988	0.3943	0.2024
承灾体风险	0.0776	0	0.2273	0.3232	0.3719

结合消防与工艺装置区域第一级指标的隶属度矩阵及相关历史资料，消防与工艺装置区域第一级指标的判断矩阵及对应的权重如表 8-170 所示。

表 8-170　消防与工艺装置第一级指标的判断矩阵及对应的权重

第一级指标	雷电风险	地域风险	承灾体风险	权　重
雷电风险	1	4/7	4/10	0.1905
地域风险	7/4	1	7/10	0.3333
承灾体风险	10/4	10/7	1	0.4762
$\lambda_{max}=3.00$	$CI=4.49\times10^{-16}$	$CR=8.5402\times10^{-16}<0.1$ 通过一致性验证		

同时，根据上述隶属度与权重，计算出消防与工艺装置区域雷电灾害风险的综合评价矩阵如表 8-171 所示。

表 8-171　消防与工艺装置区域雷电灾害风险的综合评价矩阵

危险等级	Ⅰ级	Ⅱ级	Ⅲ级	Ⅳ级	Ⅴ级
区域雷电灾害风险	0.1119	0.0338	0.1854	0.3790	0.2628

4．铁路线及辅助设施区域第一级指标的综合评价

铁路线与辅助设施区域第一级指标的隶属度矩阵如表 8-172 所示。

表 8-172　铁路线与辅助设施区域第一级指标的隶属度矩阵

雷电风险	0.0729	0.1015	0.2323	0.4918	0.0960
地域风险	0.1831	0.0433	0.0988	0.3943	0.2024
承灾体风险	0.1318	0	0.2381	0.2404	0.3896

结合铁路线及辅助设施区域第一级指标的隶属度矩阵及相关历史资料，铁路线及辅助设施区域第一级指标的判断矩阵及对应的权重如表 8-173 所示。

表 8-173　铁路线及辅助设施第一级指标的判断矩阵及对应的权重

第一级指标	雷电风险	地域风险	承灾体风险	权　重
雷电风险	1	6/8	6/10	0.2500
地域风险	8/6	1	8/10	0.3333
承灾体风险	10/6	10/8	1	0.4167
λ_{max} =3.00	CI=4.49×10^{-16}	CR=8.5402×10^{-16}＜0.1 通过一致性验证		

同时，根据上述隶属度与权重，计算出铁路线及辅助设施区域雷电灾害风险的综合评价矩阵如表 8-174 所示。

表 8-174　铁路线及辅助设施区域雷电灾害风险的综合评价矩阵

危险等级	Ⅰ级	Ⅱ级	Ⅲ级	Ⅳ级	Ⅴ级
区域雷电灾害风险	0.1342	0.0398	0.1902	0.3545	0.2538

5. 辅助用房区域第一级指标的综合评价

辅助用房区域第一级指标的隶属度矩阵如表 8-175 所示。

表 8-175　辅助用房区域一级指标的隶属度矩阵

雷电风险	0.0729	0.1015	0.2323	0.4918	0.0960
地域风险	0.1831	0.0433	0.0988	0.3943	0.2024
承灾体风险	0.3786	0.0192	0	0	0.6020

同时，结合辅助用房区域第一级指标隶属度矩阵及相关历史资料，辅助用房区域第一级指标的判断矩阵及对应的权重如表 8-176 所示。

表 8-176　辅助用房第一级指标的判断矩阵及对应的权重

第一级指标	雷电风险	地域风险	承灾体风险	权　重
雷电风险	1	4/6	4/7	0.2353
地域风险	6/4	1	6/7	0.3529
承灾体风险	7/4	7/6	1	0.4118
λ_{max} =3.00	CI=4.49×10^{-16}	CR=8.5402×10^{-16}＜0.1 通过一致性验证		

同时，根据上述隶属度与权重，计算出辅助用房区域雷电灾害风险的综合评价矩阵如表 8-177 所示。

表 8-177　辅助用房区域雷电灾害风险的综合评价矩阵

危险等级	Ⅰ级	Ⅱ级	Ⅲ级	Ⅳ级	Ⅴ级
区域雷电灾害风险	0.2377	0.0471	0.0895	0.2549	0.3419

6. 码头区域第一级指标的综合评价

码头区域第一级指标的隶属度矩阵如表 8-178 所示。

表 8-178　码头区域第一级指标的隶属度矩阵

雷电风险	0.0729	0.1015	0.2323	0.4918	0.0960
地域风险	0.1831	0.0433	0.0988	0.3943	0.2024
承灾体风险	0.2649	0	0	0.2806	0.4545

同时，结合码头区域第一级指标的隶属度矩阵及相关历史资料，码头区域第一级指标的判断矩阵及对应的权重如表 8-179 所示。

表 8-179　码头区域第一级指标的判断矩阵及对应的权重

一级指标	雷电风险	地域风险	承灾体风险	权　重
雷电风险	1	3/5	3/10	0.1667
地域风险	5/3	1	5/10	0.2778
承灾体风险	10/3	10/5	1	0.5556
λ_{max} =3.00	CI=4.49×10^{-16}	CR=8.5402×10^{-16}<0.1 通过一致性验证		

同时，根据上述隶属度与权重，计算出码头区域雷电灾害风险的综合评价矩阵如表 8-180 所示。

表 8-180　码头区域雷电灾害风险的综合评价矩阵

危险等级	Ⅰ级	Ⅱ级	Ⅲ级	Ⅳ级	Ⅴ级
区域雷电灾害风险	0.2102	0.0289	0.0662	0.3474	0.3248

8.4.4 区域雷电灾害风险小结

结合区域雷电灾害风险中三大风险的隶属度及其权重，各分区三大风险对雷电灾害风险的贡献如表 8-181 所示。

表 8-181　各分区雷电灾害风险组成分析

分　区	三大风险影响排序
罐区区域	雷电风险>承灾体风险>地域风险
办公区域	承灾体风险>地域风险>雷电风险
消防与工艺装置区域	承灾体风险>地域风险>雷电风险

续表

分　区	三大风险影响排序
铁路线及辅助设施区域	承灾体风险＞地域风险＞雷电风险
辅助用房区域	承灾体风险＞地域风险＞雷电风险
码头区域	承灾体风险＞地域风险＞雷电风险

各分区雷电灾害风险隶属度如表 8-182 所示。

表 8-182　各分区雷电灾害风险隶属度

危险等级	Ⅰ级	Ⅱ级	Ⅲ级	Ⅳ级	Ⅴ级
罐区区域	0.0976	0.0941	0.1654	0.3946	0.2462
办公区域	0.1437	0.0990	0.1817	0.3499	0.1971
消防与工艺装置区域	0.1119	0.0338	0.1854	0.3790	0.2628
铁路线及辅助设施区域	0.1342	0.0398	0.1902	0.3545	0.2538
辅助用房区域	0.2377	0.0471	0.0895	0.2549	0.3419
码头区域	0.2102	0.0289	0.0662	0.3474	0.3248

根据区域雷电灾害风险隶属度，最终计算得到Ⅰ级、Ⅱ级、Ⅲ级、Ⅳ级、Ⅴ级的隶属度 r_1、r_2、r_3、r_4、r_5，则根据综合评价 $g=r_1+3r_2+5r_3+7r_4+9r_5$，求出各区域的综合评价 g，如表 8-183 所示。

表 8-183　各分区雷电灾害风险综合评价

分　区	公　式	综合评价结果	危险等级
罐区区域	$g=r_1+3r_2+5r_3+7r_4+9r_5$	6.1849	Ⅳ级
办公区域	$g=r_1+3r_2+5r_3+7r_4+9r_5$	5.5724	Ⅲ级
消防与工艺装置区域	$g=r_1+3r_2+5r_3+7r_4+9r_5$	6.1585	Ⅳ级
铁路线及辅助设施区域	$g=r_1+3r_2+5r_3+7r_4+9r_5$	5.9703	Ⅲ级
辅助用房区域	$g=r_1+3r_2+5r_3+7r_4+9r_5$	5.6879	Ⅲ级
码头区域	$g=r_1+3r_2+5r_3+7r_4+9r_5$	5.9829	Ⅲ级

因此，由表 8-183 可知，罐区区域、消防与工艺装置区域危险等级为Ⅳ级，其余区域危险等级为Ⅲ级，其中码头区域、铁路线辅助设施区域相当接近Ⅳ级。通过图形转换，本项目各区域危险度如图 8-3 所示。

由图 8-3 可知，本项目整体区域的风险等级都在中等风险以上，其中罐区区域、消防与工艺装置区域的风险等级为较高风险等级。因此，在罐区区域、消防及工艺装置区域应着重进行防雷布置。

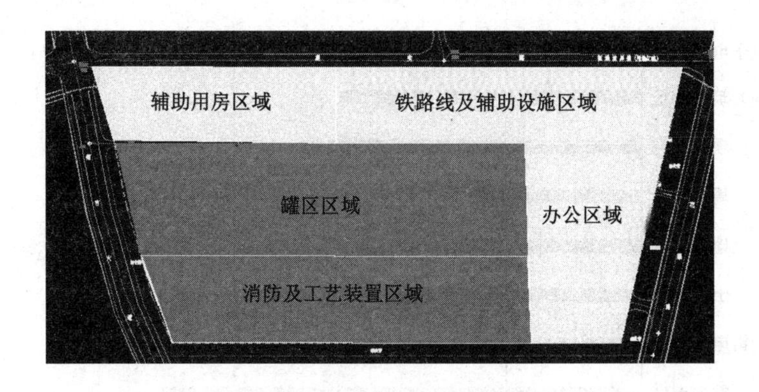

注：灰色为危险等级Ⅳ级；白色为危险等级Ⅲ级。

图 8-3　本项目各区域雷电灾害危险度分布

从占地面积来看，处于较高风险等级（Ⅳ级）的占地面积占本项目区域总面积的一半以上；从建筑物高度来看，罐区区域的建筑物最高高度，因此，罐区区域内建筑物接闪的可能性较大。

8.5　区域雷电灾害风险分析

8.5.1　罐区区域雷电灾害风险分析

1．罐区区域影响因子权重分析

1）罐区区域影响因子（第二级）权重分析

罐区区域第二级指标占总目标权重如表 8-184 所示。

表 8-184　罐区区域第二级指标占总目标权重

第二级指标	第一级指标权重（WB）	第二级指标权重（WC）	占总目标权重（*W*）
雷击密度	0.375	0.4737	0.17764
雷电流强度		0.5263	0.19736
土壤结构	0.2917	0.3158	0.09212
地形地貌		0.4737	0.13818
周边环境		0.2105	0.06140
项目属性	0.3333	0.375	0.12499
建（构）筑物特征		0.3333	0.11109
电子电气系统		0.2917	0.09722

根据罐区区域第二级指标占总目标权重，绘制第二级指标占总目标权重图，以更直观地反映各指标的影响大小，如图 8-4 所示。

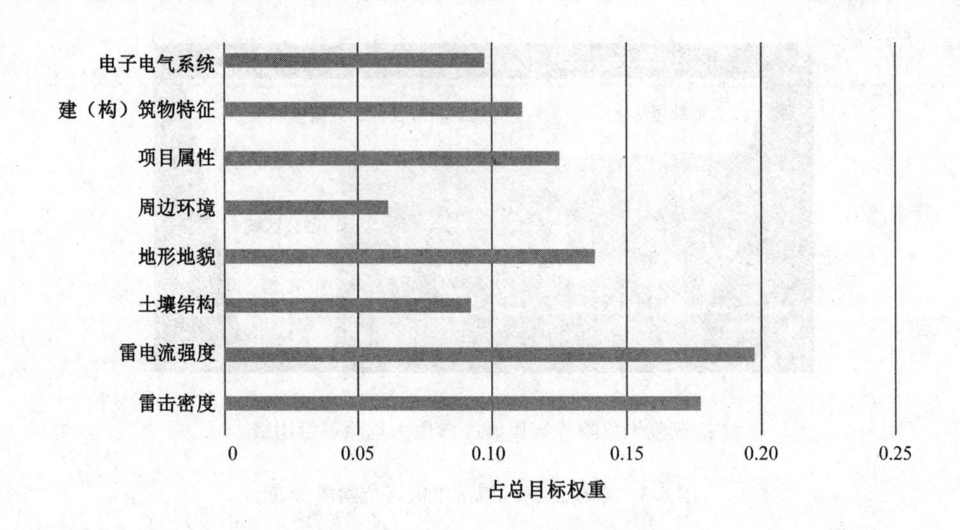

图 8-4　罐区区域第二级指标占总目标权重

结合罐区区域第二级指标的权重图可知，雷电流强度、雷击密度对本项目影响较大，其次是项目属性、地形地貌。

2）罐区区域影响因子（第三级）雷电灾害风险评估结论

第三级指标占总目标权重如表 8-185 所示。

表 8-185　第三级指标占总目标权重

第三级指标	第二级指标总权重	第三级指标权重	第三级占总目标权重
土壤电阻率	0.09212	0.3077	0.02834
土壤垂直分层		0.2308	0.02126
土壤水平分层		0.4615	0.04251
安全距离	0.06140	0.3571	0.02193
相对高度		0.1429	0.00877
电磁环境		0.5	0.03070
使用性质	0.12499	0.4545	0.05681
人员数量		0.0909	0.01136
影响程度		0.4545	0.05681
占地面积	0.11109	0.4348	0.04830
材料结构		0.4348	0.04830
等效高度		0.1304	0.01449
电子系统	0.09722	0.5714	0.05555
电气系统		0.4286	0.04167

绘制第三级指标占总目标的权重图，如图 8-5 所示。

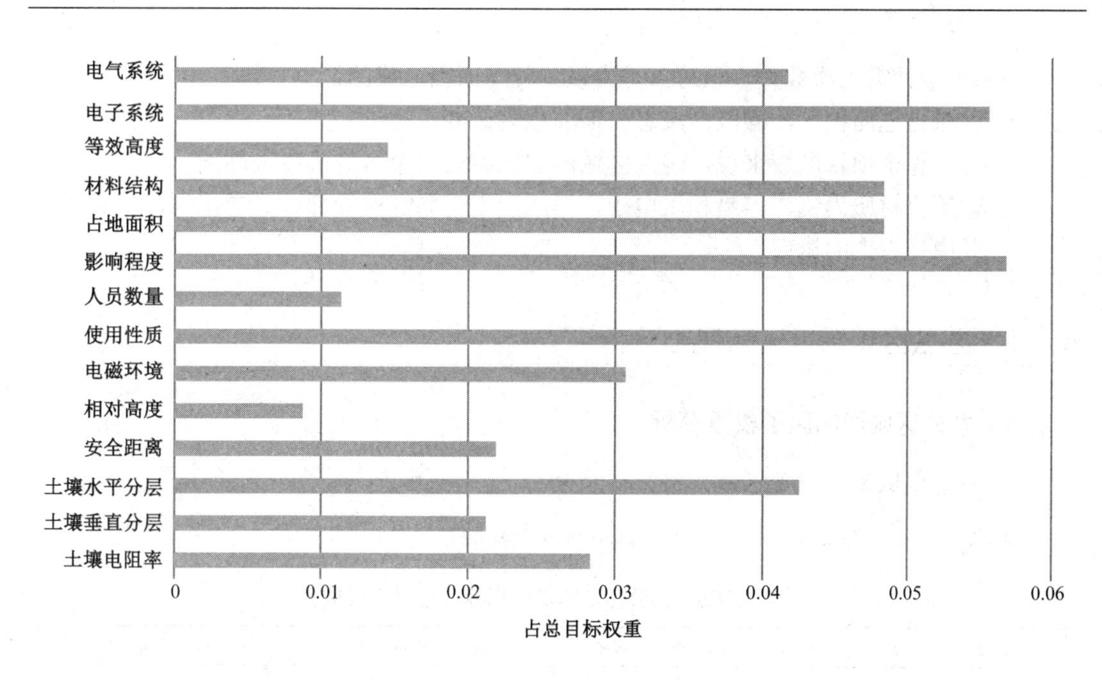

图8-5 第三级指标占总目标权重

图8-5所示第三级指占对总目标权重体现了第三级各指标在总目标中的作用大小。

结合第三级指标的权重图表可知，主要影响指标为使用性质、影响程度、电子系统；次要影响指标为材料结构、占地面积等。

2. 罐区区域雷电灾害主要风险分析

1）罐区区域雷电灾害风险特点

罐区存储物具有爆炸危险性质，且存储量巨大，对雷电的敏感度很高，雷击后果非常严重，将直接影响到其他区域，并可能危及周边的长沙华电、白羊电厂及污水处理厂。罐区区域占地面积大，建筑高度相对较高，建筑物材质易于接闪；罐区区域内部电子系统繁多，分布复杂。

2）罐区区域雷电灾害风险特点分析

（1）罐区区域存储物为爆炸危险物品，运营后将形成爆炸危险环境，静电或电火花、高温等都极易引发火灾或爆炸事故。

（2）由于存储量达到$4\times10^4m^3$，存储物如发生燃烧或者爆炸，产生的能量将对周边区域的人员造成严重威胁，并将影响到周边单位的正常生产运行。

（3）电子系统抗干扰能力弱，主要是由以下原因造成的：

- 电子系统繁多，设备复杂；
- 电子系统布线区域大，走线复杂，易形成环路；
- 电子系统的工作电压一般为48V、24V、12V、10V，易受过电压波的影响，对于千伏级的雷电流更难以抵抗。

（4）年预计雷击次数大，该特点是由以下几个原因造成的：

- 区域占地面积广，罐区区域总占地面积为 85067.35m^2；
- 对于整个项目区域来说，罐区区域的建筑物是整个区域高度最高的；
- 建筑物材质为钢，容易积聚电子，形成向上先导，引导梯级先导接闪，提高了罐区遭受雷击的概率。

8.5.2 办公区域雷电灾害风险分析

1. 办公区域影响因子权重分析

1）办公区域影响因子（第二级）权重分析

办公区域第二级指标占总目标权重如表 8-186 所示。

表 8-186 办公区域第二级指标占总目标权重

第二级指标	第一级指标权重（WB）	第二级指标权重（WC）	占总目标权重（*W*）
雷击密度	0.2692	0.4737	0.12752
雷电流强度		0.5263	0.14168
土壤结构	0.3462	0.2692	0.09320
地形地貌		0.3462	0.11985
周边环境		0.3846	0.13315
项目属性	0.3846	0.1053	0.04050
建（构）筑物特征		0.5263	0.20241
电子电气系统		0.3684	0.14169

根据办公区域第二级指标占总目标权重，绘制第二级指标占总目标权重图，以更直观地反映各指标影响的大小，如图 8-6 所示。

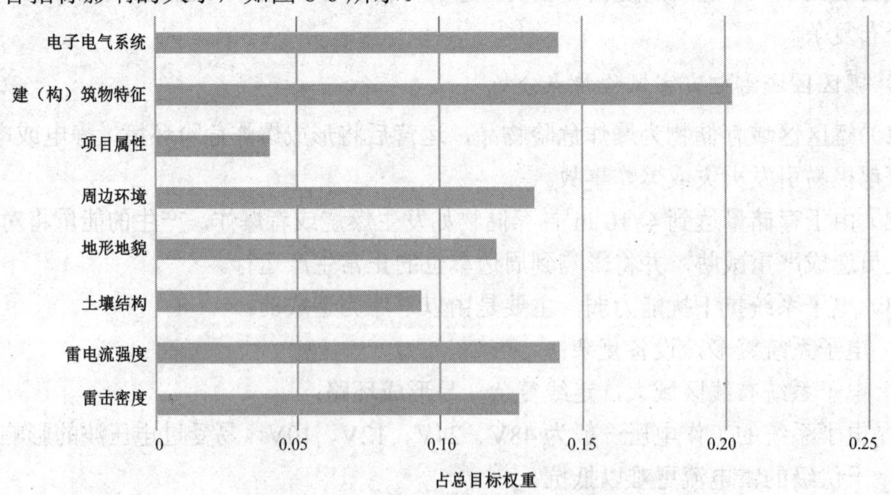

图 8-6 办公区域第二级指标占总目标权重

结合办公区域第二级指标的权重图表可知，建（构）筑物特征影响最大，其次是雷电流强度、电子电气系统、周边环境。

2）影响因子（第三级）雷电灾害风险评估结论

第三级指标占总目标权重如表 8-187 所示。

表 8-187　第三级指标占总目标权重

第三级指标	第二级指标总权重	第三级指标权重	第三级占总目标权重
土壤电阻率	0.09320	0.3846	0.03584
土壤垂直分层		0.1538	0.01433
土壤水平分层		0.4615	0.04301
安全距离	0.13315	0.5063	0.06741
相对高度		0.3684	0.04905
电磁环境		0.1053	0.01402
使用性质	0.04050	0.3333	0.01350
人员数量		0.3333	0.01350
影响程度		0.3333	0.01350
占地面积	0.20241	0.5	0.10121
材料结构		0.4	0.08097
等效高度		0.1	0.02024
电子系统	0.14169	0.4	0.05667
电气系统		0.6	0.08501

绘制第三级指标占总目标的权重图，如图 8-7 所示。

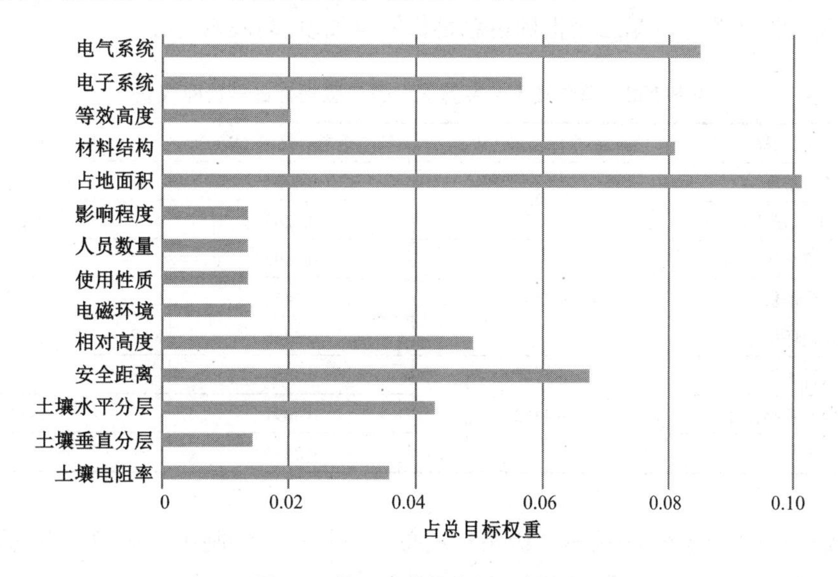

图 8-7　第三级指标占总目标权重

第三级指标占总目标的权重体现了各指标在总目标中的作用大小。

结合第三级指标的权重图表来看，主要影响指标为占地面积、材料结构、电气系统；

次要影响指标为安全距离、电子系统等。

2．办公区域雷电灾害主要风险分析

1）办公区域雷电灾害风险特点

办公区域的特点为占地面积大，建筑物材质易于接闪；区域内部电子系统繁多，距离罐区区域最小距离为48.3m，区域内人员安全容易受到罐区事故的威胁。

2）办公区域雷电灾害风险特点分析

（1）年预计雷击次数大，该特点由以下几个原因造成：

- 区域占地面积大，办公区域总占地面积为43480.27m^2；
- 建筑物材质为钢混结构，虽然不如钢结构易于接闪，但仍然会增加办公区域的雷击概率。

（2）电气系统容易受到过电压波干扰。

电气系统的过电压波干扰来源于以下几个方面：线路遭受直接雷击，过电压波由其他线路耦合进入电气系统，线路自身产生感应过电压波，操作过电压，等等。

电气系统布线区域大、走线复杂，易形成环路。

8.5.3 消防及工艺装置区域雷电灾害风险分析

1．消防及工艺装置区域影响因子权重分析

1）消防及工艺装置区域影响因子（第二级）权重分析

消防及工艺装置区域第二级指标占总目标权重如表8-188所示。

表8-188 消防及工艺装置区域第二级指标占总目标权重

第二级指标	第一级指标权重（WB）	第二级指标权重（WC）	占总目标权重（*W*）
雷击密度	0.1905	0.4737	0.09024
雷电流强度		0.5263	0.10026
土壤结构	0.3333	0.2692	0.08972
地形地貌		0.3462	0.11539
周边环境		0.3846	0.12819
项目属性	0.4762	0.3636	0.17315
建（构）筑物特征		0.4091	0.19481
电子电气系统		0.2273	0.10824

根据消防及工艺装置区域第二级指标占总目标权重，绘制第二级指标占总目标权重图，以更直观地反映各指标影响大小，如图8-8所示。

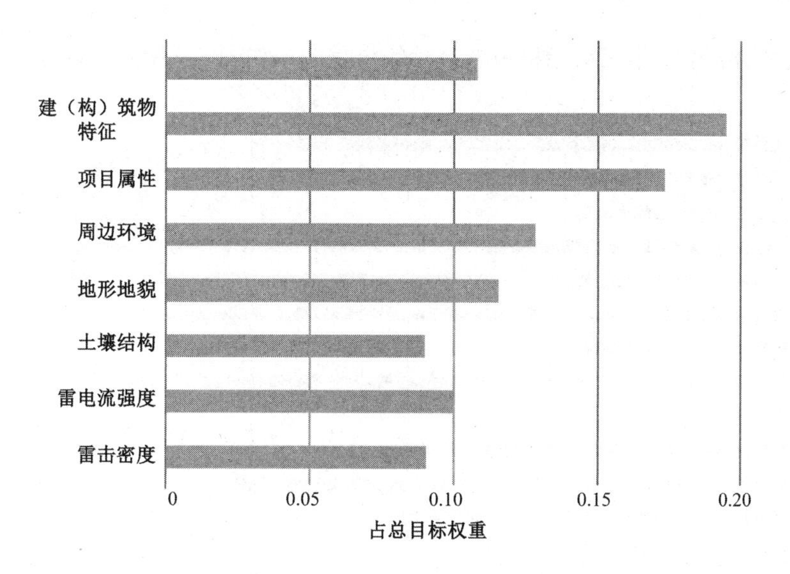

图 8-8　消防及工艺装置区域第二级指标占总目标权重

结合消防及工艺装置区域第二级指标的权重图表可知，建（构）筑物特征、项目属性对本项目影响较大，其次是周边环境。

2）影响因子（第三级）雷电灾害风险评估结论

表 8-189 所示为第三级指标占总目标权重。

表 8-189　第三级指标占总目标权重

第三级指标	第二级指标总权重	第三级指标权重	第三级指标占总目标权重
土壤电阻率	0.08972	0.3846	0.03451
土壤垂直分层		0.1538	0.01380
土壤水平分层		0.4615	0.04141
安全距离	0.12819	0.5063	0.06490
相对高度		0.3684	0.04722
电磁环境		0.1053	0.01350
使用性质	0.17315	0.4444	0.07695
人员数量		0.1111	0.01924
影响程度		0.4444	0.07695
占地面积	0.19481	0.4545	0.08854
材料结构		0.4545	0.08854
等效高度		0.0909	0.01771
电子系统	0.10824	0.5	0.05412
电气系统		0.5	0.05412

依据表 8-188 绘制第三级指标占总目标的权重图，如图 8-9 所示。

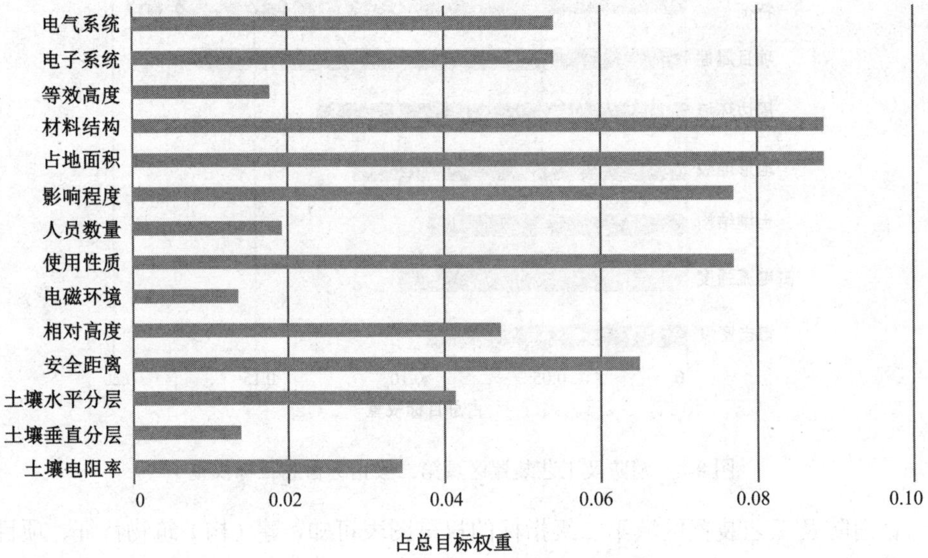

电气系统
电子系统
等效高度
材料结构
占地面积
影响程度
人员数量
使用性质
电磁环境
相对高度
安全距离
土壤水平分层
土壤垂直分层
土壤电阻率
0 0.02 0.04 0.06 0.08 0.10
占总目标权重

图 8-9 第三级指标占总目标权重

第三级指标占总目标的权重体现了各指标在总目标中的作用大小。

结合第三级指标的权重图表来看，主要影响因子为材料结构、占地面积，次要影响因子为使用性质、影响程度。

2. 消防及工艺装置区域雷电灾害主要风险分析

1）消防及工艺装置区域雷电灾害风险特点

消防及工艺装置区域的特点为区域占地面积大，建筑物材质易于接闪；消防及工艺装置区域为易燃、易爆危险建筑物的储运区域，与油罐区有直接连接关系；距离，罐区区域较近。

2）消防及工艺装置区域雷电灾害风险特点分析

（1）年预计雷击次数大，该特点由以下几个原因造成：

- 区域占地面积广，消防及工艺装置区域总占地面积为 61123.63m^2；
- 建筑物材质为钢，容易积聚电子，虽然因为建筑物高度原因，遭受直接雷击的概率不大，但感应过电压仍能够对区域内电气电子设备造成致命影响。

（2）距离罐区区域较近，且与罐区区域直接连接，硬件上通过管道与码头区域有电气连接，若遭受雷击，将影响本项目整个区域和码头的生产运营。

（3）电气系统布线区域大、走线复杂，易形成环路。

8.5.4　铁路及辅助设备区域雷电灾害风险分析

1. 铁路线及辅助设施区域影响因子权重分析

1）铁路线及辅助设施区域影响因子（第二级）权重分析

表 8-190 所示为铁路线及辅助设施区域第二级指标占总目标权重。

表 8-190　铁路线及辅助设施区域第二级指标占总目标权重

第二级指标	第一级指标权重	第二级指标权重	占总目标权重
雷击密度	0.25	0.4737	0.11843
雷电流强度		0.5263	0.13158
土壤结构	0.3333	0.2692	0.08972
地形地貌		0.3462	0.11539
周边环境		0.3846	0.12819
项目属性	0.4167	0.3333	0.13889
建（构）筑物特征		0.4286	0.17860
电子电气系统		0.2381	0.09922

根据铁路线及辅助设施区域第二级指标占总目标权重，绘制第二级指标占总目标权重图，以更直观地反映各指标影响的大小，如图 8-10 所示。

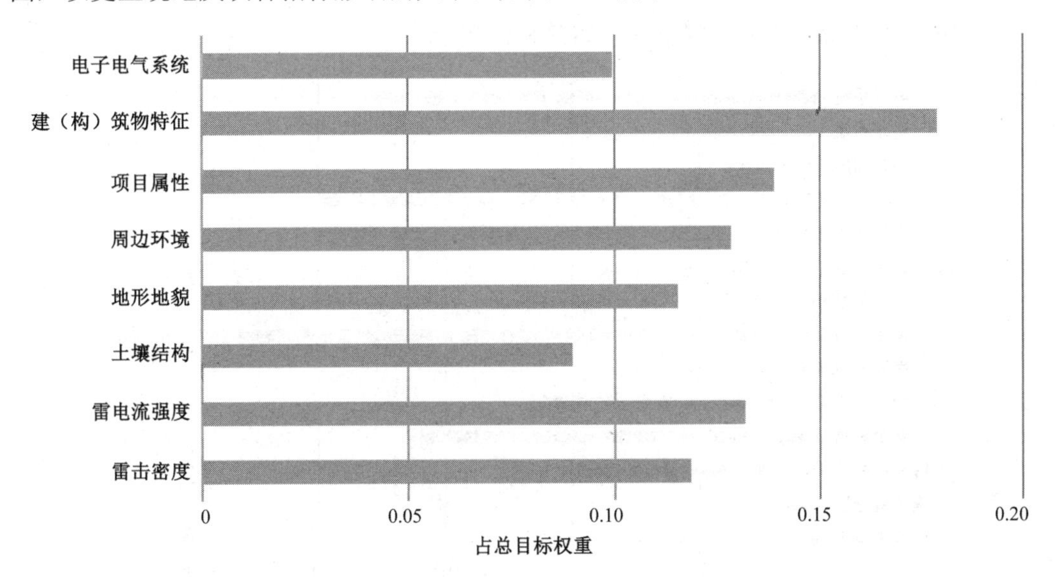

图 8-10　铁路线及辅助设施区域第二级指标占总目标权重

结合铁路线及辅助设施区域第二级指标的权重图表可知，雷电流强度对本项目影响较大，其次是项目属性、地形地貌、雷击密度。

2）影响因子（第三级）雷电灾害风险评估结论

表 8-191 所示为第三级指标占总目标权重。

表 8-191　第三级指标占总目标权重

第三级指标	第二级指标总权重	第三级指标权重	第三级指标占总目标权重
土壤电阻率	0.08972	0.3846	0.03451
土壤垂直分层		0.1538	0.01380
土壤水平分层		0.4615	0.04141
安全距离	0.12819	0.5063	0.06490
相对高度		0.3684	0.04722
电磁环境		0.1053	0.01350
使用性质	0.13889	0.7214	0.10019
人员数量		0.1393	0.01935
影响程度		0.1393	0.01935
占地面积	0.17860	0.4545	0.08117
材料结构		0.4545	0.08117
等效高度		0.0909	0.01623
电子系统	0.09922	0.25	0.02480
电气系统		0.75	0.07441

绘制第三级指标占总目标权重图，如图 8-11 所示。

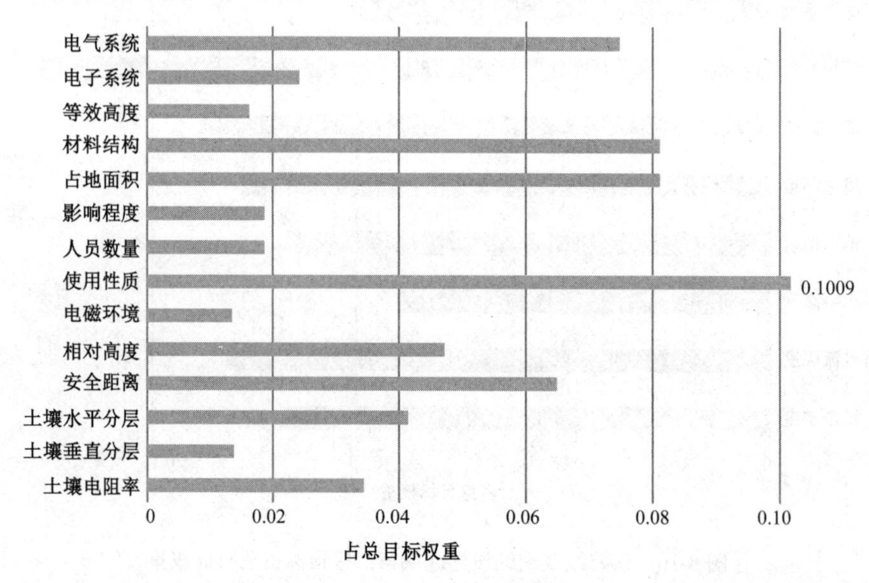

图 8-11　第三级指标占总目标权重

第三级指标占总目标的权重体现了各指标在总目标中的作用大小。

结合第三级指标的权重图表来看，主要影响因子为使用性质、材料结构、占地面积；

次要影响因子为电气系统、安全距离等。

2．铁路线及辅助设施区域雷电灾害主要风险分析

1）铁路线及辅助设施区域雷电灾害风险特点

铁路线及辅助设施区域的特点为区域占地面积大，建筑物材质易于接闪。铁路线为油品装卸区，油品挥发使得该区域转变成爆炸危险区域，使得区域对电火花、静电、高温等因素敏感度升高。

2）铁路线及辅助设施区域雷电灾害风险特点分析

（1）年预计雷击次数大，该特点由以下几个原因造成：

- 区域占地面积广，区域总占地面积为 48814.52m^2；
- 建筑物材质为钢，容易积聚电子，形成向上先导，引导梯级先导接闪，增大了区域遭受雷击概率。

（2）铁路线为油品装卸区，且多金属结构建（构）筑物。区域内强电设备繁多，电气系统可能产生的电火花也是危险源之一。

（3）电气系统布线区域大、走线复杂，易形成环路。

8.5.5　辅助用房区域雷电灾害风险分析

1．辅助用房区域影响因子权重分析

1）辅助用房区域影响因子（第二级）权重分析

表 8-192 所示为辅助用房区域第二级指标占总目标权重。

表 8-192　辅助用房区域第二级指标占总目标权重

第二级指标	第一级指标权重	第二级指标权重	第二级指标占总目标权重
雷击密度	0.25	0.4737	0.11843
雷电流强度		0.5263	0.13158
土壤结构	0.3333	0.2692	0.08972
地形地貌		0.3462	0.11539
周边环境		0.3846	0.12819
项目属性	0.4167	0.3333	0.13889
建（构）筑物特征		0.4286	0.17860
电子电气系统		0.2381	0.09922

根据辅助用房区域第二级指标占总目标权重，绘制第二级指标占总目标权重图，以更直观地反映各指标影响的大小，如图 8-12 所示。

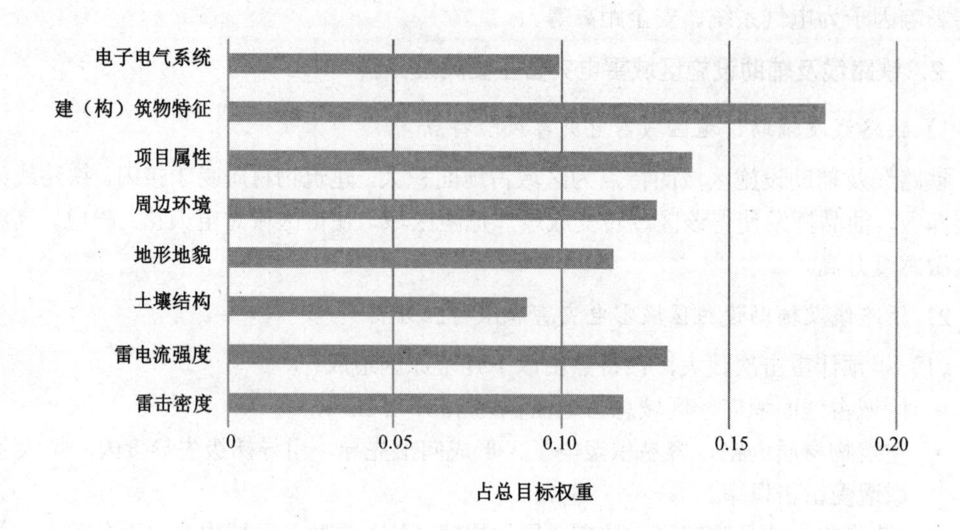

图 8-12　辅助用房区域第二级指标占总目标权重

结合辅助用房区域第二级指标的权重图表可知，建（构）筑物特征对该项目影响较大，其次是雷电流强度、项目属性、地形地貌。

2）影响因子（第三级）雷电灾害风险评估结论

表 8-193 所示为第三级指标占总目标权重。

表 8-193　第三级指标占总目标权重

第三级指标	第二级指标总权重	第三级指标权重	第三级指标占总目标权重
土壤电阻率	0.08972	0.3846	0.03451
土壤垂直分层		0.1538	0.01380
土壤水平分层		0.4615	0.04141
安全距离	0.12819	0.5063	0.06490
相对高度		0.3684	0.04722
电磁环境	0.12819	0.1053	0.01350
使用性质	0.13889	0.3333	0.04629
人员数量		0.3333	0.04629
影响程度		0.3333	0.04629
占地面积	0.17860	0.4545	0.08117
材料结构		0.4545	0.08117
等效高度		0.0909	0.01623
电子系统	0.09922	0.5	0.04961
电气系统		0.5	0.04961

绘制第三级指标占总目标的权重图，如图 8-13 所示。

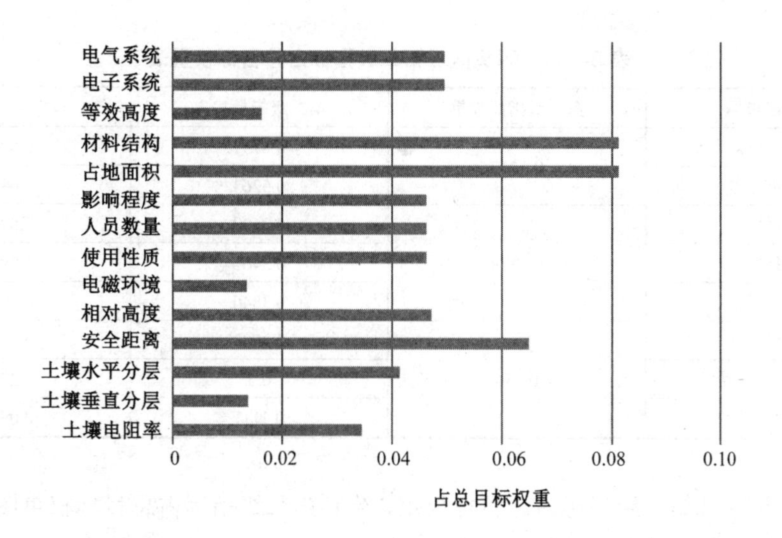

图 8-13　第三级指标占总目标权重

第三级指标占总目标的权重体现了各指标在总目标中的作用大小。

结合第三级指标的权重图表来看，辅助用户区域雷电灾害主要影响指标为材料结构、占地面积；次要影响指标为安全距离等。

2．辅助用房区域雷电灾害主要风险分析

1）辅助用房区域雷电灾害风险特点

辅助用房区域的特点为区域占地面积大，建筑物材质易于接闪；距离罐区区域较近。

2）辅助用房区域雷电灾害风险特点分析

（1）年预计雷击次数大，该特点由以下几个原因造成：

- 区域占地面积广，总占地面积为 33040.80m^2。
- 建筑物材质为钢混结构，虽然不如钢结构易于接闪，但仍然会增加辅助用房区域的雷击概率。

（2）电气系统布线区域大、走线复杂，易形成环路。

8.5.6　码头区域雷电灾害风险分析

1．码头区域影响因子权重分析

1）码头区域影响因子（第二级）权重分析

表 8-194 所示为码头区域第二级指标占总目标权重。

表 8-194　码头区域第二级指标占总目标权重表

第二级指标	第一级指标权重	第二级指标权重	第二级指标占总目标权重
雷击密度	0.1667	0.4737	0.07897
雷电流强度		0.5263	0.08773
土壤结构	0.2778	0.2692	0.07478
地形地貌		0.3462	0.09617
周边环境		0.3846	0.10684
项目属性	0.556	0.3889	0.21623
建（构）筑物特征		0.5	0.27800
电子电气系统		0.1111	0.06177

根据码头区域第二级指标占总目标权重，绘制第二级指标占总目标权重图，以更直观地反映各指标影响的大小，如图 8-14 所示。

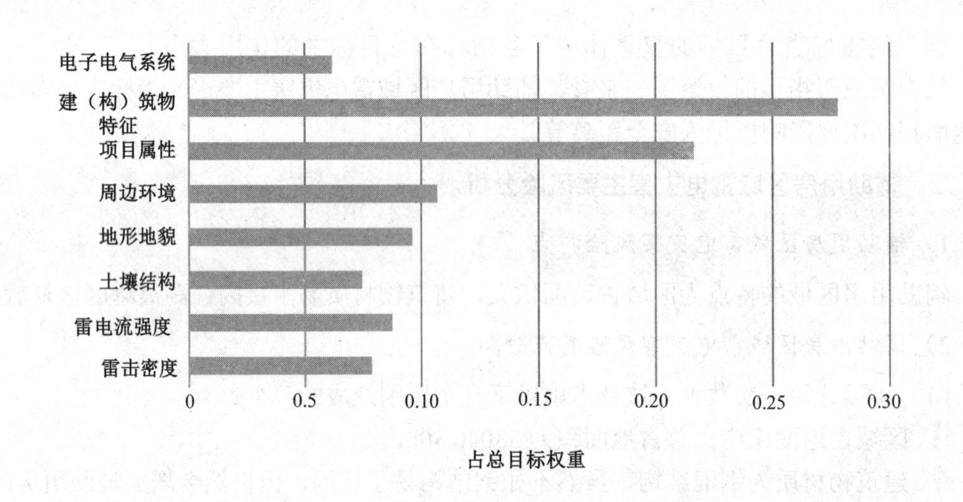

图 8-14　码头区域第二级指标占总目标权重

结合码头区域第二级指标的权重图表可知，建（构）筑物特征、项目属性对该项目影响较大。

2）影响因子（第三级）雷电灾害风险评估结论

表 8-195 所示为码头区域第三级指标占总目标权重。

表 8-195　码头区域第三级指标占总目标权重

第三级指标	第二级指标总权重	第三级指标权重	第三级指标占总目标权重
土壤电阻率	0.07478	0.3077	0.02301
土壤垂直分层		0.2308	0.01726
土壤水平分层		0.4615	0.03451

续表

第三级指标	第二级指标总权重	第三级指标权重	第三级指标占总目标权重
安全距离	0.10684	0.5063	0.05409
相对高度		0.3684	0.03936
电磁环境		0.1053	0.01125
使用性质	0.21623	0.7214	0.15599
人员数量		0.1393	0.03012
影响程度		0.1393	0.03012
占地面积	0.27800	0.4545	0.12635
材料结构		0.4545	0.12635
等效高度		0.0909	0.02527
电子系统	0.06177	0.5	0.03089
电气系统		0.5	0.03089

绘制第三级指标占总目标的权重图，如图8-15所示。

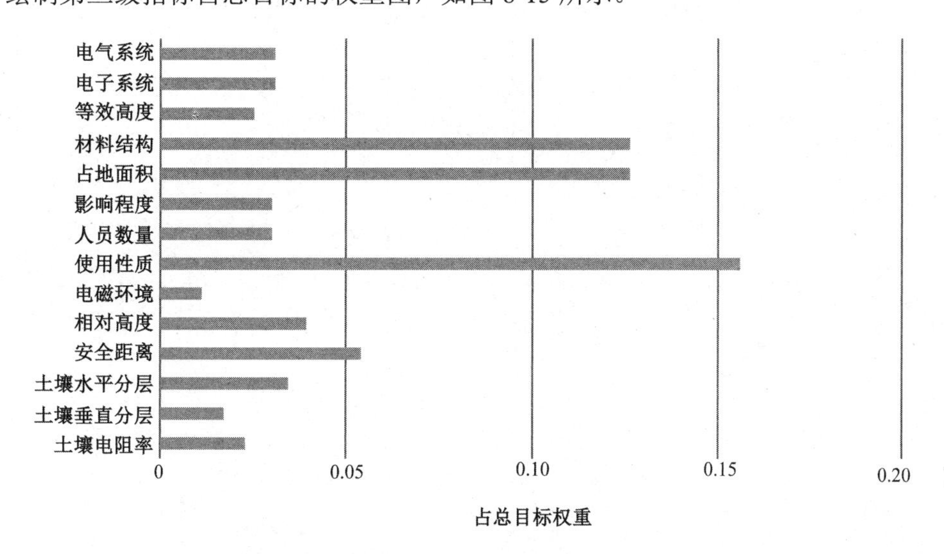

图8-15　第三级指标占总目标权重

第三级指标占总目标的权重，体现了各指标在总目标中的作用大小。

结合第三级指标的权重图表来看，主要影响因子为使用性质、材料结构、占地面积。

2. 码头区域雷电灾害主要风险分析

1）码头区域雷电灾害风险特点

码头区域的特点为区域占地面积大，建筑物材质易于接闪。码头区域为油品装卸区，油品挥发使得该区域转变成爆炸危险区域，使区域对电火花、静电、高温等因素敏感度升高。

2）码头区域雷电灾害风险特点分析

（1）年预计雷击次数大，该特点由以下几个原因造成：

- 区域占地面积虽然不大，但是水域面积非常广阔，受雷击面积是各区域中最大的。
- 码头属于孤立建筑物，周边为荒野，在小范围内接闪概率极高。
- 建筑物材质大部分为钢，容易积聚电子，形成向上先导，引导梯级先导接闪，增大了遭受雷击概率。

（2）码头为油品装卸区，属于爆炸危险环境。